国家出版基金项目
NATIONAL PUBLICATION FOUNDATION

"十二五"国家重点出版规划项目
雷达与探测前沿技术丛书

宽禁带半导体高频及微波功率器件与电路

Wide Bandgap Semiconductor and Microwave Power Devices with Circuits

赵正平　等著

国防工业出版社

·北京·

内 容 简 介

本书重点介绍了 SiC 和 GaN 宽禁带半导体高频开关和微波功率器件与电路的最新进展与实用制备技术。全书共 5 章：第 1 章介绍电力电子和固态微波器件的发展及其在雷达领域的应用；第 2 章介绍 SiC 和 GaN 宽禁带半导体材料，包括 SiC 和 GaN 单晶、SiC 的同质外延生长、GaN 的异质外延生长；第 3 章介绍 SiC 高频功率器件，包括 SiC 功率二极管、SiC MESFET、SiC MOSFET、SiC JFET、SiC BJT、SiC IGBT 和 SiC GTO；第 4 章介绍 GaN 微波功率器件与电路，包括 GaN HEMT、GaN MMIC、E 模 GaN HEMT 和 N 极性 GaN HEMT；第 5 章介绍正在发展中的固态新型器件，包括太赫兹器件、金刚石器件和二维材料器件。

本书可供从事宽禁带半导体和雷达、通信、电子对抗以及电力电子应用等领域的科研人员参考。

图书在版编目(CIP)数据

宽禁带半导体高频及微波功率器件与电路／赵正平
等著. —北京：国防工业出版社，2017.12
(雷达与探测前沿技术丛书)
ISBN 978 – 7 – 118 – 11454 – 6

Ⅰ. ①宽… Ⅱ. ①赵… Ⅲ. ①禁带 – 微波半导体器件
– 电路 Ⅳ. ①TN385

中国版本图书馆 CIP 数据核字(2017)第 313714 号

※

国防工业出版社出版发行
(北京市海淀区紫竹院南路 23 号 邮政编码 100048)
天津嘉恒印务有限公司印刷
新华书店经售
*
开本 710×1000 1/16 印张 20 字数 370 千字
2017 年 12 月第 1 版第 1 次印刷 印数 1—3000 册 定价 98.00 元

(本书如有印装错误,我社负责调换)

国防书店：(010)88540777 发行邮购：(010)88540776
发行传真：(010)88540755 发行业务：(010)88540717

总　序

　　雷达在第二次世界大战中初露头角。战后,美国麻省理工学院辐射实验室集合各方面的专家,总结战争期间的经验,于1950年前后出版了一套雷达丛书,共28个分册,对雷达技术做了全面总结,几乎成为当时雷达设计者的必备读物。我国的雷达研制也从那时开始,经过几十年的发展,到21世纪初,我国雷达技术在很多方面已进入国际先进行列。为总结这一时期的经验,中国电子科技集团公司曾经组织老一代专家撰著了"雷达技术丛书",全面总结他们的工作经验,给雷达领域的工程技术人员留下了宝贵的知识财富。

　　电子技术的迅猛发展,促使雷达在内涵、技术和形态上快速更新,应用不断扩展。为了探索雷达领域前沿技术,我们又组织编写了本套"雷达与探测前沿技术丛书"。与以往雷达相关丛书显著不同的是,本套丛书并不完全是作者成熟的经验总结,大部分是专家根据国内外技术发展,对雷达前沿技术的探索性研究。内容主要依托雷达与探测一线专业技术人员的最新研究成果、发明专利、学术论文等,对现代雷达与探测技术的国内外进展、相关理论、工程应用等进行了广泛深入研究和总结,展示近十年来我国在雷达前沿技术方面的研制成果。本套丛书的出版力求能促进从事雷达与探测相关领域研究的科研人员及相关产品的使用人员更好地进行学术探索和创新实践。

　　本套丛书保持了每一个分册的相对独立性和完整性,重点是对前沿技术的介绍,读者可选择感兴趣的分册阅读。丛书共41个分册,内容包括频率扩展、协同探测、新技术体制、合成孔径雷达、新雷达应用、目标与环境、数字技术、微电子技术八个方面。

　　(一) 雷达频率迅速扩展是近年来表现出的明显趋势,新频段的开发、带宽的剧增使雷达的应用更加广泛。本套丛书遴选的频率扩展内容的著作共4个分册:

　　(1)《毫米波辐射无源探测技术》分册中没有讨论传统的毫米波雷达技术,而是着重介绍毫米波热辐射效应的无源成像技术。该书特别采用了平方千米阵的技术概念,这一概念在用干涉式阵列基线的测量结果来获得等效大口径阵列效果的孔径综合技术方面具有重要的意义。

(2)《太赫兹雷达》分册是一本较全面介绍太赫兹雷达的著作,主要包括太赫兹雷达系统的基本组成和技术特点、太赫兹雷达目标检测以及微动目标检测技术,同时也讨论了太赫兹雷达成像处理。

(3)《机载远程红外预警雷达系统》分册考虑到红外成像和告警是红外探测的传统应用,但是能否作为全空域远距离的搜索监视雷达,尚有诸多争议。该书主要讨论用监视雷达的概念如何解决红外极窄波束、全空域、远距离和数据率的矛盾,并介绍组成红外监视雷达的工程问题。

(4)《多脉冲激光雷达》分册从实际工程应用角度出发,较详细地阐述了多脉冲激光测距及单光子测距两种体制下的系统组成、工作原理、测距方程、激光目标信号模型、回波信号处理技术及目标探测算法等关键技术,通过对两种远程激光目标探测体制的探讨,力争让读者对基于脉冲测距的激光雷达探测有直观的认识和理解。

(二)传输带宽的急剧提高,赋予雷达协同探测新的使命。协同探测会导致雷达形态和应用发生巨大的变化,是当前雷达研究的热点。本套丛书遴选出协同探测内容的著作共 10 个分册:

(1)《雷达组网技术》分册从雷达组网使用的效能出发,重点讨论点迹融合、资源管控、预案设计、闭环控制、参数调整、建模仿真、试验评估等雷达组网新技术的工程化,是把多传感器统一为系统的开始。

(2)《多传感器分布式信号检测理论与方法》分册主要介绍检测级、位置级(点迹和航迹)、属性级、态势评估与威胁估计五个层次中的检测级融合技术,是雷达组网的基础。该书主要给出各类分布式信号检测的最优化理论和算法,介绍考虑到网络和通信质量时的联合分布式信号检测准则和方法,并研究多输入多输出雷达目标检测的若干优化问题。

(3)《分布孔径雷达》分册所描述的雷达实现了多个单元孔径的射频相参合成,获得等效于大孔径天线雷达的探测性能。该书在概述分布孔径雷达基本原理的基础上,分别从系统设计、波形设计与处理、合成参数估计与控制、稀疏孔径布阵与测角、时频相同步等方面做了较为系统和全面的论述。

(4)《MIMO 雷达》分册所介绍的雷达相对于相控阵雷达,可以同时获得波形分集和空域分集,有更加灵活的信号形式,单元间距不受 $\lambda/2$ 的限制,间距拉开后,可组成各类分布式雷达。该书比较系统地描述多输入多输出(MIMO)雷达。详细分析了波形设计、积累补偿、目标检测、参数估计等关键技术。

（5）《MIMO 雷达参数估计技术》分册更加侧重讨论各类 MIMO 雷达的算法。从 MIMO 雷达的基本知识出发,介绍均匀线阵,非圆信号,快速估计,相干目标,分布式目标,基于高阶累计量的、基于张量的、基于阵列误差的、特殊阵列结构的 MIMO 雷达目标参数估计的算法。

（6）《机载分布式相参射频探测系统》分册介绍的是 MIMO 技术的一种工程应用。该书针对分布式孔径采用正交信号接收相参的体制,分析和描述系统处理架构及性能、运动目标回波信号建模技术,并更加深入地分析和描述实现分布式相参雷达杂波抑制、能量积累、布阵等关键技术的解决方法。

（7）《机会阵雷达》分册介绍的是分布式雷达体制在移动平台上的典型应用。机会阵雷达强调根据平台的外形,天线单元共形随遇而布。该书详尽地描述系统设计、天线波束形成方法和算法、传输同步与单元定位等关键技术,分析了美国海军提出的用于弹道导弹防御和反隐身的机会阵雷达的工程应用问题。

（8）《无源探测定位技术》分册探讨的技术是基于现代雷达对抗的需求应运而生,并在实战应用需求越来越大的背景下快速拓展。随着知识层面上认知能力的提升以及技术层面上带宽和传输能力的增加,无源侦察已从单一的测向技术逐步转向多维定位。该书通过充分利用时间、空间、频移、相移等多维度信息,寻求无源定位的解,对雷达向无源发展有着重要的参考价值。

（9）《多波束凝视雷达》分册介绍的是通过多波束技术提高雷达发射信号能量利用效率以及在空、时、频域中减小处理损失,提高雷达探测性能;同时,运用相位中心凝视方法改进杂波中目标检测概率。分册还涉及短基线雷达如何利用多阵面提高发射信号能量利用效率的方法;针对长基线,阐述了多站雷达发射信号可形成凝视探测网格,提高雷达发射信号能量的使用效率;而合成孔径雷达(SAR)系统应用多波束凝视可降低发射功率,缓解宽幅成像与高分辨之间的矛盾。

（10）《外辐射源雷达》分册重点讨论以电视和广播信号为辐射源的无源雷达。详细描述调频广播模拟电视和各种数字电视的信号,减弱直达波的对消和滤波的技术;同时介绍了利用 GPS(全球定位系统)卫星信号和 GSM/CDMA(两种手机制式)移动电话作为辐射源的探测方法。各种外辐射源雷达,要得到定位参数和形成所需的空域,必须多站协同。

（三）以新技术为牵引,产生出新的雷达系统概念,这对雷达的发展具有里程碑的意义。本套丛书遴选了涉及新技术体制雷达内容的6个分册:

(1)《宽带雷达》分册介绍的雷达打破了经典雷达5MHz带宽的极限,同时雷达分辨力的提高带来了高识别率和低杂波的优点。该书详尽地讨论宽带信号的设计、产生和检测方法。特别是对极窄脉冲检测进行有益的探索,为雷达的进一步发展提供了良好的开端。

(2)《数字阵列雷达》分册介绍的雷达是用数字处理的方法来控制空间波束,并能形成同时多波束,比用移相器灵活多变,已得到了广泛应用。该书全面系统地描述数字阵列雷达的系统和各分系统的组成。对总体设计、波束校准和补偿、收/发模块、信号处理等关键技术都进行了详细描述,是一本工程性较强的著作。

(3)《雷达数字波束形成技术》分册更加深入地描述数字阵列雷达中的波束形成技术,给出数字波束形成的理论基础、方法和实现技术。对灵巧干扰抑制、非均匀杂波抑制、波束保形等进行了深入的讨论,是一本理论性较强的专著。

(4)《电磁矢量传感器阵列信号处理》分册讨论在同一空间位置具有三个磁场和三个电场分量的电磁矢量传感器,比传统只用一个分量的标量阵列处理能获得更多的信息,六分量可完备地表征电磁波的极化特性。该书从几何代数、张量等数学基础到阵列分析、综合、参数估计、波束形成、布阵和校正等问题进行详细讨论,为进一步应用奠定了基础。

(5)《认知雷达导论》分册介绍的雷达可根据环境、目标和任务的感知,选择最优化的参数和处理方法。它使得雷达数据处理及反馈从粗犷到精细,彰显了新体制雷达的智能化。

(6)《量子雷达》分册的作者团队搜集了大量的国外资料,经探索和研究,介绍从基本理论到传输、散射、检测、发射、接收的完整内容。量子雷达探测具有极高的灵敏度,更高的信息维度,在反隐身和抗干扰方面优势明显。经典和非经典的量子雷达,很可能走在各种量子技术应用的前列。

（四）合成孔径雷达(SAR)技术发展较快,已有大量的著作。本套丛书遴选了有一定特点和前景的5个分册:

(1)《数字阵列合成孔径雷达》分册系统阐述数字阵列技术在SAR中的应用,由于数字阵列天线具有灵活性并能在空间产生同时多波束,雷达采集的同一组回波数据,可处理出不同模式的成像结果,比常规SAR具备更多的新能力。该书着重研究基于数字阵列SAR的高分辨力宽测绘带SAR成像、极化层析 SAR 三维成像和前视 SAR 成像技术三种新能力。

（2）《双基合成孔径雷达》分册介绍的雷达配置灵活，具有隐蔽性好、抗干扰能力强、能够实现前视成像等优点，是 SAR 技术的热点之一。该书较为系统地描述了双基 SAR 理论方法、回波模型、成像算法、运动补偿、同步技术、试验验证等诸多方面，形成了实现技术和试验验证的研究成果。

（3）《三维合成孔径雷达》分册描述曲线合成孔径雷达、层析合成孔径雷达和线阵合成孔径雷达等三维成像技术。重点讨论各种三维成像处理算法，包括距离多普勒、变尺度、后向投影成像、线阵成像、自聚焦成像等算法。最后介绍三维 MIMO-SAR 系统。

（4）《雷达图像解译技术》分册介绍的技术是指从大量的 SAR 图像中提取与挖掘有用的目标信息，实现图像的自动解译。该书描述高分辨 SAR 和极化 SAR 的成像机理及相应的相干斑抑制、噪声抑制、地物分割与分类等技术，并介绍舰船、飞机等目标的 SAR 图像检测方法。

（5）《极化合成孔径雷达图像解译技术》分册对极化合成孔径雷达图像统计建模和参数估计方法及其在目标检测中的应用进行了深入研究。该书研究内容为统计建模和参数估计及其国防科技应用三大部分。

（五）雷达的应用也在扩展和变化，不同的领域对雷达有不同的要求，本套丛书在雷达前沿应用方面遴选了 6 个分册：

（1）《天基预警雷达》分册介绍的雷达不同于星载 SAR，它主要观测陆海空天中的各种运动目标，获取这些目标的位置信息和运动趋势，是难度更大、更为复杂的天基雷达。该书介绍天基预警雷达的星星、星空、MIMO、卫星编队等双/多基地体制。重点描述了轨道覆盖、杂波与目标特性、系统设计、天线设计、接收处理、信号处理技术。

（2）《战略预警雷达信号处理新技术》分册系统地阐述相关信号处理技术的理论和算法，并有仿真和试验数据验证。主要包括反导和飞机目标的分类识别、低截获波形、高速高机动和低速慢机动小目标检测、检测识别一体化、机动目标成像、反投影成像、分布式和多波段雷达的联合检测等新技术。

（3）《空间目标监视和测量雷达技术》分册论述雷达探测空间轨道目标的特色技术。首先涉及空间编目批量目标监视探测技术，包括空间目标监视相控阵雷达技术及空间目标监视伪码连续波雷达信号处理技术。其次涉及空间目标精密测量、增程信号处理和成像技术，包括空间目标雷达精密测量技术、中高轨目标雷达探测技术、空间目标雷达成像技术等。

(4)《平流层预警探测飞艇》分册讲述在海拔约20km的平流层,由于相对风速低、风向稳定,从而适合大型飞艇的长期驻空,定点飞行,并进行空中预警探测,可对半径500km区域内的地面目标进行长时间凝视观察。该书主要介绍预警飞艇的空间环境、总体设计、空气动力、飞行载荷、载荷强度、动力推进、能源与配电以及飞艇雷达等技术,特别介绍了几种飞艇结构载荷一体化的形式。

(5)《现代气象雷达》分册分析了非均匀大气对电磁波的折射、散射、吸收和衰减等气象雷达的基础,重点介绍了常规天气雷达、多普勒天气雷达、双偏振全相参多普勒天气雷达、高空气象探测雷达、风廓线雷达等现代气象雷达,同时还介绍了气象雷达新技术、相控阵天气雷达、双/多基地天气雷达、声波雷达、中频探测雷达、毫米波测云雷达、激光测风雷达。

(6)《空管监视技术》分册阐述了一次雷达、二次雷达、应答机编码分配、S模式、多雷达监视的原理。重点讨论广播式自动相关监视(ADS-B)数据链技术、飞机通信寻址报告系统(ACARS)、多点定位技术(MLAT)、先进场面监视设备(A-SMGCS)、空管多源协同监视技术、低空空域监视技术、空管技术。介绍空管监视技术的发展趋势和民航大国的前瞻性规划。

(六)目标和环境特性,是雷达设计的基础。该方向的研究对雷达匹配目标和环境的智能设计有重要的参考价值。本套丛书对此专题遴选了4个分册:

(1)《雷达目标散射特性测量与处理新技术》分册全面介绍有关雷达散射截面积(RCS)测量的各个方面,包括RCS的基本概念、测试场地与雷达、低散射目标支架、目标RCS定标、背景提取与抵消、高分辨力RCS诊断成像与图像理解、极化测量与校准、RCS数据的处理等技术,对其他微波测量也具有参考价值。

(2)《雷达地海杂波测量与建模》分册首先介绍国内外地海面环境的分类和特征,给出地海杂波的基本理论,然后介绍测量、定标和建库的方法。该书用较大的篇幅,重点阐述地海杂波特性与建模。杂波是雷达的重要环境,随着地形、地貌、海况、风力等条件而不同。雷达的杂波抑制,正根据实时的变化,从粗犷走向精细的匹配,该书是现代雷达设计师的重要参考文献。

(3)《雷达目标识别理论》分册是一本理论性较强的专著。以特征、规律及知识的识别认知为指引,奠定该书的知识体系。首先介绍雷达目标识别的物理与数学基础,较为详细地阐述雷达目标特征提取与分类识别、知识辅助的雷达目标识别、基于压缩感知的目标识别等技术。

（4）《雷达目标识别原理与实验技术》分册是一本工程性较强的专著。该书主要针对目标特征提取与分类识别的模式，从工程上阐述了目标识别的方法。重点讨论特征提取技术、空中目标识别技术、地面目标识别技术、舰船目标识别及弹道导弹识别技术。

（七）数字技术的发展，使雷达的设计和评估更加方便，该技术涉及雷达系统设计和使用等。本套丛书遴选了3个分册：

（1）《雷达系统建模与仿真》分册所介绍的是现代雷达设计不可缺少的工具和方法。随着雷达的复杂度增加，用数字仿真的方法来检验设计的效果，可收到事半功倍的效果。该书首先介绍最基本的随机数的产生、统计实验、抽样技术等与雷达仿真有关的基本概念和方法，然后给出雷达目标与杂波模型、雷达系统仿真模型和仿真对系统的性能评价。

（2）《雷达标校技术》分册所介绍的内容是实现雷达精度指标的基础。该书重点介绍常规标校、微光电视角度标校、球载 BD/GPS（BD 为北斗导航简称）标校、射电星角度标校、基于民航机的雷达精度标校、卫星标校、三角交会标校、雷达自动化标校等技术。

（3）《雷达电子战系统建模与仿真》分册以工程实践为取材背景，介绍雷达电子战系统建模的主要方法、仿真模型设计、仿真系统设计和典型仿真应用实例。该书从雷达电子战系统数学建模和仿真系统设计的实用性出发，着重论述雷达电子战系统基于信号/数据流处理的细粒度建模仿真的核心思想和技术实现途径。

（八）微电子的发展使得现代雷达的接收、发射和处理都发生了巨大的变化。本套丛书遴选出涉及微电子技术与雷达关联最紧密的3个分册：

（1）《雷达信号处理芯片技术》分册主要讲述一款自主架构的数字信号处理（DSP）器件，详细介绍该款雷达信号处理器的架构、存储器、寄存器、指令系统、I/O 资源以及相应的开发工具、硬件设计，给雷达设计师使用该处理器提供有益的参考。

（2）《雷达收发组件芯片技术》分册以雷达收发组件用芯片套片的形式，系统介绍发射芯片、接收芯片、幅相控制芯片、波速控制驱动器芯片、电源管理芯片的设计和测试技术及与之相关的平台技术、实验技术和应用技术。

（3）《宽禁带半导体高频及微波功率器件与电路》分册的背景是，宽禁带材料可使微波毫米波功率器件的功率密度比 Si 和 GaAs 等同类产品高 10 倍，可产生开关频率更高、关断电压更高的新一代电力电子器件，将对雷达产生更新换代的影响。分册首先介绍第二代半导体的应用和基本知识，然后详细介绍两大类各种器件的原理、类别特征、进展和应用：SiC 器件有功率二极管、MOSFET、JFET、BJT、IBJT、GTO 等；GaN 器件有 HEMT、MMIC、E 模 HEMT、N 极化 HEMT、功率开关器件与微功率变换等。最后展望固态太赫兹、金刚石等新兴材料器件。

　　本套丛书是国内众多相关研究领域的大专院校、科研院所专家集体智慧的结晶。具体参与单位包括中国电子科技集团公司、中国航天科工集团公司、中国电子科学研究院、南京电子技术研究所、华东电子工程研究所、北京无线电测量研究所、电子科技大学、西安电子科技大学、国防科技大学、北京理工大学、北京航空航天大学、哈尔滨工业大学、西北工业大学等近 30 家。在此对参与编写及审校工作的各单位专家和领导的大力支持表示衷心感谢。

2017 年 9 月

参编（以姓氏笔画为序）

王元刚　王晶晶　冯志红　李　佳
李　静　吕元杰　刘　波　房玉龙
梁士雄　敦少博　蔡树军　蔚　翠

前　言

　　1947 年年底第一只晶体管诞生,标志一场新的电子革命的开始。1949 年提出的 PN 结理论和双极晶体管模型,1952 年相继提出的结型场效应晶体管理论和可控硅基本模型奠定了现代固态微波功率管和电力电子器件发展的基础。20 世纪 50 年代初到 50 年代末研制的锗合金功率管的最高工作频率达到超短波频率,但未进入分米波。50 年代末诞生的硅晶闸管(Silicon Controlled Rectifier,SCR)标志着第一代电力电子器件开始发展,SCR 属于半控型器件,不具备自关断能力,且工作频率一般低于 400Hz。60 年代中期,硅平面晶体管在微米级基区宽度和几微米发射极条宽的技术突破,使 Si 双极晶体管的频率特性大幅度提高而发展成微波晶体管。在 70 年代到 90 年代后期,Si 微波功率晶体管在 P、L、S 波段有了长足进步,推动了第一代无源相控阵雷达的发射机固态化和第二代有源相控阵雷达的发射/接收器(Transmitter/Receiver,T/R)功率放大的发展。70 年代硅平面工艺的进步也推动了第二代电力电子器件——自关断全控型器件的诞生,其代表为栅极可关断晶闸管(Gate Turn – Off Thyrisor,GTO)、电力双极型晶体管(Giant Transistor,GTR)、电力金属氧化物半导体场效应晶体管(Power Metal Oxide Semiconductor Field – Effect Transistor,Powe MOSFET)。

　　在 Si 半导体材料大发展的同时,在 20 世纪 70 年代初一种新型的半导体材料 GaAs 获得突破,GaAs 中电子迁移率和峰值饱和速度分别是 Si 中电子的 6 倍、2 倍,导致 GaAs MESFET 微波功率管的诞生,其比 Si 双极晶体管具有更高的工作频率和增益,可将固态器件技术向微波高端推进并开创了微波单片集成电路(Monolithic Microwave Integrated Circuit,MMIC)的新发展。80 年代初,分子束外延(Molecular Beam Epitaxy,MBE)和金属有机物化学气相沉积(Metal Organic Chemical Vapour Deposition,MOCVD)等先进技术的发展,使得人们可以在原子尺度上制备 GaAs、InP 和合金超薄层,超晶格和异质结由理想、设想转化为实际物理结构,新型材料和新型器件层出不穷,如高电子迁移率晶体管(High Electron Mobility Transistor,HEMT)、赝配晶格 HEMT(Pseudomorphic High Electron Mobility Transistor,PHEMT)、异质结双极晶体管(Heterojunction Bipolar Transistor,HBT)等,把固态器件技术进一步推向微波毫米波单片集成电路(Microwave Millimeterwave Monolithic Integrated Circuit,MIMIC)的新阶段。MMIC T/R 模块推动了第三代相控阵雷达——MMIC 有源相控雷达的发展,其波段覆盖了

S、C、X、Ku、8mm 和 3mm 波段。目前 GaAs 材料在高压器件方面和 Si 比较优势不明显;到 80 年代初基于 Si 材料的,兼顾功率 MOS 的高速和 GTR 的低通态压降两者优势的绝缘栅双极型晶体管(Insulated Gate Bipolar Transistor,IGBT)问世,标志第三代电力电子器件时代的开始。复合型场控半导体器件为第三代电力电子器件的主力军。IGBT 是当代电力电子技术的核心技术,且是中、高功率领域的首选器件。Si 固态开关功率器件的发展对固态雷达发射机分布式开关功率源和真空电子管雷达发射机的全固态脉冲调制源的升级的发展起了关键作用。

在 20 世纪 90 年代初,以第三代半导体材料 SiC 和 GaN 为代表的宽禁带半导体材料获得突破。4H–SiC 和 GaN 半导体材料的禁带宽度分别为 3.26eV、3.49eV,SiC 和 GaN 半导体材料比 Si 和 GaAs 具有更大的电子饱和漂移速度(2~2.5 倍)、较低的本征载流子浓度(低 10~35 个数量级)、更高的电击穿场强(4~20 倍)、更高的热导率(3~13 倍),AlGaN/GaN 异质结的二维电子气浓度比 GaAs 异质结的高 5 倍。SiC 和 GaN 宽禁带半导体材料的上述电热性能的优势使得宽禁带半导体器件在微波功率器件和高频功率开关器件两大方面均产生革命性的变化。1993 年第一只 SiC 金属 – 半导体场效应晶体管(Metal Semiconductor Field – Effect Transistor,MESFET)微波功率管诞生,同年第一只 GaN HEMT 器件也问世,宽禁带微波功率器件的功率密度比 Si 和 GaAs 的同类提高 10 倍,在雷达、通信和电子对抗领域应用的高效率、高功率和宽带功率放大等方面产生更新换代的影响。在 GaN 微波功率 HEMT 成熟之前 SiC 静电感应晶体管(Static Induction Transistor,SIT)和 MESFET 微波功率管主要在 P、L、S 波段应用,目前 GaN 微波功率 HEMT 和 MMIC 已覆盖从微波低端到 3mm 波段的应用。425MHz 星载 115W 功率放大器的漏极效率达 78.4%,1.2~1.4GHz 1kW 固态放大器的效率为 50%。2.9~3.3GHz 频带的 T/R 中的功率放大器的输出功率为 1.25kW,4.7~5.3GHz 的 250W 功率放大器的漏极效率大于 44%,5.0~5.8GHz 的 40W MMIC 功率放大器的功率附加效率大于 41%。9.3~9.8GHz 的功率放大器组件输出功率大于 480W,9.0~11.0GHz 的 35W MMIC 功率放大器的功率附加效率大于 40%。14GHz 的功率放大器输出功率大于 100W,6~18GHz 的宽带 20W MMIC 功率放大器的功率附加效率大于 15%。28~31GHz 波段的 9.5~11W 的 MMIC 功率放大器的功率附加效率为 26%~30%。92~96GHz 的 1.5W 的 MMIC 功率放大器的功率附加效率大于 15%,95GHz 的 GaN MMIC 功率放大器的集成组件的输出功率超过 100W。

1992 年第一只高压 SiC 肖特基二极管(Schottky Barrier Diode,SBD)和第一只 SiC 功率 MOSFET 诞生,1996 年第一只高压 GaN HEMT 出世,宽禁带电力电子器件的导通电阻比 Si 的同类要下降 1 个或 2 个数量级,反向关断电压突破 Si

器件 6.5kV 的极限可达 10~20kV,开关频率比 Si 的同类提高几个量级,最高将达 1GHz。宽禁带电力电子器件在电动汽车、光伏和风能绿色能源、智能电网、机载和星载电源、新一代雷达和通信电源等新的应用发展中,将成为具有高于 150℃ 的结温、高电压、高开关频率和高功率密度的新一代电力电子器件。目前,SiC 二极管最大工作电流已达 180A(关断电压为 4.5kV),最大关断电压已达 20kV。SiC MOSFET 最大工作电压达 10kV(50A),全 SiC 模块的工作温度可达 200℃,最大工作电流达 800A(1200V),最大工作电压达 10kV(120A),且工作频率和效率有较大提高。SiC 结型场效应晶体管(Junction Field Effect Transistor, JFET)、双极结型晶体管(Bipolar Junction Transistor,BJT)、P – IGBT、N – IGBT 和 GTO 等功率器件也有长足发展。目前 GaN HEMT 的最高击穿电压达 10kV(比导通电阻为 $186m\Omega \cdot cm^2$),最大漏极电流达 120A(击穿电压为 1.8kV,比导通电阻为 $7m\Omega \cdot cm^2$),最小比导通电阻为 $0.39m\Omega \cdot cm^2$(击穿电压为 938V)。采用 GaN HEMT 的 E^2 类 DC/DC 变换器的工作频率达 780MHz,正在研发开关频率为 1GHz 的 GaN 功率开关器件,其关断电压为 200V,动态导通电阻小于 $1\Omega \cdot mm$。

以晶体管为基础的电子革命已经历了 Si 和 Ge、GaAs 和 InP、SiC 和 GaN 为代表的三代半导体材料的发展,已进入纳电子和太赫兹时代,虽然已经历了 68 年的发展,但新器件的创新依然活跃。碳基新材料(如具有更宽禁带的金刚石、具有更高电子迁移率的碳纳电子材料)、纳米加工技术和超晶格结合的 In-GaAs 纳电子材料等将继续推动这一电子革命的发展。

本书作者从事 GaAs、SiC 和 GaN 功率场效应晶体管和 MMIC 的科研工作 30 余年,熟悉设计理论和制备技术,积累了丰富的专业知识和经验。与专用集成电路重点实验室的同仁一起力图使论述深入浅出,并收集了国际上有关技术的最新发展。书中第 1 章由敦少博、王元刚和赵正平编写,第 2 章由刘波、房玉龙、李佳和冯志红编写,第 3 章由李佳、王元刚编写,第 4 章由敦少博、吕元杰和蔡树军编写,第 5 章由梁士雄、蔚翠、王晶晶和李静编写。由于宽禁带半导体功率器件是新一代器件,有关著作较少,希望本书的出版能从事半导体物理、半导体器件和雷达与探测技术等领域的科技人员提供一本有价值的参考书,能为我国宽禁带半导体事业和雷达的发展贡献一份力量。宽禁带半导体技术是当今微电子技术领域的制高点之一,正处于发展之中,由于篇幅和时间的限制,书中难免存在不足之处,请读者谅解。

赵正平

2017 年 10 月 23 日

目 录

第 ❶ 章
绪论

▨ 1.1　电力电子器件的发展

1958 年美国通用电气公司研制出世界上第一个工业用普通晶闸管,标志着电力电子技术的诞生。电力电子技术的问世极大地提高了电能转换效率,是电气传动领域的一次革命。电力电子技术主要包括电力电子器件(也称为功率半导体器件)、功率变换技术及控制技术等方面,其中电力电子器件是电力电子技术的基础和核心,纵观电力电子技术的发展,电力电子器件占有非常重要的地位,是电力电子技术发展的基础。

1.1.1　Si 电力电子器件的发展

电力电子器件从 Ge、Si 材料开始发展,直到现在 Si 电力电子器件仍然占据主要市场份额。20 世纪 50 年代末至 70 年代晶闸管得到了飞速发展。晶闸管可有效地将交流发电机提供的 50Hz 交流电转化为直流电,广泛应用于电解、牵引和直流传动三大领域,大大提高电能利用率。晶闸管目前水平为 12kV/10kA、6kV/6kA 以及 9kV/10kA,虽然在电压、电流方面仍有一定的发展余地,但两个致命缺点限制了其进一步发展和应用:一是晶闸管属于半控型器件,不具备自关断能力,关断需要复杂的相位控制驱动电路,使装备的效率和可靠性较低;二是晶闸管工作频率一般低于 400Hz,使装备的重量和体积增加。随着军事武器和工业生产的发展,以晶闸管为核心的第一代电力电子器件已远远不能满足要求,迫切需要开发新的器件和新的变流技术。

随着电力电子技术理论的完善和工艺条件的不断发展,以 Power MOSFET、GTO、GTR 为代表的第二代电力电子器件——自关断全控型器件诞生了,是电力电子技术又一次革命性进步。

GTO 目前已达 9kV/25kA/800Hz 及 6kV/6kA/1kHz 的水平。GTO 关断时间长、损耗大,需要很大的反向驱动电流和庞大的吸收电路,这些缺点使 GTO 仅在 2000V 以上的高压大功率电力牵引领域有 定的优势。20 世纪 70 年代,GTR

开始走上历史舞台,其额定值已达 1800V/800A/2kHz、1400V/600A/5kHz、600V/3A/100kHz。GTR 是一种电流控制性器件,相对于 GTO 虽然在功率容量上有所下降,但是在关断时间和关断损耗方面都有了较大进步,适应于电源和逆变器等中等容量、中等频率的电路。

GTR 是双载流子导电器件,其开关速度、开关损耗和工作频率仍需要很大的改善,20 世纪 70 年代后期出现了 Power MOSFET,Power MOSFET 推动电力电子器件迈向更高频率领域,以开关快、驱动电路简单、无二次击穿和输入阻抗很高等优点,在电源开关领域逐步取代了 GTR,迅速发展成为主流的功率器件。Power MOSFET 主要为 Power 双扩散金属 – 氧化物 – 半导体场效应晶体管(Double Diffused Metal Oxide Semiconductor Field Effect Transistor,DMOSFET),Power DMOSFET 又分为横向双扩散金属氧化物半导体场效应晶体管(Lateral Double Diffused Meeal Oxide Semiconductor Field Effect Transistor,LDMOSFET)和垂直双扩散金属氧化物半导体场效应晶体管(Vertical Double Diffused Metal Oxide Semiconductor Field Effect Transistor,VDMOSFET)。1970 年 Y. Tarui 等人首次提出 LDMOS 结构,LDMOS 便于集成驱动电路和控制电路在一个芯片上,大大缩减了芯片面积,并且提高了系统的可靠性,广泛应用于移动通信、相控阵雷达和导航等领域。经过 20 多年的发展,降低表面电场(Reduced Surface Field,RE-SURF)、绝缘体上硅(Silicon on Insulator,SOI)、场板等技术不断应用于 LDMOS,改善其耐压和导通电阻的矛盾关系。目前,爱立信、飞利浦、飞思卡尔等众多国际电子厂家将 LDMOS 应用于产品中。同时由于 LDMOS 具有便于将驱动电路、控制电路和保护电路等集成在单片上的优点,使其不断向集成化的方向发展,即功率集成电路(Power Integrated Circuit,PIC)和智能化功率集成电路(Smart Power Integrated Circuit,SPIC),德州仪器、国际整流器、意法半导体、安森美、仙童、三菱、东芝等国际著名的半导体公司已将 PIC 产品系列化、标准化。

LDMOS 不易并联形成大功率输出,为了克服这一缺点,1976 年 Siliconix 和 IR 公司推出了垂直 V 型栅金属氧化物半导体场效应晶体管(Vertical Channel Vgroove Metal Oxide Semiconductor Field Effect Transistor,VVMOSFET),随后改善为垂直 U 型栅金属氧化物半导体场效应晶体管(Vertical Channel Ugroove Metal Oxide Semiconductor Field Effect Transistor,VUMOSFET),最终 H. W. Collins 等人于 1979 年首次提出了 VDMOS 器件。经过近几十年的发展,改善 VDMOS 器件特性的新技术不断涌现出来,例如槽栅、场限环、场板、终端扩展、横向变掺杂等。常规终端技术很难突破功率 MOSFET 的"$R_{on} \propto BV^{2.5}$"极限,阻碍了功率 MOS 的发展。20 世纪 80 年代末 90 年代初,D. J. Coe 和陈星弼院士分别提出超结(Super Junction,SJ)结构,打破了上述极限,新结构的 $R_{on} \propto BV^{1.3}$,提高了功率 MOSFET 高压区应用范围,被誉为功率 MOSFET 器件领域的"里程碑"。超结功率

MOSFET 对电荷平衡较为敏感,所以对超结结构创新和制备工艺要求甚高,使得超结制备工艺和结构不断地发展和完善:从 20 世纪 90 年代末的多层淀积外延层和多层注入相结合的工艺到 2004 年 T. Kurosaki 等人采用的深槽刻蚀与外延生长相结合的工艺;从常规超结结构到 21 世纪初 Y. C. Liang 提出的氧化层旁路超结器件以及 K. P. Gan 提出的多晶硅侧面纵向扩散超结器件。这些技术创新逐步削弱了超结功率 MOSFET 对电荷平衡较为敏感的缺点,并推动超结功率 MOSFET 产品化进程。西门子公司(现为英飞凌公司)首先推出了基于 Super junction 的 CoolMOSFET 产品,拓展功率 MOSFET 的高压应用领域。2011 年日本 Renesas 电子研究出 736V/($16.4m\Omega \cdot cm^2$)具有深锥形 P 型柱区的超结功率 MOSFET,为目前功率 MOSFET 600V 级高压区的最高水平。2013 年英飞凌公司发布了号称"导通电阻为业内最小"的第七代 SJ MOSFET 产品,耐压为 650V,导通电阻为 $19m\Omega$。

关断电压为 600V 以上的功率 MOS 具有较大的导通电阻,导致其效率下降很快,同时同类的 GTR 开关速度又太慢,于是兼顾功率 MOSFET 的高速和 GTR 的低通态压降两者优势的 IGBT 于 1983 年问世,其标志着第三代电力电子器件时代的开始。复合型场控半导体器件为第三代电力电子器件的主力军,代表器件即 IGBT,此外还有 MOSFET 晶闸管(Mos Controlled Thyristor,MCT)、SIT、静电感应式晶闸管(Static Induction Thyristor,SITH)等。

1983 年美国 GE 公司和 RCA 公司首次研制出 IGBT,当时容量仅为 500V/20A,且存在栅失控等技术问题,直到 1986 年才开始正式生产并逐渐系列化。随后 20 多年里,IGBT 在工艺技术方面进行了创新改进,出现了分层辐照、薄片加工等特殊加工技术;在结构设计方面也发生了很大变化,相继开发出多种类型的 IGBT,经历了如表 1.1 所列的六代 IGBT 技术的发展。从表 1.1 可以看出,IGBT 的发展以解决导通压降和关断时间的矛盾关系为基础,以减小功耗和芯片面积为方向,最终实现小型化、低损耗的高性能 IGBT。此外,还研制出了透明集电极 IGBT、集电极短路 IGBT、与快速恢复二极管结合的 IGBT、IGBT 智能功率模块(Intelligent Power Module,IPM)和复合功率模块(Power Integrated Module,PIM)等。

IGBT 额定电压和额定电流所覆盖的输出容量已达到 6MW,商业化 IGBT 模块的最大额定电流已达到 3.6kA,最高阻断电压为 6.5kV,是当代电力电子技术的核心技术,且是中、高功率领域的首选器件,广泛用于动车、新能源电动汽车、智能电网、工业传动及航空航天等战略性行业,被业界誉为功率变流装置的"中央处理器(CPU)"。国际上有许多 IGBT 制造商,如英飞凌公司、三菱电机公司和具备可提供阻挡高达 3300V 电压元件的富士电机等公司,IGBT 在 600 ~ 1700V 级的中、高压领域竞争相当激烈,其中 600 ~ 900V IGBT 的产品才是市场运营的最大来源。2013 年英飞凌公司推出的关断电压 650V TRENCHSTOP5 系列产品,比以往的产品关断损耗大约减少了 60%;同时推出了 IGBT 模块,通过使用铜线对 IGBT 进行键合,降低了模块内部导线电阻,输出电流从 450A 扩大到了 600A。在 IGBT 模块领域与英飞凌公司争夺份额的三菱电机公司发布了 650V/600A 与 900V/400A J1 系列 IGBT 模块,与该公司以往产品相比,体积大约可以减少 20%,推动了 IGBT 模块的小型化发展。

表 1.1 六代 IGBT 的发展趋势及特点

年份	代别	技术特点	特征尺寸 /μm	导通压降 /V	关断时间 /μs	功耗 (相对值)	芯片面积 (相对值)
1988 年	第一代	平面穿透(Panel Pounch Through,PPT)型	5	3	0.5	1	1
1990 年	第二代	改进的平面穿透型	5	2.8	0.3	0.74	0.56
1992 年	第三代	沟槽型	3	2.0	0.25	0.51	0.4
1997 年	第四代	非穿透(Non－Pounch Through,NPT)型	1	1.5	0.25	0.39	0.31
2001 年	第五代	电场截止 (Field Stop,FS)型	0.5	1.3	0.19	0.33	0.27
2003 年	第六代	沟槽电场－截止型	0.3	1	0.15	0.29	0.24

经过近 30 年的发展,Si 材料的电力电子器件几乎达到其性能的理论极限,即将成为制约未来电力电子技术进一步发展的瓶颈之一。而随着电动汽车、光伏、风能绿色能源、智能电网等新的应用发展,要求电力电子器件在能耗和温度极限等性能上有新的飞跃,具有更高理论极限值的新材料研制已经迫在眉睫。

1.1.2 宽禁带电力电子器件的发展

砷化镓(GaAs)材料的禁带宽度略高于 Si,其临界击穿电场为 Si 材料的 1.3 倍,使其拥有做电力电子器件的潜力。Collins 公司用 GaAs 纵向场效应晶体管 (Vertical Field Effect Transistor,VFET)制成了 10MHz 脉宽调变(Pulse Width Modulation,PWM)变换器,其功率密度高达 500W/in^3(1in^3 = 1.64 × 10^{-5} m^3)。高压(600V 级)GaAs 高频整流二极管近年来也有所突破。但是由于 GaAs 器件本身的击穿特性和热特性无显著优势以及工艺技术等方面的原因,GaAs 功率器件只能工作在 600V 以下的电压范围内,远不能满足现代电力电子更大功率、更高耐压的发展需要。如何进一步降低电力电子器件的能耗、提高效率、提高温度极限和缩小电力电子系统体积已经成为全球性的重要课题。

20 世纪 90 年代,具有大禁带宽度、高临界击穿电场、耐高温及高饱和电子漂移速度的碳化硅(SiC)和氮化镓(GaN)等宽禁带半导体材料(表 1.2),开始成为世界各国的研究重点,是替代 Si 和 GaAs 制作高频、高压、高温和抗辐照电力电子器件的理想材料。宽禁带 SiC 和 GaN 功率半导体器件技术是一项战略性的高新技术,在航空航天、军事装备等军事领域以及汽车电子等民用领域都有较大的发展前景,具有极其重要的军用和民用价值。20 世纪末 21 世纪初,SiC 单晶材料在大尺寸、零微管缺陷和高纯半绝缘等方面有了长足发展,同时大厚度同质外延和超晶格异质多层外延、场板结构、表面钝化以及栅极与源、漏极形成等工艺技术的突破为新一代高频电力电子器件的发展奠定了基础。2002 年美国国防部高级研究计划局(DARPA)启动了宽禁带半导体技术计划(WBGSTI),欧洲和日本也迅速开展 SiC 和 GaN 方面的研究,在全球引发激烈的竞争,极大地推动了 SiC 和 GaN 材料与器件的发展。

表 1.2　五种材料参数对比

材料	Si	GaAs	InP	4H - SiC	GaN
禁带宽度 E_g/eV	1.12	1.43	1.34	3.2	3.4
相对介电常数 ε_r	11.9	12.5	12.5	10	9.5
电子迁移率 μ_r/(cm²/(V·K))	1500	8500	5400	700	900
电子饱和漂移速度 v_s/(10^7cm/s)	1.0	1.0	1.0	2.0	2.5
热导率 Θ/(W/(cm·K))	1.5	0.54	0.67	4	1.3
临界击穿电场 E_c/(MV/cm)	0.3	0.4	0.45	3.5	3.3
Johnson 优值指数(JFOM)JFOM[①]	1.0	11	13	410	790
Baliga 优值指数(BHFM)BHFM[①]	1.0	16	6.6	34	100
① 优值以 Si 材料的参数值为单位 1 进行归一化计算					

1.1.2.1　SiC 电力电子器件的发展

SiC 功率半导体器件分为功率整流器件和功率开关器件两大领域,如图 1.1 所示。

图 1.1　SiC 功率半导体器件分类

21 世纪初,4H - SiC 肖特基二极管(SBD)已商业化,比 Si 的同类器件导通电阻低两个量级,在关断电压 600 ~ 1500V 的范围可替代 Si PIN 二极管。目前

SiC 功率开关晶体管总体处于开发之中,SiC DMOS 最成熟,SiC GTO 次之,SiC IGBT 不久将成熟;而针对特色应用,SiC BJT 和 SiC JFET 也处于开发和走向商业化的阶段。SiC 功率器件首先从开关电源等 300 ~ 1200V 的低压领域打入电力电子器件市场,经过十几年的发展,逐步进军 1200V 以上的中、高压领域,而且 1200 ~ 1700V 的中压领域市场将成为 SiC 功率器件的主力军。

SiC 整流器件中 SiC SBD 首个实现商业化,也是 SiC 功率器件中最早商业化的器件。SiC SBD 首先沿着加厚漂移区和结终端设计等改善器件结构的方向发展,随后转向封装技术设计,不断地提高 SiC SBD 输出功率以及推动其模块化发展。1992 年第一只高压 SiC SBD 诞生[1],其关断电压为 400V,外延层为 $10\mu m$。利用硼离子注入的可控激活所形成的结终端延伸(Junction Termination Extension,JTE),在 SiC SBD 的导通和关断性能之间实现了较好的折中,器件性能和可靠性有了进一步改善,使其走向商业化。为了得到更高耐压和冲击电流耐受能力,满足 3kV 以上的整流器应用领域要求,1997 年 C. M. Zetterling 将高耐压 PN 结与低开启电压 SBD 相结合的技术应用于 SiC,提出了第二代 SiC SBD 器件——SiC JBS。随着 SiC SBD 器件结构的不断完善,通过器件结构设计已很难提升 SiC SBD 性能,2009 年英飞凌公司推出第三代 SiC SBD,开始转向封装技术的提高;在芯片背部采用非常薄的金属层代替原有焊锡层,加热引线框架,在它与芯片交界处形成分布式的金属间化合物,大大提高了器件封装的可靠性。目前商业化的 SiC SBD 击穿电压为 600 ~ 1700V,电流为 1 ~ 50A。Cree 公司的 SiC SBD 达到的最大反向击穿电压/额定电流为 1700V/50A 水平;SemiSouth 公司的 SiC SBD 达到的最大反向击穿电压/额定电流为 1200V/30A;Rohm 公司的 SiC SBD 达到的最大反向击穿电压/额定电流为 650V/10A。Cree 公司研制出了 10kV/20A 的 SiC JBS,但合格率较低,仅为 37%。SiC 功率二极管另一个发展方向是与 Si IGBT 组成电力电子开关混合模块,在 600V、1700V 和 3kV 反向关断电压的条件下有较好的应用,工作效率有所提高,功耗、工作频率和可靠性等性能比全 Si 开关模块有大幅度提高。

SiC 单极型功率晶体管发展早期,SiC MOSFET 存在较严重的低反型层沟道迁移率和 SiO_2 层可靠性低的问题,因此作为没有 MOSFET 界面和肖特基接触的 SiC JFET 受到了重视,并且率先实现商业化。自 1999 年 P. Friedrichs 等人研发了第一代 4H – SiC JFET 开始,SiC JFET 功率器件向两个方向发展:一是研发更高功率密度和电流能力的常开型 SiC JFET;二是研发提高电路的安全性和降低功率损耗的常关型 SiC JFET。对于常开型 SiC JFET 提高功率方面的研究,主要包括:提出水平 – 垂直电流的垂直沟道结型场效应晶体管、优化 N^+ 缓冲层与 N^- 漂移层相结合结构及多个浮动保护环终端技术的优化。2008 年 V. Veliadis 等人实现了 1680V/54A 和 2055V/25A 4H – SiC JFET。常开型 SiC JFET 产品方面,SemiSouth 公司为主要供应商,已推出击穿电压/导通电阻为 650V/55mΩ、1700V/1400mΩ 以及 2013 年推出的 1200V/45mΩ(该导通电阻在已投产的 SiC 晶体管最小)等规格的产品。常关型 SiC JFET 需要使 JFET 本身常关或串联常闭工作的 Si MOSFET,目前后者接近产品水平。2013 年日立制作所的中央研究所研制出耐压 700V 以上、导通电阻为 27mΩ 的常关型 SiC JFET。随着 SiC JFET 器件制备技术的完善,SiC JFET 功率模块不断涌现,2011 年报道了采用 SiC JFET 六功率模块组成的 50kW 的逆变系统,在 10kHz 开关频率和 650V/10kW 的条件时,该逆变器的效率高达 98.5%。2012 年 SiC JFET 突破了高功率双向固态断路器应用的硬开关下可靠工作等关键技术,进一步扩大了 SiC JFET 在电力电子器件领域的市场份额。

虽然 SiC JFET 已逐步发展成熟并且商业化,但是其繁琐的栅驱动电路以及复杂的常关型器件设计,使其无法代替 SiC 功率 MOSFET 在 SiC 单极型功率晶体管的主导地位。一直以来,以驱动结构极为简单、与目前使用的大量驱动电路和芯片兼容的 SiC 功率 MOSFET 是众多半导体厂商和电力电子领域学者的研究重点,被誉为替代 Si IGBT 的最佳器件。SiC 功率 MOSFET 沿着提高功率、降低功耗、解决低反型层沟道迁移率和 SiO_2 层可靠性的问题以及模块化的方向发展,不断地优化设计 SiC 功率 MOSFET 结构、优化结终端技术和改善栅氧化层的生长工艺,制备高性能的 SiC 功率 MOSFET。

1992 年诞生的第一个 SiC 功率 MOSFET 是沟槽栅金属氧化物半导体场效应晶体管(UMOSFET)结构,该结构存在两个缺点:较低的反型层载流子迁移率导致大的导通电阻;在尖锐的沟槽拐角处的栅氧化层易击穿。为克服上述缺点,双注入工艺平面结构的 6H – SiC 功率 MOSFET 于 1997 年研发成功[2],它采用硼掩蔽注入形成 P 阱并用氮注入在 P 阱上形成 N 型的源接触区,该器件的击穿电压达到 760V,比先前报道的 SiC MOVFET 提高了 3 倍。随后通过更换 SiC 衬底材料为迁移率更高的 4H – SiC,增加漂移区厚度和有源区面积,辅助优化终端技术,采用保护环、多重浮动保护环等终端技术,并改善栅氧化层的生长工艺,提高 SiC 功率 MOSFET 的工作电压和工作电流,并减小其导通电阻,缓解功率与效率的矛盾。2004 年报道了击穿电压为 10kV、比导通电阻为 $123mΩ \cdot cm^2$ 的 4H – SiC 功率 DMOSFET[3],其比导通电阻大约为 Si 的多子器件相应理论值的 1/163。

栅氧化层的可靠性问题一直是 SiC DMOSFET 产品化的瓶颈。残存于 SiC – SiO_2 界面和 SiO_2 中的 C 元素以及 SiO_2 自身的缺陷,导致较高的界面缺陷密度;沟道中电子的隧穿效应和界面缺陷的相互作用,会引起器件阈值电压 V_{th} 的不稳定。近 20 年栅氧化层的生长工艺一直是研究热点,经过不断地优化氧化温度(1175℃较优)、退火环境(NO 和 N_2O 等)及退火温度等工艺条件,终于在 2009 年取得突破性进展,A. Agarwal 研制出较可靠的栅氧化层工艺,大大推动了 SiC

DMOSFET 产品化进程。紧接着 Cree 公司首次研制出 SiC 功率 MOSFET 产品，型号为 CMF20120D 的最大反向击穿电压/额定电流为 1200V/20A；面积相较于相同耐压级别的 Si IGBT，从 $0.25cm^2$ 下降到了 $0.166cm^2$，效率提高了两个百分点，顺应了电力电子器件向小型化和高效化发展的趋势，成为代替 Si IGBT 的最佳选择。此外，日本 Rohm 公司已经可以量产 600 ~ 1200V SiC DMOSFET，并开始提供功率模块样品。目前 SiC DMOSFET 在 1.2kV 关断电压，有 10A、20A、67A 工作电流的产品，在 10kV 关断电压，有 10A 工作电流的产品，并且和 SiC 二极管集成为全 SiC 的电力电子开关模块。2011 年报道的 1200V/800A 全 SiC 模块[4]，由 20 个 80A SiC MOSFET 和 20 个 50A SiC JBS 组成，与相应的 Si IGBT 模块相比，总功耗减少了 40%，开关频率提高了 4 倍。

随着 SiC 功率 MOSFET 器件不断完善和发展，已推出高击穿电压和低界面态密度的器件，为 SiC IGBT 的开发铺平了道路。阻碍大功率 SiC IGBT 发展的因素有厚的掺杂浓度可控的低浓度外延片和零微管缺陷晶片生长，新器件结构和结终端设计，衬底减薄等关键工艺被突破，解决大电压、大电流带来的散热和可靠性的新封装材料/封装技术等。伴随着上述问题的不断突破，SiC IGBT 逐步迈向大功率商业化。

Cree 公司已经可以生产厚度超过 $100\mu m$ 的外延片，N 型和 P 型的掺杂浓度在 $9 \times 10^{14} \sim 1 \times 10^{19}/cm^{-3}$ 之间重复可控；Nothrop Grumann 公司和美国的南佛罗里达大学也不断地研制出制备高质量厚外延层的方法。外延层质量的突破为大功率 SiC IGBT 的发展打下了扎实的基础。外层材料进步的同时，围绕着解决耐压、导通电阻和开关速度矛盾关系的新型 SiC IGBT 结构、终端技术和关键工艺设计不断涌现出来。SiC IGBT 根据沟道极性的不同分为开关速度较快的 N - IGBT 和电流较大的 P - IGBT。通过优化场停止层的掺杂浓度、厚度和载流子的寿命，也可改善 P - IGBT 的开关性能。P - IGBT 主要朝着更低导通电阻、更高耐压的方向发展。沟槽栅有助于提高耐压、增加电流密度和降低比导通电阻，但阈值电压不可控；平面栅阈值电压可控，但比导通电阻大，为了解决平面栅 SiC P - IGBT 导通电阻高的问题，引入高于 P$^-$ 漂移区浓度的 P 型缓冲层和 JFET 区 P 型电流分散层，很好地抑制了 JFET 效应和分散通过 BJT 段的电流以增强电导调制，为了突破 10kV 4H - SiC 平面栅 P 型 IGBT 的技术难关，2008 年引入了多区结终端延伸技术和 P 型的场截止层，制备出 $12kV/18m\Omega \cdot cm^2$ 的 SiC P - IGBT P 型，器件关断时间为 $2.8\mu s$。

SiC N 型 IGBT 的发展同 SiC P 型 IGBT 类似，引入并不断优化缓冲层和 JFET 区电流分散层结构，同时伴随着不断优化多区结终端延伸技术，推动 SiC N 型 IGBT 朝更高功率、更低损耗的方向发展。但是 SiC N 型 IGBT 还存在独特的 P 型衬底电阻较大的难题，阻碍了 N 型 IGBT 导通电阻性能的提升。随着

4H – SiC 材料的进步,突破了 N 型 IGBT 的 P 型衬底电阻较大的难题。2010 年报道了独立 SiC 外延层上的高压 N 型 IGBT[6],传统的厚 P⁺ 衬底被较薄的 P⁺ 外延层所代替,器件集电极电阻减小了 2 个数量级。在 N⁺ SiC 衬底的 Si 面上外延生长较低的底面缺陷的基层和厚 1μm 的 N⁺ 缓冲层后,继续生长厚 200μm 的 N⁻ 漂移层、厚 0. 2μm 的 N⁺ 缓冲层和厚 3μm 的 P⁺ 集电极层。然后用磨抛工艺去除衬底、基层、缓冲层和厚 20μm 的漂移层,器件在厚 180μm 的漂移层上的 C 面制备。依据厚 180μm 的 N⁻ 漂移层和其掺杂浓度理论,预估该器件具有 20kV 的关断能力。12 ~ 15kV SiC IGBT 的技术突破,有望在格栅互联电网中的无变压器的智能变电站中发挥更大作用,解决了 6. 5kV Si IGBT 在该应用中串联器件多、效率低和频率低的难题,2012 年报道了 15kV SiC IGBT 在无变压器的智能变电站中应用的设计,计算模拟表明,当 TIPS 供给 800kW 功率和 600kW 电抗功率的栅格电网时,其总效率高达 98. 43% 。

对于高压、大电流、大功率 SiC IGBT 模块来说,散热和可靠性是其必须解决的关键问题,目前大功率 Si IGBT 模块采用高导热的氮化铝陶瓷覆铜板。国外常用的氮化铝陶瓷覆铜基板一般是采用先将氮化铝陶瓷预氧化,再敷接铜的工艺来实现,该方法也可应用于 SiC IGBT 模块的封装。进行氮化铝陶瓷覆铜基板生产的主要公司有德国的 Curamik、日本的 Toshiba、美国的 IXYS 和 Steller 等,尤其是德国的 Curamik 占据着陶瓷覆铜基板市场 70% 的份额。

此外,SiC 功率双极性晶体管中的 BJT 和 GTO 也取得了很大进展,SiC BJT 突破了低的比导通电阻(2. 9mΩ · cm², 757V 时)、高电流增益(335dB)和小芯片面积的高基极开路关断电压(21kV)等关键技术,在 1200V 关断电压开展了升压变换器的应用研究,在开关频率 500kHz 以上具有应用优势。SiC GTO 突破了高峰值脉冲电流(12. 8kA)、高关断电压(12. 5kV)、低微分比电阻(10mΩ · cm²)和具有 70ns 超快的导通时间的光触发 GTO(12kV/100A)等关键技术,在限制 SiC 衬底上基矢面位错(BPD)密度(小于 1cm⁻²)、进一步改善器件的稳定性方面有长足进步。

1.1.2.2 GaN 电力电子器件的发展

GaN 材料具有禁带宽度宽、临界击穿电场强度大、饱和电子漂移速度高以及耐高温等特点,能满足下一代电子装备对功率器件更大功率、更高频率、更小体积和更恶劣高温工作的要求。GaN 功率半导体器件起步比较晚,1999 年才出现了第一个 GaN 电子电力器件。但是相对于 SiC 功率器件,Si 衬底上 GaN 功率器件在成本上具有较大的优势,是最具市场竞争力的发展方向之一。IR、Infineon、Fairchild、Samsung、NXP、STMicro、丰田旗下的 Denso 等国际大型功率器件公司向 GaN 功率器件研究领域投入大量人力财力。2007 年 6 英寸(1 英寸 =

2.54cm)Si 衬底上长出了 GaN,紧接着 IMEC 公司和 ANXTRON 公司在 8 英寸 Si 衬底上外延得到了无裂纹的 AlGaN/GaN 晶片,这大大推进了 GaN 功率器件发展的应用进程。IR、松下和富士通等公司分别投产了耐压为 600V 级的 GaN 晶体管,美国 Velox 公司推出 600V/(4~8)A 的快恢复二极管商业产品。2007 年,宜普电源转换公司首先将增强型的功率 GaN 晶体管商业化;2008 年,IR 公司推出首个 GaN 功率元件技术平台。2012 年,日本富士通公司成功实现了基于 Si 基 GaN 功率器件的 2.5kW 高功率输出电源,开始 GaN 功率器件的量产。2013 年,三星电子公司在口径 8 英寸的 Si 基板上试制出了 GaN 功率晶体管。由于 GaN 单晶生长技术还不成熟,目前基于 Si 基的 GaN 功率器件击穿电压多低于 1200V,产品大部分在 600V 以下。

GaN 功率半导体器件主要集中在整流器件 GaN SBD、开关器件 AlGaN/GaN HEMT 和金属绝缘体半导体高电子迁移率晶体管(Metal Insulator Semiconductor Field Effect Transistor,MIS-HEMT)。GaN 功率半导体器件一方面在较为成熟的 SiC 和蓝宝石衬底上不断改进器件结构设计,改善器件耐压、导通电阻等方面的特性;另一方面不断地研制 Si 衬底 GaN 生长工艺,并将已研究的成果转移到 Si 衬底 GaN 功率器件。

GaN SBD 最早由美国加州理工学院于 1999 年研制成功,该器件击穿电压为 450V、正向开启电压为 4.2V。虽然 2001 年美国佛罗里达州立大学报道了击穿电压近 10000V 的 GaN 功率整流器,但是 GaN 体材料制作的 SBD 导通电阻都比较大,继而转向了利用高迁移率的 AlGaN/GaN 异质结制作高性能 SBD。通过不断地引入并优化多种终端技术以及器件结构设计,提高器件耐压并改善耐压与正向压降的矛盾关系。2008 年陈万军等人提出了 AlGaN/GaN 横向场控功率整流器结构(Lateral Field Effect Rectifier L-FER)[7],该器件击穿电压为 470V,正向开启电压仅为 0.58V;同一年,日本松下公司利用 Natural Super Junction 概念在 AlGaN/GaN 上实现了耐压 9300V[8],比导通电阻 176mΩ·cm^2 的功率二极管,是目前报道的最高耐压 AlGaN/GaN 异质结二极管。

GaN 开关器件 AlGaN/GaN HEMT 具有工艺简单、技术较成熟和开关速度快等优点,成为 GaN 功率开关器件中最受关注的器件结构。场板是改善 AlGaN/GaN HEMT 功率特性最有效的方法之一。2000 年 USCB 大学首先首次将栅场板应用于 AlGaN/GaN HEMT 功率器件中,耐压达到 570V[9]。随后多场板、斜场板、源场板等多种形式的场板结构相继出现。2010 年 W. Saito 研究小组研究了场板对导通电阻的影响,该小组提出电流崩塌效应会使导通电阻增大,采用场板结构可以减小峰值电场,减小栅极边缘对电子的俘获,从而抑制电流崩塌现象。利用钝化层也是提高 AlGaN/GaN HEMT 常用方法之一。2006 年,日本 Furuka-wa 公司报道了采用 SiN 作为表面钝化层,器件击穿电压为 750V[10],比导通电阻

为 $6.3m\Omega \cdot cm^2$，开启时间仅为 $2.5ns$。2009 年松下公司实现了高达 $10400V$ 的 AlGaN/GaN HFET[11]，比导通电阻仅为 $186m\Omega \cdot cm^2$。

由于材料缺陷问题，AlGaN/GaN HEMT 栅泄漏电流较大，尤其是在高压领域范围。为了解决这一问题，介质栅 AlGaN/GaN MIS – HEMT 器件开始引起人们的关注。AlGaN/GaN MIS – HEMT 的优化主要集中在栅介质材料选取、生长方式以及复合介质层的设计。目前研究的栅介质材料主要包括 SiO_2、Si_3N_4、AlN、HfO_2 等，2009 年富士康以 PECVD Si_3N_4 为栅介质，在 Si 衬底上采用高阻 C 掺杂缓冲层，得到击穿电压为 $2.45kV$ 的 GaN 基 MIS – HEMT。采用高介电常数/氧化物/SiN 等复合介质层作为栅极材料是当今的一个研究热点，其中利用 $HfO_2/SiO_2/SiN$ 已成功研制出 $1.8kV$ 的 GaN 基 MIS-HEMT，比导通电阻为 $186\ m\Omega \cdot cm^2$。

上述 AlGaN/GaN 晶体管均为耗尽型器件，但是增强型的常关功率开关器件才能保证功率电子系统的低功耗、低成本、结构简单和安全性等要求。目前可采用多种工艺方法来实现增强型器件，如薄势垒层、凹栅结构、氟离子注入、双势垒层、P 型帽层等。最早的增强型 AlGaN/GaN HEMT 是 M. A. Khan 等人利用薄势垒层实现的，2006 年，Nichia 公司通过减薄 AlGaN 层实现了 $610V$ 准增强型 AlGaN/GaN HEMT[12]，其阈值电压为 $-0.1V$。2000 年，南加州大学采用 P 型 GaN 栅实现了增强型 AlGaN/GaN HEMT[13]，其阈值电压为 $2.5V$。2006 年，W. Saito 等人提出了凹栅极结构的增强型 $435V$ AlGaN/GaN HFET[14]，其阈值电压为 $1V$。2005 年香港科技大学首次通过氟离子注入形成增强型 AlGaN/GaN HEMT[15]。这些制备方法中均有各自的不足：薄势垒层电流小，氟离子注入稳定性差，凹栅工艺对势垒层损伤严重，双势垒层结构复杂缺陷态增多，生长 P 型 GaN 或者 Al-GaN 帽层的制备比较困难。总之，制备增强型 AlGaN/GaN HEMT 仍需要不断地改善材料生长、器件制备工艺或者创新器件结构，成熟、完善、可靠性高的增强型 AlGaN/GaN HEMT 产品正在广泛应用和发展中。

1.1.2.3 目前商业化 SiC 和 GaN 电力电子器件存在的问题

目前制约 SiC 电力电子器件进一步商业化的因素：①SiC 单晶材料被 Cree 公司的技术垄断，价格昂贵，一片高质量的 4 英寸 SiC 单晶片的售价 3000 美元以上，然而相应的 Si 片售价仅为 7 美元以下；②SiC 单晶材料虽然在改善缺陷微观密度方面取得很大进展，但位错缺陷等其他缺陷对器件特性造成的影响仍未解决；③降低大电流大功率 SiC 器件、模块热的封装技术仍需改进。

目前制约 GaN 电力电子器件进一步商业化的因素：①GaN 单晶生长技术还不成熟，最有市场前途的硅基的 GaN 功率器件击穿电压多低于 $1200V$；②增强型 AlGaN/GaN HEMT 制造工艺不成熟；③由于材料缺陷引起的电流崩塌等 GaN 器件可靠性问题有待进一步解决；④大功率 GaN 器件封装问题。

1.1.3　我国电力电子器件的发展

电力电子技术发展初期并没有引起人们足够的重视,近年来随着我国经济的持续发展以及国家在电力、交通及基础设施的大规模投入,电力电子器件市场发展迅速,需求量迅猛增加,单从目前主流功率器件 IGBT 来看,有关资料预测,到 2020 年仅轨道交通电力牵引每年 IGBT 模块的市场规模不低于 10 亿元,智能电网不低于 4 亿元。但是国内功率半导体行业处于小、散状态,上市的产品与Infineon、IR、Fairchild、Samsung 等国际知名半导体器件企业相比差距非常大。国内大部分功率半导体企业以 Si 基二极管、三极管和晶闸管低档产品为主,国际上主流的功率 MOSFET 和 IGBT 近年来在电力牵引应用的带动下开始发展,逐步进入产品阶段。现在国际上发展前沿的 SiC 和 GaN 等宽禁带电力电子器件,国内更是相差甚远,处于前期研发阶段。

在市场需求的牵引下,为了打破国外对我国的技术垄断,特别是现代军事武器的禁运,我国越来越重视高端电力电子器件的发展,提供了大量资金和人才支持,特别是国家"02"科技重大专项、2006 年启动的节能规划工程、2008 年启动的 4 万亿拉动内需的电力牵引项目以及 2008 年启动的智能电网可行性研究项目,极大地推动了我国电力电子器件的发展:多条 6 英寸线和 8 英寸线开始涉足功率半导体器件生产;士兰微电子股份有限公司、长虹等企业开始研发功率MOSFET 及其电路,并逐步将其用于等离子体显示器(Plasma Display Panel,PDP)驱动等产品;株洲南车、北车永济、深圳华为和国家电网等企业开始研发或投资建设 IGBT 等先进功率半导体器件;上海北车永电电子科技有限公司成功设计出 3300V/50A 大功率 IGBT 芯片,填补了国内相关领域的空白;新傲科技股份有限公司、士兰微电子股份有限公司、中国电子科技集团公司第 13 研究所、中国科学院微电子研究所、电子科技大学、西安电子科技大学、北京大学、复旦大学等各企业高校在宽禁带材料生长以及器件设计上取得了重大发展。2013 年南京电子器件研究所研制成功常关型 SiC JFET,反向击穿电压大于或等于 1700V,比导通电阻最小达到 $4.2\text{m}\Omega \cdot \text{cm}^2$;苏州纳米研究所报道了 402V AlGaN/GaN/Si HEMT 常关型功率开关器件,是国内首次报道 Si 衬底上 GaN 功率开关器件。中国电子科技集团公司第 13 研究所在 SiC 外延以及 AlGaN/GaN 异质结等材料生长方面取得了重大突破,为研制宽禁带器件打下了基础;在自主外延的 SiC 材料上制备了 SiC SBD,解决了漏电以及电场集中等基础性难题,开发出适合于 SiC SBD 器件的新工艺,包括场限环(FLR)、JBS 等复合终端截止技术设计和适于高压工作器件的金属体系研究,制备了 600V、1200V 的 SiC SBD 器件,正在研发 4500V SiC IGBT。

▧ 1.2　固态微波器件的发展

固态微波器件发展起始于 20 世纪 50 年代,至今已经历了两端器件、Si 双极微波晶体管、GaAs、MESFET 与 MMIC、HEMT 和 HBT 与 MMIC 以及射频互补金属氧化物半导体(Radio Frequency Complementary Metal Oxide Semiconductor RF CMOSFET)、GaN HEMT 和石墨烯场效应晶体管(Graphene Field Effect Transistor,GFET)五个发展阶段。进入 21 世纪,第四阶段和第五阶段的发展延续形成了当今固态微波器件与电路发展的主要格局。近期随着 SiC 和 GaN 宽禁带半导体技术的新发展[16],GaN HEMT 器件的 f_T/f_{max} 突破了 0.4THz,InP HEMT MMIC 的工作频率突破了 1THz,固态微波器件朝毫米波、太赫兹方向发展。

固态微波器件和电路是电子装备固态化、小型化和智能化的核心器件,也是无线通信和无线传感网络发展的关键器件,属于国家发展的战略资源之一,因此历来受到各方的高度关注。美国国防部高级研究计划局在 20 世纪实施了 GaAs MMIC 和 GaAs 甚高速集成电路(Very High Speed Integrated Circuit VHSIC)计划,进入 21 世纪后根据固态微波的新发展,又先后启动了发展 RF CMOS/Bi CMOS 的"电子与光子集成电路""高速、灵巧微系统技术"计划;发展 InP HEMT、HBT 的"反馈型射频线性放大器""频率捷变数字合成发射机技术""亚毫米波成像焦平面技术"计划;发展 GaN HEMT 的"宽禁带半导体 – 射频技术""下一代 GaN"计划[17];发展 GFET 的"碳电子技术的射频应用"计划;发展太赫兹晶体管的"太赫兹成像焦平面技术""太赫兹电子学"计划。这些计划的启动和实施带动了世界固态微波毫米波、太赫兹器件和电路的发展。在实际微波系统中,各种形式的有源元件用于微波的产生、放大、倍频、变频等关键问题,微波技术、电路设计、微电子的发展成为这些有源元件发展的主要动力,在过去的几十年里,各种形式的微波半导体器件不断出现,推动了微波技术的发展[18]。

1.2.1　Si 和 GaAs 固态微波器件与电路的发展

1952 年,Shockley 提出结型场效应晶体管理论之后,单极晶体管发展成为半导体器件的重要分支,最早的器件是微波二极管,但工作效率较低。进入 20 世纪 60 年代后,微波半导体器件以硅双极微波晶体管为主,至今仍是微波低端半导体功率器件的一种选择。20 世纪 70 年代中期,相关的研究转入电子迁移率更高的 GaAs MESFET 器件,并形成了微波单片集成电路的集成化进步,同时进入到毫米波低端。20 世纪 80 年代初,MBE 和金属有机物化学气相淀积 MOCVD 等先进技术的发展,使得人们可以在原子尺度上发展半导体材料,超晶格和异质结由理想设想转化为实际物理结构,新型材料和新型器件层出不穷,如高电子迁移率晶体管、PHEMT、异质结双极型晶体管等。从 20 世纪 90 年代开始,微波半导体器件呈现出两大趋势:一是硅基的集成电路由于工艺的发展形成了 RF CMOS 和射频微机电系统(RF Micro Electro Mechanical System, RF MEMS)的新的研究和应用;二是化合物半导体由于新材料的发展,形成了宽禁带半导体器件的研究。

目前采用纳米加工技术 Si 工艺 RF CMOS 已实现 60GHz 无线接入,有高集成、低成本和低功耗的特点。RF CMOS 发挥系统级芯片(System on Chip SOC)的优势,在多输入多输出(MIMO)以及改善接收和发射性能方面获得进步。0.13μm 栅长 SiGe HBT 的截止频率 f_T/f_{max} 突破 400GHz/500GHz,BiCMOS 技术研制的 T/R 组件、压控振荡器(Voltage Controlled Oscillator, VCO)、低放和功放进入 3mm 波段。LDMOSFET 已成为移动通信基站发射功率器件的主流,栅长 0.5μm 的技术已实现功率集成,0.25μm 技术实现工作频率达 6GHz,LDMOSFET 的可靠性进一步提高,向广播发射、雷达应用扩展。

GaAs PHEMT 技术已成熟,大量应用于微波和 8mm 波段,在 8mm 波段正努力提高击穿电压以提高输出功率,已能在 8V 下工作,功率密度达到 1W/mm。GaAs 应变高电子迁移率晶体管(Metamorphic High Electron Mobility transistor, MHEMT)已能工作到 H 波段,成为亚毫米波应用的重要器件,具有低成本优势。

100mm 圆片 100nm InP HEMT 技术已成熟,广泛用于毫米波;35nm InP HEMT 技术突破了高 f_{max}(1.2THz)后,InP 低噪声放大器单片微波集成电路(LNA MMIC)能工作到 1.0THz,InP 功率放大器单片微波集成电路(PA MMIC)能工作到 0.65THz,成为目前晶体管三端器件工作的最高频率。InP HBT 发挥其相位噪声低等优势,已先后进入毫米波、亚毫米波波段,突破了 250nm InP HBT 波段集成电路技术,研制成功 300GHz 锁相环(Phase Locking Loop,PLL)电路。

微波电路始于 20 世纪 40 年代的立体微波电路,由波导传输线、波导元件、谐振腔和微波电子管组成。随着固态微波器件的发展以及分布型传输线的出现,60 年代初出现了平面微波电路,由微带元件、集总元件、固态微波器件等无源微波器件和有源微波元件利用扩散、外延、沉积、蚀刻等制造技术,制作在一块半导体基片上的混合微波集成电路(HMIC),属于第二代微波电路。20 世纪 70 年代,GaAs 材料制造工艺的成熟,对微波半导体技术的发展有着极为重要的影响。由于 GaAs 材料的半绝缘性可以不需要采用特殊的隔离技术而将平面传输线、所有无源元件和有源元件集成在同一块芯片上,更进一步地减小了微波电路的体积。正是由于 GaAs 技术的问世与 GaAs 材料的特性促成了由微波集成电路向 MMIC 的过渡。与第二代的 HMIC 相比较,MMIC 的体积更小、寿命更长、可靠性高、噪声低、功耗小、工作极限频率更高等优点,受到广泛的重视。目前,单片微波集成电路已经使用于各种微波系统中。在这些微波系统中的 MMIC 器件包括 MMIC 功放、LNA、混频器、上变频器、压控振荡器(VCO)、滤波器等直至 MMIC 前端和整个收发系统。单片电路的发展为微波系统在各个领域的应用提供了广阔的前景。由 MMIC 器件所组成的微波系统,已广泛应用于空间电子、雷达、卫星、公路交通、民航、电子对抗和通信系统等多种尖端科技中。随着 MMIC 技术的进一步提高和多层集成电路工艺的进步,利用多层基片内实现几乎所有的无源器件和芯片互联网络的三维多层微波结构受到越来越多的重视。而且建立在多层互连基片上的 MCM(Multi - Chip Module)技术将使微波/毫米波系统的尺寸变得更小。此外,随着人们对 MEMS 技术的研究,利用 MEMS 技术可以使无线通信设备中的外接分立元件达到微型化、低功耗及可携带性的要求。MEMS 采用深刻蚀技术,实现宏观机械上的三维结构,使得无源器件的小型化成为可能,同时更加容易集成;MEMS 的器件主要是以 Si 作为加工材料,这使它相对于传统的利用 MMIC 技术制作的器件的成本大幅度下降。MEMS 的这些特点也就决定了它朝微小型化、多样性和微电子技术方向不断发展。因此,根据 MEMS 和 MMIC 技术特点,制成一种结合两种技术优点的器件或电路成为一种趋势。

1.2.2　SiC 固态微波器件与电路发展

宽禁带半导体 SiC 和 GaN 功率器件固有的较宽的禁带宽度和高击穿场强的特性,决定了可以工作在更高频率、更宽带宽时仍能有高的输出功率。同时宽禁带半导体材料具有高饱和电子速率,是 Si 和 GaAs 的 2 倍,饱和电子速率越高,特征频率就越高。宽禁带半导体材料 SiC 具有高热导率,热导率越高,材料向周围环境传导热的能力就越强,即由该材料制作的器件温升越小,越有利于提高功率器件的功率密度和输出功率,同时更适合在高温环境下工作,理论上 SiC 和 GaN 半导体功率器件的结温可达 300℃。宽禁带半导体材料具有强抗辐射能力,SiC 器件的抗辐射能力至少为 Si 的 4 倍,因此是制作抗辐射大功率微波功率器件的优良材料。

在 4H - SiC 和 6H - SiC 单晶、外延乃至相关器件的研发和商业化方面,代表性的公司有美国的 Cree 公司、Ⅱ - Ⅵ公司、Northrop Grumman 公司、Sterling 半导体公司和 TDI 公司,德国的 SiCrystal AG 公司,日本的 Hoya 公司和 Toyota 公司等。其中,Cree 公司是世界上最大的 SiC 晶圆片和 SiC 半导体产品制造商与供应商,最新进展多是这些公司在 SiC 国际会议上发表的结果。在 SiC MESFET 产品方面,Cree 公司在 2000 年就发布了 3W 和 10W 射频功率 SiC MESFET A、B、AB 类放大器,器件无须内匹配,且外匹配电路简单。基于单片的大功率 4H - SiC MESFET 输出功率已经达到连续波 80W,工作频率达到 S 波段,工作电压在 50V 左右,展示了 SiC 功率器件的优越性能。

我国从 20 世纪 90 年代起在国家自然科学基金、"973""863"计划和其他各类课题开始 SiC 材料、器件与电路的研究。研究单位有中国电子科技集团公司第 13 研究所、第 46 研究所、第 55 研究所,中国科学院物理研究所、半导体研究所,上海硅酸盐研究所,西安电子科技大学,电子科技大学,山东大学以及西安理工大学等单位。

国内 SiC 材料和器件的研究始于 20 世纪 90 年代,开始是部分大学与中国科学院开展 SiC 单晶和外延材料的电学、光学、缺陷等物性研究,对 SiC 器件的研究集中在 SiC 电力电子器件、传感器等方向,如 6H – SiC 单晶的氧化工艺研究、SiC 的干法刻蚀工艺研究、SiC 薄膜高温压力传感器研究等。

2000 年以后,中国电子科技集团公司下属的研究所和相关合作单位开展了 SiC 单晶、外延和器件等基础理论研究,目前取得了较大进展。SiC 材料的迁移率、浓度厚度均匀性等参数已达到或接近国外同类水平,实现 3 ~ 4 英寸 SiC 外延材料生长,实现 N 型、P 型 $5 \times 10^{16} \sim 5 \times 10^{18} \mathrm{cm}^{-3}$ 掺杂可控,N 型电子迁移率大于 $1000 \mathrm{cm}^2/(\mathrm{V} \cdot \mathrm{s})$。

2002 年我国报道了 SiC MESFET 器件实现输出功率密度 4.6W/mm,功率附加 65.7%,击穿电压 100V;2004 年以后,随着国产 SiC 半绝缘衬底研发成功,SiC MESFET 器件和电路发展开始加速。2008 年 S 波段功率 SiC MMIC 在 1.8 ~ 3.4 GHz 的频带内小信号增益大于 12dB,漏电压 32V 时带内脉冲输出功率超过 5W。2010 年报道了一款 SiC MESFET 推挽放大器,2GHz 频率、$V_{ds} = 50V$ 脉冲输出峰值功率为 88.7W,功率增益为 8.1dB,峰值功率附加效率为 30.4%。2013 年多凹栅 SiC MESFET 器件脉冲条件下 2GHz 时的输出功率密度达到 8.96W/mm,功率附加效率 30%,单胞 20mm 大栅宽器件 3.4GHz 脉冲条件下功率输出达到 94W,功率附加效率达到 22.4%[18]。我国 SiC MESFET 器件研究水平已经接近国际先进水平,下一步研究的重点是器件的可靠性评估和器件失效机理研究,争取器件早日产品化和产业化。

1.2.3　GaN 固态微波器件与电路发展

GaN 固态微波器件的发展以 GaN HEMT 器件为主流,其采用的 AlGaN/GaN 异质结材料结构,既延续了宽禁带材料的高击穿电场、高电子饱和漂移速度等优点,又靠自发极化和压电极化就可以在异质界面的量子阱中产生高达 $10^{13}/\mathrm{cm}^2$ 二维电子气密度,这使其在高频微波器件的制造中比同是宽禁带的半导体 SiC 材料更有优势。另外,虽然 SiC 和 AlGaN/GaN 异质结材料的击穿电场相差不大,但 SiC 材料的载流子是靠掺杂实现的,而 AlGaN/GaN 异质结材料不用任何掺杂,其两维电子气在非掺的 GaN 沟道中具有更高的迁移率。

目前全球有约 500 家公司、大学与研究所进行 GaN 材料、工艺和器件的研究,而且有近 100 家公司为 GaN 技术的发展提供材料、设备、分析和服务等支持。国际上在 GaN 微波功率器件和电路研究中比较活跃并处于领先地位的有 Cree、TriQuint、HRL、DCH System、CTT、RFHIC、Hittite、RF - LAMBDA 等数十家公司,实现了 GaN 放大器的商业化应用,产品覆盖 L 波段至 W 波段,应用范围包括军用雷达、军用通信、宇航卫星、数字电视、移动通信等领域,产品包含功率放大器、低噪声放大器等。

1993 年南卡罗来纳州立大学的 Khan 等人在蓝宝石衬底上通过低压 MOCVD 方法制造出第一只基于 $Al_{0.14}Ga_{0.86}N/GaN$ 异质结的 GaN HEMT,自此 GaN HEMT 器件开始了快速的发展。特别是 20 世纪 90 年代中后期具有不同器件结构的 GaN 器件的研究结果被相继报道。2003 年富士通研究所开发的栅宽为 36mm 的器件,在 2.1GHz、63V 工作电压下,获得 150W 的饱和输出功率和 54% 的最大功率附加效率。有关功率密度方面,2004 年美国 Cree 公司桑得巴巴拉技术研究中心开发的场电极(Field Pole, FP)结构的 AlGaN/GaN 器件,在 4GHz 下获得了 32.2W/mm 输出功率密度和 54% 的效率,在 8GHz 下获得了 30.6W/mm 输出功率密度和 49.6% 的效率[19]。2013 年报道的 GaN 功率器件在 4GHz 频点输出功率密度突破 41.4W/mm,大栅宽器件在 S 波段功率达千瓦。

在 Ka 波段的输出功率方面,2004 年日本的 FED 公司采用 FP 结构栅宽为 $450\mu m$ 的器件,在 30GHz 下输出功率为 3.2W(7.1W/mm)。2005 年美国 UCSB 大学报道的栅长 $0.16\mu m$、栅宽 0.15mm 凹栅结构 AlGaN/GaN HEMT,在 30GHz、30V 工作电压下器件的输出功率密度达到了 10.5W/mm。[20] 2007 年,Cree 公司报道了使用 InGaN 背势垒、栅长 $0.15\mu m$ 带场板的 AlGaN/GaN 毫米波器件,在 30GHz、60V 工作电压下器件的输出功率密度达到了创纪录的 13.7W/mm[21],充分显示了 GaN 基器件在毫米波段功率特性的优势。2008 年,UCSB 大学报道了使用 6nm 的 $Al_{0.4}Ga_{0.6}N$ 超薄势垒制作栅长 60nm 的 AlGaN/GaN HEMT 器件,器件的电流增益截止频率 f_T 达到 190GHz,充分显示了 GaN 基 HEMT 器件在更高波段应用的潜力。麻省理工学院在 2010 年报道了采用凹槽栅结构的栅长 60nm 的 AlGaN/GaN HEMT 器件,f_{max} 达到 300GHz,在 2011 年报道了用栅长 55nm 实现的 AlGaN/GaN HEMT 器件,f_T 达到 225GHz。

在 AlGaN/GaN 异质结材料开发的同时,新型 InAlN/GaN 异质结、AlN/GaN 异质结、AlN/GaN 超晶格异质结等新型 GaN 基 HEMT 材料不断涌现和发展。AlGaN 与 GaN 之间晶格常数不匹配,因此产生很高的应力,对器件可靠性影响较大;AlGaN/GaN HEMT 结构中存在很强的极化场,在界面产生很多表面态显著降低器件的迁移率和电流密度,而且 Al 组分大于 30% 时迁移率也显著降低,这就降低器件的工作频率,影响使用。In 组分 17% 的 InAlN 与 GaN 晶格匹配,消除了应力问题,而且 InAlN 材料自发极化效应强,禁带宽度大,势垒层可以很薄。因此,InAlN/GaN 半导体器件在国外得到重视,目前普遍认为 InAlN/GaN 器件是适合毫米波及以上波段应用的 GaN 基材料。

国外对 InAlN 材料研究比较早的是 Akasaki 小组,该小组对材料的基本性质进行了简单的研究,没有做出能应用于器件的材料。直到 2004 年,才由 A. Krost 小组第一次报道了 Si 衬底上与 GaN 晶格基本匹配的 In 组分 16% 的 InAlN 器件结果,InAlN 结构材料的二维电子气(Two Dimensional Electron Gas,2DEG)的面密度为 $3.2 \times 10^{13} \mathrm{cm}^{-2}$,迁移率为 $406 \mathrm{cm}^2/(\mathrm{V \cdot s})$。器件的最大直流电流为 $1.33 \mathrm{A/mm}$,2GHz 下最大输出功率为 $4.1 \mathrm{W/mm}$[22]。2006 年瑞士报道 InAlN 结构材料室温下的二维电子气的浓度为 $(2.6 \pm 0.3) \times 10^{13} \mathrm{cm}^{-2}$,迁移率为 $1170 \mathrm{cm}^2/(\mathrm{V \cdot s})$,方块电阻为 $210 \Omega/\square$[23]。此材料的器件制作由德国的 E-. Kohn 小组完成,栅长 $0.25 \mu \mathrm{m}$ 在室温下最大输出电流密度为 $2 \mathrm{A/mm}$,栅长 $0.15 \mu \mathrm{m}$ 下电流截止频率为 50GHz。随着器件栅长的不断降低和 ALD 生长高介电常数 K 介质层等一批新工艺的采样,InAlN/GaN HEMT 的频率不断提高,2011 年报道栅长 30nm 的 InAlN/GaN HEMT 器件 f_T 达到 245GHz,2013 年圣母大学报道栅长 30nm InAlN/GaN HEMT 器件 f_T 已达 400GHz。

由于极强的极化效应以及薄的势垒层厚度(2~4nm),AlN/GaN 异质结 HFET 器件已成为进一步提高毫米波以及亚毫米波波段固态电子器件频率性能的热点。改变 AlN 势垒层和盖帽层厚度可以实现 AlN/GaN HFET 耗尽(D)和增强(E)模式的转换,使得 AlN/GaN HFET 可以实现 E/D 兼容工艺,从而为 GaN 基高速数字电路提供了基础。此外,由于势垒层非常薄,相对于 AlGaN/GaN 肖特基二极管而言,AlN/GaN 肖特基二极管的开启电压和节电容相对较小,这使得 AlN/GaN 二极管的功耗和开关特性要优于 AlGaN/GaN 二极管,从而更适用于高速数字电路。

AlN/GaN 异质结场效应晶体管从 20 世纪 90 年代就开始研究,但由于材料质量问题而进展缓慢。2011 年,在蓝宝石衬底上制作的 80nm T 栅型 AlN/GaN HEMT,峰值跨导达到 500mS/mm,最大源漏电流密度达到 $1.75 \mathrm{A/mm}$,截止频率大于 100GHz,其良好的性能归功于较薄的 AlN 势垒层(3.5nm)、良好的欧姆接触、肖特基接触及钝化工艺。2011 年,报道了在大直径、高阻的 Si 衬底上制作的低噪声毫米波 AlN/GaN HEMT,其截止频率达到 85GHz,在 10GHz、源漏电压 4V 下,最小噪声系数为 1dB,增益为 12dB,提供了一种经济的方法来制作 GaN 基毫米波器件。2011 年,报道了在 SiC 衬底上通过在源、漏欧姆接触区域再生长 N^- 型 GaN 的方法以及原子层淀积方法制作 2nm $\mathrm{Al_2O_3}$ 栅绝缘层(栅长为 40nm)的 AlN/GaN MOS – HFET,其跨导达到 415mS/mm,截止频率为 134GHz,最大频率为 261GHz。2012 年,HRL 实验室利用源漏刻蚀再生长 N^+ 型 GaN 技术,进一步减小源漏寄生电阻,器件频率达到创纪录的 $f_\mathrm{T}/f_\mathrm{max} = 342\mathrm{GHz}/518\mathrm{GHz}$。

2006 年开始推出 GaN HEMT 产品(表 1.3),主要分为以 Si 为衬底和以 SiC 为衬底两种 GaN HEMT,目前全球有包括 Cree、TriQuint、RFHIC、HRL、RFMD 等数十家公司实现了 GaN 放大器的商业化应用,产品覆盖 L 波段至 W 波段,产品包括功率放大器、低噪声放大器 HEMT,应用范围涵盖雷达、通信、卫星、数字电视等领域。

表 1.3　国外 GaN HEMT 产品

产品型号	主要技术指标	公司	说明
CGHV14500	500W,1.2~1.4GHz,17dB,67%	Cree	管壳封装
RFG1M20180	180W,1.8~2.2GHz,15dB,31%	RFMD	管壳封装
T1G4012036-FL	120W,0~3.5GHz,16dB,52%	TriQuint	管壳封装
CGH35240	240W,3.1~3.5GHz,11dB,57%	Cree	管壳封装
RF3928B	380W,2.8~3.4GHz,13dB,50%	RFMD	管壳封装
CGH60120D	120W,0~6GHz,13dB,52%	Cree	芯片
TGA2586-FL	50W,7.9~8.4GHz,14dB,36%	TriQuint	管壳封装
CGHV96100F2	145W,7.9~9.6GHz,10dB,45%	Cree	管壳封装
TGA2312-FL	60W,9~10GHz,14dB,38%	TriQuint	管壳封装
CMPA801B025D	35W,8~11GHz,28dB,30%	Cree	管壳封装
TGF2023-20	100W,0~18GHz,17.5dB,52%	TriQuint	芯片
CGHV1J070D	70W,0.01~18GHz,17dB,60%	Cree	芯片

目前 GaN MMIC 已经在微波和 3mm 波段获得全面突破,并有多款产品推出,见表 1.4。和 GaAs 功率 MMIC 比较,GaN MMIC 在输出功率密度、工作电压和效率等方面有优势。TriQuint 公司在 2011 年报道了一款 S 波段 GaN MMIC,采用栅长 $0.25\mu m$ S 波段 GaN HEMT 工艺,两级放大,增益为 30dB,在 3.1~4.3GHz 波段输出功率大于 50W,功率附加效率(Power Added efficiency,PAE)大于 45%,输出功率密度为 5.6W/mm。2012 年 Colorado 大学和 TriQuint 公司联合报道了一款 X 波段 GaN MMIC,采用栅长 $0.25\mu m$ AlGaN/GaN/SiC HEMT 工艺,在 9.8GHz 频点 PAE 为 71%,增益为 12dB,输出功率为 3W。2013 年 Carleton 大学报道了一款带宽 0.5~6.5GHz GaN MMIC,GaN HEMT 栅长为 500nm,击穿电压超过 100V,输出功率大于 30dBm,在 0.5GHz 频点 PAE 为 38.1%,在整个带宽 0.5~6.5GHz PAE 超过 20%。2012 年德国报道了一款 6.4~18.4GHz 超宽带 GaN MMIC,6.4~18.4GHz 平均输出功率为 10.6W,6~12GHz 频带内 PAE 为 20%。美国 BAE 系统公司 2011 年报道了一款 2~20GHz 超宽带 GaN MMIC,3dB 压缩点的功率最大为 21.6W,平均为 16.0W,最小为 9.9W;PAE 最大为 35.7%,平均为 25.9%,最小为 15.3%;功率增益最大为 11.1dB,平均为

9.7dB,最小为 8.0dB。2012 年德国报道了一款 8 ~ 42GHz GaN MMIC,采用 100nm AlGaN/GaN T 型栅工艺,器件 $f_T > 80GHz$,3 英寸半绝缘 SiC 衬底减薄到 75μm,单极输出功率大于 0.5W。2012 年德国报道了一款 K 波段 GaN MMIC,采用 3 英寸 SiC 衬底 0.25μm AlGaN/GaN HEMT 工艺,波段为 18 ~ 26.5GHz;20V 工作电压下 PAE 为 41%,输出功率为 31.4dBm,35V 工作电压下 PAE 为 34%,输出功率为 34dBm。2012 年 TriQuint 报道了另一款 K 波段 GaN MMIC,采用双场板 150nm 栅长 AlGaN/GaN/SiC HEMT 工艺,器件饱和电流密度为 1.15A/mm,跨导为 380mS/mm;21 ~ 24GHz 波段饱和输出功率为 4 ~ 5.5W,PAE 为 42% ~ 50%。同年 TriQuint 报道了一款 Ka 波段 GaN MMIC,采用栅长 150nm AlGaN/GaN/SiC HEMT 工艺,三级放大,输出功率为 8 ~ 9W,PAE 大于 30%。2013 年德国 IAF 研究所报道了一款 E 波段 GaN VCO MMIC,采用栅长 100nm AlGaN/GaN HEMT 器件工艺,VCO 在 65.6 ~ 68.8GHz 可调,相对带宽 5%,输出功率密度为 20dBm。2012 年美国 HRL 公司推出了多款 W 波段 GaN MMIC,采用 MBE 生长 $Al_{0.25}GaN/GaN/Al_{0.04}GaN$ 双异质结材料,器件跨导为 381mS/mm,饱和电流为 1.15A/mm,$f_T = 97GHz$,$f_{max} = 230GHz$;在 92 ~ 96GHz 实现输出功率大于 1.5W,PAE 大于 17.8%;在 93.5GHz 频点实现输出功率 2.138W,PAE 为 19%。2013 年 HRL 公司报道了另一款宽带 W 波段 GaN MMIC,带宽覆盖了 W 波段(75 ~ 110GHz)的 70%,在 80 ~ 100GHz 频带连续波输出功率大于 1W,在 84GHz 峰值输出功率为 2W。

表 1.4　国外 GaN MMIC 产品

产品型号	主要技术指标	公司	说明
TGA2578	30W,6GHz,27dB,40%	TriQuint	芯片
TGA2572	20W,14 ~ 16GHz,23dB,30%	TriQuint	芯片
TGA2573	10W,2 ~ 18GHz,9dB,25%	TriQuint	芯片
GAN – TWA	0.8W,0 ~ 45GHz,12dB,13%	HRL	芯片
G74 – PA	0.5W,71 ~ 76GHz,15dB,15%	HRL	芯片
G84 – PA	0.5W,80 ~ 86GHz,15dB,15%	HRL	芯片
G94 – PA	0.5W,90 ~ 95GHz,14dB,15%	HRL	芯片
BAL – WPA	0.1W,70 ~ 105GHz,15dB,5%	HRL	芯片

在 GaN MMIC 不断发展的同时,随着 E/D 兼容 GaN 器件工艺的突破,GaN 数字电路成为另一个国际研究的热点。在射频、数字和高速混合信号电路应用中,截止频率、电流驱动能力和电压驱动能力是几个至关重要的性能参数。以摩尔定律为依据,Si MOSFET 的栅长正在不断减小,器件速率也在持续提升。但据

国际半导体技术发展路线图预测,25nm Si MOSFET 的击穿电压将远低于 1V,从而限制其在诸多射频或模拟电路中的应用推广。在混合信号电路中,器件必须适应 10V 以上的电压摆幅;同样,诸如混频器等射频电路元件对器件的击穿电压也有严格要求。为摆脱这种困境,美国提出了 GaN NEXT 计划,使用耗尽型和增强型的 GaN HEMT 实现数字集成电路,其目标是开发出一种新型、小型化、可量化生产的晶体管技术,从而在一个器件内同步实现高速性能和理想的电压摆幅。

2013 年 6 月 TriQuint 公司报道了栅下凹槽技术实现 f_T、f_{max} 都大于 300GHz 的 InAlN/GaN HEMT。器件栅长为 27nm,E 模器件 f_T、f_{max} 分别为 348GHz、302GHz,D 模器件 f_T、f_{max} 分别为 340GHz、301GHz。采用此工艺实现了 501 级环振,包括 1003 个晶体管,时钟频率为 248MHz,延迟为 4.02ps/级。2013 年 7 月 HRL 报道了 501 级 AlN/GaN 环振电路,包括 1006 个晶体管。D 模器件势垒层 GaN(2.5nm)/AlN(3.5nm),E 模器件势垒层 GaN(2.5nm)/AlN(2.5nm)。栅长 20nm 工艺环振电路测试振荡频率为 0.133GHz,延迟为 7.5ps/级;栅长 40nm 工艺环振电路测试振荡频率为 0.067GHz,延迟为 15ps/级。

我国 GaN 材料与器件的研究单位有中国电子科技集团公司第 13 研究所、第 55 研究所,中国科学院物理研究所、半导体研究所、微电子研究所以及西安电子科技大学、电子科技大学、北京大学、山东大学、华中科技大学、中山大学、厦门大学、哈尔滨工业大学等单位。

1999 年,梁春广院士撰文号召开展 GaN 材料与器件研究,介绍了材料生长技术(包括衬底的选择和外延方法)以及 GaN 基器件和探测器等。最早困扰 GaN 发展的瓶颈是没有高质量的材料;1999 年,我国报道了用光加热低压金属有机物化学汽相淀积方法在蓝宝石衬底上成功地外延生长出高质量的纤锌矿结构 GaN 和真空反应法在(111)面 Si 衬底上生长六方结构的 GaN 单晶薄膜。同年最早的 AlGaN 和 AlGaN/GaN 异质结采用 MBE 方法生长实现。2000 年以后,随着引进国外先进的 MOCVD 设备和半绝缘 SiC 衬底的采用,AlGaN/GaN 异质结材料的质量和均匀性大幅度改善,外延材料的指标达到国际先进水平,部分指标国际领先。

我国 InAlN/GaN 异质结 HEMT 研究开始于 2008 年。2009 年采用 InAlN/GaN/InAlN 双沟道的方法降低每个沟道中的电子库仑散射,实现了材料迁移率 1570cm^2/(V·s),2013 年材料的室温迁移率提高到了 2160cm^2/(V·s)。

在 GaN 功率器件研究方面,2000 年中国电子科技集团第 13 研究所研制了我国首只 AlGaN/GaN HEMT,跨导为 157mS/mm,f_T = 12GHz,f_{max} = 24GHz。2003 年国内报道了蓝宝石衬底 AlGaN/GaN HEMT,1.8GHz、V_{ds} = 30V 时输出功率为 28.93dBm,输出功率密度达到 3.9W/mm,功率增益为 15.59dB,PAE 为 48.3%。

2008 年 SiC 衬底上器件饱和输出功率密度达到 11.5W/mm,功率增益为 8dB,
PAE 为 42.1%。2009 年报道了在 2GHz、工作电压 75V 下获得输出功率密度
14.4W/mm 的器件。在高频器件研究方面,通过开发 100nm 以下栅工艺,器件
f_T 提高到 130GHz,f_{max} 提高到 215GHz。

在 InAlN/GaN HEMT 器件研究方面,2013 年我国报道了 InAlN/GaN/AlGaN
双异质结结构抑制栅漏电,器件最大饱和电流密度为 1.05A/mm,最大跨导为
360mS/mm,该器件在 29GHz 下输出功率密度为 2.1W/mm。在 AlN/GaN 器件
研究方面,2013 年报道了一款 AlN/GaN HEMT,器件最大跨导为 340mS/mm,最
大饱和漏电流密度为 1.07A/mm。

在 GaN MMIC 研究方面,在国产的 SiC 衬底上,采用 MOCVD 外延材料以及
自主技术实现的 20W X 波段 GaN MMIC 在 2009 年研制成功,其工作波段为
8.5~10.5GHz,波段内脉冲输出功率大于 21W,增益大于 15.7dB,PAE 大于
24%。2011 年报道了一款 GaN 低噪声放大器,采用 0.25μm GaN HEMT 制备,
GaN 低噪声单片电路采取两级微带线结构,10V 偏压下芯片在 X 波段范围内
获得了低于 2.2dB 的噪声系数,增益达到 18dB,耐受功率达到了 27dBm。
2011 年报道的 Ka 波段 GaN MMIC 连续波工作条件下带宽为 1.5GHz,增益为
6.3dB,最大输出功率为 22dBm,在 26.5GHz 峰值 PAE 为 9.5%,输出功率密
度达到 1W/mm。

在 GaN 数字电路研究方面,2013 年我国报道了一款 51 级 GaN 环形振荡器
电路。电路是基于 E/D 兼容 GaN 器件工艺,3 英寸圆片上 D、E 模器件阈值电压
标准方差分别为 0.14V 和 0.1V。51 级环形振荡器集成度 106 只晶体管,延迟
为 24.3ps/级。

我国的 GaN HEMT 研究在有关重大基础科研项目和科技重大专项的连续
支持下,获得了和国际几乎同步的发展,目前 Ku 波段以下的 GaN HEMT 和
MMIC 正在从工程化朝具有更高可靠性和稳定量产的方向发展,Ka 波段和 W
波段的 GaN HEMT 和 MMIC 已取得关键技术突破。

◣ 1.3 固态器件在雷达领域的应用

1.3.1 Si、GaAs 固态微波器件与固态有源相控阵雷达

国际上固态器件应用于雷达领域始于第二次世界大战,当时的雷达是传统
的雷达,在雷达接收器中采用混频二极管,可提高接收机的灵敏度。1947 年后
固态器件开始发展成晶体管,由锗点结触晶体管开始,1949 年开发了锗结型晶
体管,20 世纪 50 年代中期开发了硅晶体管,60 年代初开发了硅平面工艺,此阶

段晶体管可用于雷达的中频接收机和视频电路以及数字信号和数据处理器。1965 年雷达领域开始发展相控阵天线及其支持子系统,标志雷达开始进入现代雷达发展阶段。60 年代中期,硅平面晶体管在微米级基区宽度和几微米发射极条宽的技术被突破,使 Si 双极晶体管的频率特性大幅度提高而发展成微波晶体管,可用于雷达中的低噪声接收放大器和大功率发射机。在射频接收放大方面,固态晶体管放大器几乎完全取代了参量放大器和行波管,用来降低混频器的噪声。在固体功率发射方面,硅微波晶体管经历了第一代相控阵雷达——无源相控阵雷达在少量的固态发射机应用以及以 T/R 模块为核心的第二代相控阵雷达——有源相控阵雷达的功率放大器应用的两个阶段。无源相控阵雷达中的发射机以真空电子器件为主,采用固态发射机替代的较少。主要因为两者工作模式不同:真空电子器件工作在具有较低的占空比的脉冲高功率;而为了在成本上有竞争力,固态器件要工作在相对较高占空比的脉冲功率。仅在 1983 年报道了采用固态发射机替代真空电子器件发射机的 425MHz 波段的远程二维搜索雷达。

固态器件技术进步对雷达发展的最重要的作用是促使了 T/R 模块的开发,使得以分布式有源天线孔径为特征的有源相控阵雷达迅速发展。在有源相控阵中,由于 T/R 模块位于天线辐射元之后,发射和接收的欧姆损耗都可降到最低。在每个 T/R 模块中,发射和接收的移相器分别位于功率放大器之前和低噪声前置放大器之后(由于其处于低噪声前置放大器之后,射频波束形成的损耗不影响雷达的灵敏度)。在无源相控阵雷达中,主要不足之一是低噪声放大器的位置。在无源相控阵雷达设计中,移相器处于低噪声放大器和辐射元之间;由于输入信号在放大前通过移相器,信号将承载移相器所附加的损耗和相位噪声,使得系统的噪声水平提高。由于有源相控阵雷达的分布式天线孔径的特点,可以按照维护计划预计雷达可连续工作几个月,且由于雷达发射机的分布式特性,增强了系统的稳定性。1985 年报道了采用硅微波功率器件功率放大器的首个特高频(UHF)波段的远程搜索有源相控阵雷达,在 20 世纪 90 年代相继开发了采用硅微波功率器件的 L 波段、S 波段机载预警有源相控阵雷达系统和用于区域导弹防御系统的 L 波段有源相控阵雷达。随着集成电路微细加工技术的发展,Si LDMOSFET 微波功率器件也加入有源相控阵雷达的功率放大的应用。采用分立元器件的固态有源阵列成为第二代相控阵雷达。

20 世纪 70 年代初,基于砷化镓半导体材料的 MESFET 微波功率器件诞生,GaAs 半导体材料比 Si 具有更高的电子迁移率(5 倍),更高的电子饱和速度(1 倍)和半绝缘衬底特性,GaAs 器件比硅双极器件有更高的工作频率和增益,可将固态器件技术向微波高端推进并开创了 MMIC 的新发展。80 年代 GaAs 和 InP 异质结 HEMT 的诞生,把固态器件技术进一步推向 MIMIC 的新阶段。由于

MMIC 技术使固态 T/R 组件的生产成本更低,MMIC T/R 模块推动了第三代相控阵雷达——MMIC 有源相控雷达的发展。1996 年报道了区域高空防御 X 波段地面雷达,该雷达有 25344 个 MMIC T/R 模块和辐射元。在 20 世纪 90 年代后期,发达国家开发了采用 MMIC 技术的 C 波段火炮和迫击炮武器定位系统用雷达、X 波段机载火控有源相控阵雷达、S 波段舰载多功能有源相控阵雷达、X 波段舰载四面阵有源相控阵雷达和第二代防空和弹道导弹防御地面雷达。进入 21 世纪又开发了采用 MIMIC 技术的全球移动通信卫星系统中的星载有源相控阵雷达、C 波段至 Ku 波段多用户先进合成孔径 MMIC 阵列雷达和共享双波段阵列、8mm 波段和 3mm 波段导引头有源相控阵雷达。

1.3.2 SiC、GaN 固态微波器件与 T/R 模块

20 世纪 90 年代初期和中期,基于宽禁带半导体材料的 SiC MESFET 和 GaN HEMT 微波功率器件相继诞生。4H – SiC 和 GaN 半导体材料的禁带宽度分别为 3.26eV、3.49eV;SiC 和 GaN 材料的晶格间距较接近,导致其禁带宽度较宽以及较高的绝缘强度和硬度。SiC 和 GaN 半导体材料比 Si 和 GaAs 具有更大的电子饱和漂移速度(2 ~ 2.5 倍)、较低的本征载流子浓度(低 10 ~ 35 个数量级)、更高的电击穿场强(4 ~ 20 倍)、更高的热导率(3 ~ 13 倍),AlGaN/GaN 异质结的二维电子气浓度比 GaAs 异质结的高 5 倍。SiC 和 GaN 宽禁带半导体材料的上述电热性能的优势使得宽禁带半导体器件在微波功率器件和高频功率开关器件两大方面均产生革命性的变化。

4H – SiC MESFET 微波功率器件,尤其是 SiC 衬底上的 GaN HEMT 微波功率器件突破了 GaAs 微波功率器件在高频、大功率和高温应用的局限性,其微波功率密度分别为 4W/mm 和 10W/mm 量级,比 GaAs 微波功率器件的 0.5 ~ 1W/mm 有一个数量级的改善;宽禁带微波功率器件的发展把固态技术推向高功率、高可靠、小体积和潜在低成本发展的新阶段。宽禁带微波功率器件和 MMIC 可广泛应用于地面、机载、星载和弹载的固态有源相控阵雷达的 T/R 模块中作射频源和功率放大,也可用于卫星通信、移动通信基站、电子对抗等领域的功率放大,其特别适合应用在由于热沉尺寸受限而器件温升较高的场合。由于其大的电子饱和漂移速度、高的电击穿场强和高热导率,在功率放大应用中具有高输出功率、高功率附加效率。由于其功率密度较高,在同一输出功率水平时器件的寄生电容较小,宽禁带微波功率器件的功率放大器较易实现宽频带放大。在低噪声放大应用中,其具有抗高输入功率的鲁棒性,可不需要限幅器电路,同时具有较好的三阶互调性能。在 MMIC 的多级功率放大器级间匹配和互连中,由于宽禁带微波功率器件是在更高的电压摆幅下得到更高的阻抗,其间匹配和互连的 I^2R 信号损耗较低。在 MMIC 开关应用中,其具有高隔离度和低损耗的特点。

进入 20 世纪,宽禁带微波功率器件和 MMIC 在雷达的应用研究已有长足发展,并在 2011 年已批量应用于工程领域。

在 P 波段,用于星载合成孔径雷达的 GaN HEMT B 类高功率放大器,在 425MHz 时,脉冲功率输出为 115W(脉宽为 60μs,占空比为 36%),漏极效率达到 78.4%,增益为 18dB。用于雷达系统发射机的 SiC SIT 长脉冲 AB 类高功率放大器,在 400~450MHz 波段,脉冲功率输出为 700W(脉宽为 1ms,占空比为 20%),漏极效率达到 50%,增益为 8.2dB。在 L 波段,用于有源相控阵的 T/R 模块的 SiC MESFET AB 类高功率放大器,在 1.2~1.4GHz[24] 波段,连续波和脉冲功率输出大于 100W。可用于雷达固态发射机的 SiC MESFET 宽带高功率放大模块,在 0.8~1.4GHz 波段,输入功率为 5W,脉冲功率输出为 300W(脉宽为 5ms,占空比为 20%),功率附加效率达到 20%。可用于固态雷达的 GaN HEMT E 类宽带、高效率、高功率放大器,在 0.9~1.5GHz 波段,连续波和脉冲功率输出大于 180W,漏极效率大于 80%,增益为 14.7dB。可用于代替真空行波管的 GaN HEMT 固态放大器,在 1.2~1.4GHz 波段,脉冲功率输出大于 1kW(脉宽为 200μs,占空比为 10%),效率为 50%,三级放大的固放总增益为 53dB。适合可移动雷达 T/R 模块的小尺寸、高隔离度的 GaN HEMT 微波开关,在 L 波段其插损为 0.6dB,隔离度为 40dB,模块尺寸 60mm×100mm×10mm,质量小于 200g。

在 S 波段,可在雷达系统中代替真空行波管的两种 GaN HEMT 内匹配大功率晶体管,在 3.1~3.5GHz 和 2.7~3.1GHz 波段,脉冲功率输出为 240W(脉宽为 300μs,占空比为 20%),功率附加效率为 50%~60%;适应固态有源相控阵所需小体积的 GaN HEMT MMIC 功率放大器,在 2.7~3.5GHz 波段,脉冲功率输出为 75W(脉宽为 300μs,占空比为 20%),功率附加效率大于 55%,两级放大的增益为 21dB。可用于监视和空中交通管制系统的高功率脉冲雷达的宽带脉冲 GaN HEMT 功率放大器,在 2.9~3.5GHz 波段,脉冲功率输出为 400W(脉宽为 100μs,占空比为 10%),漏极效率大于 48.4%。用于固态有源相控阵的高功率 T/R 模块,由 8 路 GaN HEMT 功率放大器合成,在 2.9~3.3GHz 波段,脉冲功率输出为 1.25kW(脉宽为 40μs,占空比为 10%),功放链总增益为 48dB,接收机的噪声系数为 2.6dB,小信号增益为 20dB。可用于地面和航空的有源相控阵雷达,以减少 T/R 模块尺寸和质量的宽带、高效率 GaN HEMT MMIC 功率放大器,在 2.7~3.7GHz 波段,脉冲功率输出为 30W(脉宽为 50μs,占空比为 10%),功率附加效率大于 46%,两级放大的增益为 20dB,芯片的面积为 24mm²。可用下一代固态有源相控阵雷达的 GaN 前端 MMIC:S 波段 MMIC 功率放大器,在 3.0~3.5GHz 波段,其脉冲输出功率为 25W(脉宽为 50μs,占空比为 5%),功率附加效率为 45%;S 波段 MMIC 低噪声放大器,在 2.5~4.0GHz 波段的噪声系数为 1.3dB,抗过载功率为 5W;在 2~18GHz 波段,MMIC T/R 开关的插入损耗小于 2.1dB,隔离度大于 30dB;由低噪声放大器和 T/R 开关单片集成的接收前端 MMIC,在 2~18GHz 波段,其增益为 9.5dB,噪声系数为 6.0dB[25]。

在 C 波段,可在航空监视雷达、气象雷达和军用雷达中代替行波管放大器 的 GaN HEMT 固态功率放大器,在 4.7~5.3GHz 波段,其脉冲输出功率大于 250W(脉宽为 10μs,占空比为 10%),漏极效率大于 44%,其金属陶瓷封装的腔 体尺寸为 13.0mm×15.2mm。可用于星载合成孔径雷达(SAR)的 GaN HEMT MMIC AB 类功率放大器,在 5.2~6.2GHz 波段,其脉冲输出功率大于 16W(脉 宽为 100μs,占空比为 30%),功率附加效率大于 37%,其芯片的面积为 15.75mm^2。适应星载 SAR 的 T/R 模块要求:高效率、小质量、小尺寸和抗辐照, GaN HEMT MMIC 功率放大器,在 5.0~5.8GHz 波段,其脉冲输出功率大于 40W (脉宽为 50μs,占空比为 10%),功率附加效率大于 41%,两级放大的增益大于 21dB,其芯片的面积为 18mm^2[26]。

在 X 波段,可在军用雷达中代替行波管放大器的 GaN HEMT 固态功率放大 器,在 9.8GHz 时,脉冲输出功率大于 100W(脉宽为 10μs,占空比为 10%),功率 附加效率效率大于 53%,其金属陶瓷封装的腔体尺寸为 14.3mm×15.2mm。可 用于多功能固态有源相控阵天线中的结构紧凑的 GaN HEMT 功率放大器组件, 由 16 路 MIC 模块的阵列构成,每路由数字移相器、两级 GaAs MMIC 驱动放大器 和 GaN HEMT 功率放大器组成,在 9.6GHz 时,16 路模块的平均峰值脉冲输出 功率大于 31.5W(脉宽为 35μs,占空比为 3.5%),组件总输出功率大于 480W, 其带宽为 9.3~9.8GHz,组件尺寸为 380mm×100mm×16mm[27]。可用于军用 机载固态有源相控阵雷达中的 GaN MMIC 功率放大器,在 9.0~11.0GHz 波段, 脉冲输出功率大于 35W(脉宽为 20μs,占空比为 10%),功率附加效率大于 40%,其芯片的面积为 18mm^2。高效率 GaN MMIC E 类功率放大器,在 8.0~ 10.5GHz 波段,其输出功率大于 9W,功率附加效率大于 50%;可用于固态有源 相控阵雷达的 T/R 模块接收支路中的 GaN MMIC 低噪声限幅放大器;在 7.0~ 11.0GHz 波段,其噪声系数为 2.0dB,增益为 18dB,输入抗过载功率为 10W,输 入功率为 4W 时,输出功率仅为 17dBm,可用于基于有源电子扫描天线的相控阵 雷达系统的新一代 GaN T/R 模块。包含三个 GaN MMIC:在 8.0~10.5GHz 波 段,其功率放大器脉冲输出功率大于 20W,功率附加效率为 29%~43%;低噪 声放大器的噪声系数为 2.5 dB,相关增益为 13dB;T/R 开关的插入损耗小于 2dB,隔离度大于 40dB。驱动放大器是 GaAs MMIC,幅度和相位的调制由 GaAs 多功能 MMIC 来完成,模块的组装采用 LTCC 基板。为满足未来有源电子扫描 天线的相控阵雷达系统对 T/R 模块的功率、带宽、鲁棒性、质量和成本的需求, 基于 GaN MMIC 功率放大器的新一代 GaN T/R 模块:由 GaN MMIC 驱动放大 器、GaN MMIC 功率放大器、GaAs MMIC 低噪声放大器和 GaAs 多功能 MMIC 等组成;在 9.0 ～ 10.8GHz 波段,其脉冲输出功率大于 20W(脉宽为 200μs,占空比为 30%),接收支路的增益为 28 dB,噪声系数为 2.77dB,尺寸为 $2\lambda \times 0.5\lambda \times 0.2\lambda$,质量为 80g。可用于下一代星载 SAR 的 T/R 模块的 GaN MMIC:在 8.6 ～ 10.6GHz 波段,GaN MMIC 功率放大器的输出功率大于 41dBm,增益大于 17.1dB,效率大于 27%;GaN MMIC 低噪声放大器的噪声系数小于 2.0dB,增益大于 27dB[28]。可用于未来结构紧凑的雷达系统的多功能 GaN MMIC 芯片:GaN MMIC 接收前端和 GaN MMIC 收、发前端。GaN MMIC 接收前端由单刀双掷 (Single Pole Double Throw,SPDT) 开关和低噪声放大器所组成,在 9 ～ 13GHz 波段,其增益大于 9.6dB,噪声小于 4.1dB。GaN MMIC 收、发前端由输出功率 19W 的功率放大器、噪声系数为 2 ～ 3dB 的低噪声放大器和插入损耗为 1.2dB、隔离度为 30dB 的 SPDT 开关组成,在 10.5GHz 时,其脉冲输出功率大于 6.6W(脉宽为 10μs,占空比为 10%),芯片尺寸为 3.6mm×3.3mm。

在 Ku 波段,可代替真空行波管放大器的 GaN HEMT 固态功率放大器,采用在二次谐波频率控制反射相位的新匹配电路技术,在 14.8 ～ 15.3GHz 波段,其输出功率大于 56.4W,功率附加效率大于 44.4%,其金属陶瓷封装的腔体尺寸为 9.8mm×9.2mm。可代替真空行波管放大器的百瓦级的 GaN HEMT 固态功率放大器,采用基波和二次谐波同时优化阻抗的内匹配技术,在 14GHz,脉冲输出功率大于 100W,内匹配放大器采用金属陶瓷管壳封装。可用于雷达的 T/R 模块中的 GaN MMIC SPDT 开关,在 15 ～ 20GHz 波段,SPDT 开关的插入损耗小于 1.4dB,隔离度大于 35dB,插入损耗的 1dB 压缩点所对应的输入功率为 36dBm。可用于星载的鲁棒的 GaN HEMT MMIC 低噪声放大器,在 12.8 ～ 14.8GHz 波段,其噪声系数小于 1.85dB,相关的线性增益大于 20dB,输入和输出回波损耗优于 -9dB,抗过载输入功率为 30dBm。可用于雷达和电子对抗的 C 波段至 Ku 波段超宽带 GaN HEMT MMIC 功率放大器,在 6 ～ 18GHz 波段,采用电抗匹配结构,其输出功率大于 20W,增益大于 9.6dB,功率附加效率大于 15%,芯片尺寸为 19.2mm^2。可用于多功能雷达系统的 C 波段至 Ku 波段 GaN T/R 前端模块,采用独特的 HTCC 多层的 RF 界面结构以改善宽带工作的插入损耗;模块包含在 6 ～ 18GHz 波段,其输出功率大于 10W 的 GaN MMIC 功率放大器和在 4 ～ 18GHz 波段,其噪声小于 3.7dB,增益大于 15.9dB 的 GaN MMIC 低噪声放大器[29]。GaN T/R 前端模块在 5 ～ 18GHz 波段的小信号增益大于 45dB,在 6 ～ 18GHz 波段的脉冲输出功率大于 10W(脉宽为 10μs,占空比为 10%),金属陶瓷封装的腔体尺寸为 12mm×30mm。

在 Ka 波段,可用于雷达、卫星通信系统中代替真空行波管的内匹配 GaN HEMT 功率器件,采用氧化铝基板匹配电路的 GaN HEMT 功率器件,在 26GHz 时的饱和输出功率为 20W,在最大功率附加效率为 18.5% 时的输出功率为

15.8W;采用半导体衬底预匹配电路的 GaN HEMT 功率器件,在 31GHz 时的饱和输出功率为 18.5W,在最大功率附加效率为 21.9% 时的输出功率为 13.5W。可用于固态有源相控阵雷达的 T/R 模块中的高功率 GaN MMIC SPDT 开关;采用导通电阻率为 1.36Ω·mm 和关断电容密度为 0.131pF/mm 的毫米波 GaN HEMT,在 27~31GHz 波段,SPDT 开关的插入损耗小于 1.3dB,隔离度大于 25dB,插入损耗的 1dB 压缩点所对应的输入功率为 49dBm。可用于星载的鲁棒的 GaN HEMT MMIC 低噪声放大器,在 27.5~28.5GHz 波段,其噪声系数小于 4.0dB,相关的线性增益大于 18dB,输入和输出回波损耗优于 -6.5dB,抗过载输入功率为 28dBm。2012 年报道了可用于雷达、卫星通信和电子战等系统的高效率 GaN HEMT MMIC 功率放大器:采用 0.15μm GaN HEMT 工艺技术,在 25~29.5GHz 波段,三级平衡式放大器输出功率为 8~9W,功率附加效率为 23%~29%,芯片尺寸为 9.7mm²;三级单端电路放大器输出功率为 4.5~6W,功率附加效率为 27%~35%,芯片尺寸为 4.8mm²。2013 年又报道了结合 0.15μm GaN HEMT 的功率和效率的负载牵引的结果优化了芯片布局设计的结果,在 28~31GHz 波段,三级平衡式放大器输出功率为 9.5~11W,功率附加效率为 26%~30%,芯片尺寸为 11.7mm²;三级单端电路放大器输出功率为 5.8~6.4W,功率附加效率为 28%~34%,芯片尺寸为 5.6mm²。采用四路合成/功分的平衡式结构的 GaN HEMT MMIC 功率放大器,在 32~38GHz 波段,其输出功率为 6W,增益为 10.5dB。

在 W 波段,可用于雷达遥感、通信和电子对抗的由 GaN MMIC 合成的固态功率放大器,采用低损耗径向排列的合路器网络来合成 12 个 GaN MMIC 功率放大器,在 94~98.5GHz 波段,其输出功率大于 3W,在 95GHz 输出功率为 5.2W,功率附加效率为 7.4%。采用 150nm T 型栅 GaN HEMT 工艺技术开发了高功率、高功率附加效率和高增益的三款 GaN MMIC 功率放大器:高功率的 GaN MMIC 功率放大器,在 91GHz 输出功率为 1.7W,增益为 12dB,功率附加效率为 11%;高功率附加效率的 GaN MMIC 功率放大器,在 91GHz 输出功率为 1.2W,增益为 13dB,功率附加效率为 20%;高增益的 GaN MMIC 功率放大器,在 95GHz 输出功率为 1.3W,增益为 18dB,功率附加效率为 10%。基于量产的三款 GaN MMIC 功率放大器的集成组合已生产几个在 95 GHz 的平均功率输出超过 100W 的装备系统。可用于高距离分辨力的雷达和高数据率通信链接的 92~96GHz 的 GaN MMIC 功率放大器;采用具有 MBE 再生长 N + GaN 欧姆接触层的 AlGaN/GaN DHFET 技术,在 92~96GHz 波段,其输出功率大于 1.5W,功率附加效率大于 15%,增益大于 9dB,在 93.5GHz 时的峰值输出功率为 1.8W,功率附加效率为 20.5%。可用于电子战和高数据率通信系统的宽带 GaN MMIC 功率放大器;采用芯片上的行波功率合成电路拓扑,在 80~100GHz 波段,其输出功率大于 1W,在 84GHz 时的峰值功率为 2W;在脉冲工作时,该 MMIC 在 86GHz 时的峰值功率为 3.2W(脉宽为 100μs,占空比为 10%)。

SiC、GaN 固态微波器件的发展已经覆盖了微波到 3mm 波的波段,在雷达的 T/R 模块中的功率放大、低噪声放大和 T/R 开关等电路的应用中产生更新换代的影响。

1.3.3　SiC、GaN 高频开关功率器件与开关功率源/固态脉冲调制源

固态开关功率器件的发展对固态雷达发射机分布式开关功率源和真空电子管雷达发射机的全固态脉冲调制源的升级的发展起了关键作用。在 20 世纪 80 年代,随着硅微波功率器件的发展开发了雷达的固态发射机,其高功率脉冲固态发射机的功率电源需要特殊考虑。不像真空管发射机的放大器,固态发射机的功率放大器在低电压下工作,工作电压一般为 24 ~ 50V,每个功放组件的输出峰值功率一般为百瓦或千瓦量级,若干个相同量级的功放组件经过功率合成后输出几十甚至几百千瓦的射频功率。功放在低电压时的高功率产生必须有非常高的峰值电流;通过拓扑设计,这些较高的峰值电流必须由位于靠近射频功率放大器的能量储存电容器来提供,因而电源设计必须提供功能精密的电容器充电电路。电源系统的设计是脉冲雷达发射机设计中的一个重要部分,电源系统的稳定性、纹波等技术指标直接影响发射机的整机性能。固态相控阵雷达的发射机为分布式固态放大组件,要求其性能可靠、效率高、体积小、质量小、寿命长,为此它所使用的电源系统也必须与之相适应。其电源系统由交流配电、开关稳压电源(包含整流滤波器、DC/AC 变换器、高频整流滤波器、脉冲宽度控制电路、驱动电路、取样保护电路和辅助电源等电路)和同步控制器组成。同步控制器接收雷达定时分系统送来的同步信号并放大后送入所有电源组件,所有电源组件输出均接至汇流排上,通过汇流排给功放组件内部储能电容充电。开关时间短、正向压降低的硅肖特基功率二极管是高频整流和开关电源的续流的关键器件。开关时间短、导通电阻低、关断漏电流低和抗浪涌电流强的硅功率开关管或硅 MOSFET 功率开关管是开关电源的主开关器件。1982 年陆续报道了用于固态射频发射机的 750kW 的电源系统,AN/SPS – 40 雷达系统的固态发射机和电源、大型系留浮空器载的 L 波段 30kW 固态发射机和电源,20 世纪 90 年代初又报道了用于现代雷达的 L 波段 100kW 固态发射机和电源以及高功率全固态的航路监视雷达发射机的高稳定度的电源[30]。

真空电子管发射机通常是雷达系统中最大、最重、最昂贵的部分,随着雷达使用年限的增加,雷达发射机的维护越来越困难。同时 3mm 波段成像雷达的发射机的小型化也需要新的功率源和调制器。集成电路平面工艺的发展促进了硅电力电子器件进入充分发展的时代,关断电压为几十伏的 Si MOSFET 功率开关

管的导通电阻降低到 1/15,具有低功耗、高功率处理能力的 IGBT 功率开关管的技术进步导致 10MW 级 IGBT 变频器的成功开发,同 100MW 级的 GTO 逆变器也已上市。硅电力电子器件的技术进步使得真空电子管雷达发射机的全固态脉冲调制源的升级和开发成为可能。在真空管雷达发射机中传统的脉冲调制器以电子管(三极管或四极管)为功率开关器件,其外围需要偏压和帘栅等高压电源,导致真空管脉冲调制器体积庞大,调制效率低,且由于电子管在真空度降低时易产生打火现象,影响雷达发射机的可靠性。随着雷达发射机功率的增大,要求脉冲调制器的电压和电流也随着增加,其发展的趋势也制约电子管在大功率调制器的应用。随着第二代固态功率开关管的发展,特别是主流器件 IGBT 的耐压、电流密度、开关频率和高温性能的提高,采用多个大功率 IGBT 的串联和并联可研发出更大功率的调制器,且体积减小,可靠性提高。国际上于 1990 年报道了采用 Si MOSFET 功率开关管的固态调制器,用于地基监视雷达的阴极脉冲调制的行波管发射机(峰值功率为 250kW),在 20 世纪 90 年代后期又报道了采用 Si 反向阻断二极管晶闸管 8500V 串联组件的固态线型调制器,用于 S 波段气象雷达的阴极脉冲调制的大功率速调管发射机(峰值功率为 750kW);采用 10个 Si 反向阻断二极管晶闸管 10kV 串联组件的固态高功率调制器,其直接开关的脉冲峰值功率为 3.5MW,用于地面机场监视雷达。进入 21 世纪,又开发了采用开关频率更高的 IGBT 功率开关管的串并联组件为主开关的新型的结构紧凑、高电压雷达固态调节器,用于真空电子管雷达发射机的升级。2002 年报道了,在 X 波段火控雷达、C 波段多目标监测相控阵雷达和 L 波段舰载远程两维扫描雷达中,直接连接的高压调制器(紧凑、固态、高度管理的高压功率源和调制开关)替代了传统的真空电子管雷达发射机的刚性有源开关调节器,使雷达的发射机的可靠性增加、真空电子管的寿命延长和开启开关保护。同时开发了用于 W 波段回旋速调管的高重复频率(几百千赫)的阳极调制的固态调制器,其进入 450pF 总电容负载的摆幅能力为 20kV。2005 年报道了在舰载 X 波段雷达发射机的 3 个 100kW/50kV 的高压开关功率源的固态升级,在舰载 S 波段相控阵雷达的调制器的固态升级,极地观测雷达的 150kV/500kW 的调制器的固态升级、X 波段空防和早期预警雷达的调制器的固态升级以及预计将于 2009 年完成的超宽带卫星成像雷达的 70kV/250kW 的功率源和调制器的固态升级。我国于 2006 年报道了突破 IGBT 串并联连接、电压均衡、驱动与保护和智能监控等关键技术,实现 Ka 波段、峰值功率为 1MW 的雷达发射机的高效率、高功率全固态高压调节器;2008 年又报道了 C 波段脉冲测量雷达发射机,其固态调制器峰值输出功率达 4MW,平均功率达 30kW。

经过 30 多年的发展,Si IGBT 已达到性能和器件结构的极限,而随着电动汽车、光伏和风能绿色能源、智能电网等新的应用发展,要求电力电子器件性能上有新的飞跃,军事应用领域也要求电力电子器件朝着高于 150℃ 的结温、高电压、高开关频率和高功率密度的方向发展[31]。进入 21 世纪,电力电子器件的创新发展进入新的阶段,衡量电力电子器件应用性能的传统指标——功率转换效率已趋于饱和(接近 100%),业界提出了新的衡量电力电子器件的指标——单位体积内变换器的输出功率,推动更低功率损耗和更高开关频率的功率开关器件的创新发展。在 2003 年提出的电力电子发展的路线图,以下一代 CPU、紧凑型逆变器和电动车辆等的功率电源为典型应用,2015 年其输出功率实现了 10 ~ 30W/cm³。宽禁带半导体功率开关器件的发展将为电力电子器件的新发展奠定了器件基础。因为宽禁带半导体 SiC 具有比 Si 高 1 个量级的临界击穿电场,意味着 SiC 电力电子器件的关断漂移层能更薄和具有更高的掺杂浓度,导致和 Si 同等器件相比具有低 1 个量级导通电阻,可降低损耗;更高的载流子饱和速度导致其更高的工作频率;更高的热导率将改善热耗散,使器件可工作在更高的功率密度条件下。GaN 宽禁带半导体材料的特点导致 GaN 功率开关器件具有较高反向关断电压、更高的工作频率和更低的导通电阻等特性。GaN 功率开关器件采用 SiC 衬底外延可获得高的热导率,采用 Si 衬底外延可增大晶圆尺寸以降低成本。

SiC 二极管继 2001 年商业化后,在最大工作电流方面已突破 180A(关断电压 4.5kV),最大关断电压已突破 20kV,SiC 二极管和 Si IGBT 组成的混合模块在 600V、1700V、3kV 关断电压有较好的应用,工作效率有所提高。SiC MOSFET 突破了高工作电压 10kV(50A),攻克了栅氧化层的可靠性难关,和 SiC 二极管组成的全 SiC 模块在高温工作(200℃)、大电流(800A/1200V)和高压(10kV/120A)三方面有突破,工作频率和效率有较大提高,应用系统的质量和体积大幅度减少。SiC MOSFET 在 1200V 和 10kV 关断电压已推出商业化产品,SiC JFET 突破了抗浪涌电流能力(500A/cm²)、大电流工作(1680V/54A)和高功率双向固态断路器应用的硬开关下可靠工作等关键技术,SiC JFET 在 1200V 关断电压已推出商业化产品。SiC IGBT 在关断电压大于 10kV 的应用具有优势,SiC GTO 在更高电压和更大电流的应用具有优势。SiC P 型 IGBT 已突破了大芯片面积(6.7mm×6.7mm)的高关断电压(15kV),和低微分导通电阻(18 mΩ·cm²,关断电压 12kV)等关键技术;SiC N 型 IGBT 已突破了大芯片面积(6.7mm×6.7mm)的高关断电压(12.5kV)和相应的微分导通电阻为 2.5mΩ·cm² 等关键技术;12 ~ 15kV SiC IGBT 的突破,有望在格栅互联电网的智能变电站中发挥更大作用。SiC GTO 突破了高峰值脉冲电流(12.8kA)、高关断电压(12.5kV)和低微分导通电阻(10.0mΩ·cm²)和具有 70ns 超快的导通时间的光触发 GTO(12kV/100A)等关键技术,在限制 SiC 衬底上基矢面位借(Basal Plane Disloca-tion,BPD)密度(<1/cm²),进一步改善器件的稳定性方面有长足进步。2011 年

报道了采用 SiC 功率二极管和 SiC MOSFET 功率开关管技术,研制了用于飞机拖曳式诱饵雷达中的 DC/DC 变换功率源,将来自飞机的 2.5kV 高压变换为给固态微波功率放大器供电的 22V,其功率为 1kW。由于电源是较小的圆柱形(高为 6.55 英寸,直径为 2.4 英寸),且热量只能从圆柱表面消散,因此需要高功率密度和效率高的电源。采用两对 3.2kV 关断电压的 SiC MOSFET 和 JBS 二极管为主开关的半桥变换器,实现了高电压(千伏)、快开关(100ns 变换)的零电压开关技术,以消除电磁干扰和减少损耗。

GaN HEMT 在高功率开关应用时预计比 Si 基功率器件具有近 100 倍的性能优势,其高速和低损耗相结合的开关性能使得 GaN HEMT 适用于具有超高带宽(兆赫范围)的新兴的开关功率系统。这样的功率源将在需要快速瞬态响应的应用中整体增加效率,例如移动通信基站的 RF 功率放大器和有源相控阵雷达的 T/R 模块。GaN 功率开关用于超高带宽功率调制,将能使 DC 偏置电压调制,也能获得变换速率超过 100A/μs 的脉冲负载电流。当开关速度接近 10MHz 时,将导致具有空前功率密度(>500W/英寸^3)和比功率(10kW/1 磅)的系统的实现。现代 RF 系统的发展需要具有非常快速的瞬态响应的功率变换,如包络跟踪(Envelope Tracking,ET)、包络消除与恢复(Envelope Elimination and Restoration,EER)和混合 ET/EER 等高效率的包络调制,同时追求小型化和降低成本,最终实现 SOC 和 SIP 的微系统集成。在甚高频(Very High Frequency,VHF)、超高频(Ultra High Frequency,UHF)或更高的波段,要实现具有高效率 DC/DC 变换器,需要控制好与频率相关的开关损耗机制。采用零电压开关谐振解决方案可以降低开关损耗,其在开/关转换时迫使一个低电压通过半导体开关器件的端口,同时降低与硬开关转换相关的电磁干扰。2012 年报道了 780MHz 的采用 GaN HEMT 的 E^2 类 DC/DC 变换器,DC/DC 变换器在 28V 直流输入电压下输出功率 10.3W,峰值效率为 72%。在具有 12MHz 低通输出滤波器的条件下,其小信号带宽达到 11MHz,转换速率为 630V/μs。2013 年报道了采用 GaN HEMT 的高速 DC/DC 变换器用于 LTE 包络放大的报道,采用 200 MHz 的开关速率的包络电源电压用于 20MHz LTE(3G 长期演进)信号演示,其效率为 64%(包括驱动级和末级的功耗,末级的效率为 90%),输出功率为 1.9W,输入包络信号和输出包络信号的归一化均方根误差为 0.057。为适应现代 RF 系统的发展趋势,DARPA 继"用于 RF 电子学的宽禁带半导体"和"GaN 电子学下一代技术"GaN 科技项目之后,2012 年又报道了"微尺度功率变换"的新 GaN 科技项目,试图创建一个非常高效率的射频发射机。它是由 MMIC 功率放大器、动态电压供电源和控制电路相集成的微系统,其集成方式可以是单片集成电路封装级的微系统模块。该项目首先要开发高速 E 模的 GaN 功率开关器件,其开关速度要大于 1GHz,工作电压为 50V,10W 的功率处理能力,关断电压大于 200V,动态

导通电阻小于 $1\Omega \cdot mm$ 以及输出电压变换速率要大于500V/ns。在高速 GaN 功率开关器件的基础上,开发创新的 X 波段的射频发射机;MMIC 功率放大器与电源调制和控制电路进行联合设计,实现总平均功率附加效率达 75% ,同时提供 5W 的射频输出功率和至少 500MHz 的射频包络带宽;其应用目标是下一代雷达。

参考文献

[1] Bhatnagar M, Mclarty P K, Baliga B J. Silicon carbide high – voltage(400V) Schottky barrier diodes [J]. IEEE Electron Device Letters, 1992, 13(10): 501 – 503.

[2] Shenoy J N, Jr Cooper J A, Melloch M R. High – voltage double – implanted power MOSFET's in 6H – SiC [J]. IEEE Electron Device Letters, 1997, 18(3): 93 – 95.

[3] Sei – Hyung R, Krishnaswami S, O´ Loughlin M, et al. 10kV, 123 $m\Omega \cdot cm^2$ 4H – SiC power DMOSFETs [J]. IEEE Electron Device Letters, 2004, 25(8): 556 – 558.

[4] Wood R A, Salem T E. Evaluation of a 1200V, 800A all – SiC dual module [J]. IEEE Transactions on Power Electronics, 2011, 26(9) : 2504 – 2511.

[5] Zhang Q, Das M, Sumakeris J, et al. 12kV p – channel IGBTs with low on – resistance in 4H – SiC [J]. IEEE Electron Device Letters, 2008, 29 (9): 1027 – 1029.

[6] Wang X K, Cooper J A. High – voltage n – channel IGBT on free – standing 4H – SiC epilayers [J]. IEEE Transactions on Electron Devices, 2010, 57(2): 511 – 515.

[7] Chen W J, Wong K Y, Chen K J. Single – chip boost converter using monolithically integrated AlGaN/GaN lateral field – effect rectifier and normally – off HEMT [J]. IEEE Electron Device Letters, 2009, 30(5): 430 – 432.

[8] Johason J W, Zhang A P, Luo W B, et al. Breakdown voltage and reverse recovery characteristics of free – standing GaN Schottky rectifiers [J]. IEEE Transactions Electron Devices, 2002, 49(1):32 – 36.

[9] Zhang N Q, Keller S, Parish G, et al. High breakdown GaN HEMT with overlapping gate structure [J]. IEEE Transctions on Electron Letters, 2000, 21(9): 421 – 423.

[10] Nomura T, Kambayashi H, Masuda M, et al. High – temperature operation of AlGaN/GaN HFET with a low on – state resistance, high breakdown voltage, and fast switching [J]. IEEE Transctions on Electron Devices, 2006, 53(12): 2908 – 2913.

[11] Yanagihara M, Uemoto A, Ueda T, et al. Recent advances in GaN transistors for future emerging applications[J]. Phys Status Solidi A, 2009, 206(6): 1221 – 1227.

[12] Ohmaki Y, Tanimoto M, Akamatsu S, et al. Enhancement mode AlGaN/AlN/GaN high electron mobility transistor with low on – state resistance and high breakdown voltage [J]. Japanese Journal Applied Physics, 2006, 45(44): 1168 – 1170.

[13] Hu X, Simin G, Yang J, et al. Enhancement mode AlGaN/GaN HFET with selectively grown pn junction gate [J]. Electron Letters, 2000, 36(8): 753 – 754.

[14] Saito W, Takada Y, Kuraguchi M, et al. Recessed gate structure approach toward normally

off high – voltage AlGaN/GaN HEMT for power electronic applications [J]. IEEE Transctions on Electron Devices, 2006, 53(12): 536 – 362.

[15] Cai Y, Zhou Y, Chen K J, et al. High – performance enhancement – mode AlGaN/GaN HEMTs using fluoride – based plasma treatment [J]. IEEE Electron Device Letters, 2005, 26(7): 435 – 437.

[16] 赵正平. 微波、毫米波 GaN HEMT 与 MMIC 的新进展[J]. 半导体技术,2015, 40(1): 1 – 5.

[17] 赵正平. 发展中的 GaN 微电子[J]. 中国电子科学研究院学报,2011,6(4):353 – 357.

[18] 赵正平. 固态微波毫米波、太赫兹器件与电路的新进展[J]. 半导体技术,2011,36 (12): 897 – 899.

[19] 郝跃, 薛军帅, 张进成. Ⅲ族氮化物 InAlN 半导体异质结研究进展[J]. 中国科学:信息科学,2012,42(12):1577 – 1587.

[20] 郝跃,张金凤,沈波,等. Progress in group Ⅲ nitride semiconductor electronic devices[J]. 半导体学报,2012,30(8):897 – 899.

[21] Wu Y F, Keller B P, Keller S, 等. Measured power performance of AlGaN/GaN MODFET's [J]。IEEE Electron Device Letters, 1996, 17(9), 455 – 457.

[22] Sheppard S T, Doverspike K, Pribble W L, et al. High – power microwave GaN/AlGaN HEMTs on semi – insulating silicon carbide substrates [J]. IEEE Electron Device Letters, 1999, 20(4):161 – 163.

[23] Ando Y, Okamoto Y, Miyamoto H, et al. 12 W/mm recessed – gate AlGaN/GaN heterojunction field – plate FET [J]. IEEE Electron Device Letters, 2003, 24(1):289 – 291.

[24] 古志强. 全固态雷达发射机脉冲电源设计[J]. 现代雷达,2001,23(6):80 – 83.

[25] 窦好刚,廖源,赵培聪. 高功率 IGBT 组件在雷达发射机中的应用[J]. 现代雷达,2008, 30(2):85 – 88.

[26] Micovic M, Kurdoghlian A, Margomenos A, et al. IEEE MTT – S International Conference [C]. NEW YORK: Institute of Electrical and Electronics Engineers, 2012.

[27] Krishnamurthy K, Martin J, Landberg B, et al. IEEE MTT – S International Conference [C]. NEW YORK: Institute of Electrical and Electronics Engineer, 2008.

[28] Choi G W, Kim H J, Hwang W J, et al. IEEE MTT – S International Conference[C]. NEW YORK: Institute of Electrical and Electronics Engineers, 2009.

[29] Shigemastu H, Inoue Y, Akasegawa A, et al. IEEE MTT – S international conference [C]. NEW YORK: Institute of Electrical and Electronics Engineers, 2009.

[30] Marannte R, Ruiz M N, Rizo L, et al. IEEE MTT – S international conference[C]. NEW YORK: Institute of Electrical and Electronics Engineers, 2012.

[31] Schellenberg J, Kim B, Phan T. IEEE MTT – S international conference[C]. NEW YORK: Institute of Electrical and Electronics Engineers, 2013.

第 ❷ 章
宽禁带半导体材料

▧ 2.1　氮化镓和碳化硅晶体材料

氮化镓（GaN）和碳化硅（SiC）是继第一代 Si、Ge 和第二代 GaAs、InP 等材料以后的第三代新型半导体材料。GaN 和 SiC 具有宽禁带宽度、高临界场强、高热导率、高载流子饱和速率等特性，因而成为制造大功率/高频电子器件、短波长光电子器件、高温器件和抗辐照器件重要的半导体材料，其高频大功率应用的品质因数远远超过 Si 和 GaAs。

2.1.1　GaN 晶体性质和制备

2.1.1.1　GaN 晶体结构

GaN 晶体具有三种晶体结构，具有六方对称性的纤锌矿结构、立方对称性的闪锌矿结构以及岩盐矿结构。纤锌矿结构 GaN 如图 2.1（a）所示，是热力学稳定相，由沿 c 轴方向平移 $5c/8$ 的两套密排六方点阵套构而成，原子堆垛顺序沿晶胞 <0001> 方向为 $ABABAB\cdots$ 闪锌矿结构 GaN 如图 2.1（b）所示，属于热力学上的亚稳相，由沿对角线方向平移 $1/4$ 对角线长度的两套面心立方点阵套构而成，原子堆垛顺序沿晶胞 <111> 方向为 $ABCABC\cdots$。自然界中，一般只能观察到前两种晶体结构，岩盐矿结构只有在极端高压的情况下才能得到，例如在 50GPa 的高压下，GaN 可以由纤锌矿结构转变为岩盐矿结构。本书如不做特殊声明，均指纤锌矿结构 GaN。

2.1.1.2　GaN 能带结构

纤锌矿型 GaN 属于直接带隙半导体材料，禁带宽度 $E_g = 3.44\text{eV}$（室温 300K时）。其第一布里渊区的形状是一个正六棱柱体，导带能量最小值和价带能量最大值均位于布里渊区的中心 $\kappa = 0$ 的 $\varGamma$ 点，价带分裂成轻空穴带、重空穴带和自旋－轨道耦合分裂带（裂距为 0.008eV）。而自旋－轨道耦合分裂带受到晶体

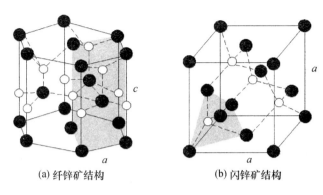

图 2.1　GaN 的三种晶体结构示意图

场作用进一步分裂,其分裂能量 $E_{cr} = 0.04\text{eV}$。电子有效质量为 $0.20m_0$,轻空穴有效质量为 $0.3m_0$,重空穴有效质量为 $1.4m_0$,自旋 – 轨道耦合分裂带有效质量为 $0.6m_0$。图 2.2 为纤锌矿型 GaN 能带图。

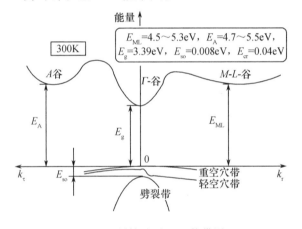

图 2.2　纤锌矿型 GaN 能带图

闪锌矿型 GaN 属于直接带隙半导体材料,属于亚稳相,禁带宽度 $E_g = 3.20\text{eV}$(室温 300K 时)。其第一布里渊区的形状是一个十四面体,导带能量最小值和价带能量最大值均位于布里渊区的中心 $\kappa = 0$ 的 Γ 点,价带分裂成轻空穴带、重空穴带和自旋 – 轨道耦合分裂带(裂距为 0.02eV)。电子有效质量为 $0.13m_0$,轻空穴有效质量为 $0.2m_0$,重空穴有效质量为 $1.3m_0$,自旋 – 轨道耦合分裂带有效质量为 $0.3m_0$。图 2.3 为闪锌矿型 GaN 能带图。

2.1.1.3　GaN 电学性质

电子和空穴的传输特性是重要的材料参数,它们由载流子速度 – 电场(v – E)特性描述。v – E 特性通常用载流子迁移率及饱和漂移速度描述,载流子迁移

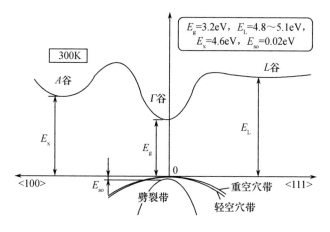

E_g=3.2eV, E_L=4.8～5.1eV,
E_x=4.6eV, E_{so}=0.02eV

300K

A谷

L谷

Γ谷

E_x

E_g

E_L

0

E_{so}

<100>

重空穴带　<111>

劈裂带

轻空穴带

图 2.3　闪锌矿型 GaN 能带图

率表示单位电场下载流子的漂移速度,饱和漂移速度表示载流子速度的饱和值,速度达到饱和时的电场值表征载流子速度被加速到达饱和值的快慢。一般来说,当载流子达到饱和速度时器件得到最大频率,对器件而言,这是决定性的重要参数,影响器件的微波器件跨导、FET 的输出增益、功率 FET 的导通电阻和其他参数。材料的临界击穿电场及热导率决定器件的最大功率传输能力。击穿电场对直流(DC)偏压转换为射频功率给出一个基本的界限,而热导率决定了器件获得恒定的 DC 功率的难易程度。DC 功率在器件中产生恒定的温升,相应地,引起载流子迁移特性下降。介电常数 ε_r 和带隙也是很重要的材料特性。介电常数与器件阻抗有关,带隙则限制了器件安全工作的温度上限。宽的带隙有助于提高器件的抗辐射特性。一般来说,低介电常数和宽带隙是理想的材料特性。当设计晶体管和二极管这样的双极器件时,如果要求从传导状态到非传导状态有高的转换速度,则少数载流子寿命就显得很重要。

　　由于本征缺陷包括氮空位和镓空位等的存在,非故意掺杂的 GaN 样品一般都具有较高的 N 型背景载流子浓度(10^{18}～10^{19} cm^{-3})。质量较好的 GaN 样品中的 N 型背景载流子浓度可以降到 10^{16} cm^{-3},室温电子迁移率可达 900$cm^2/(V \cdot s)$。D. C. Look 等人[1]预测室温 GaN 材料的电子迁移率可达 1350$cm^2/(V \cdot s)$。Amano 等人[2]采用异质结结构将电子迁移率提高到 1700$cm^2/(V \cdot s)$,电子迁移率的显著提高归功于异质结界面处形成的 2DEG。GaN 的 N 型掺杂比较容易实现,掺杂元素一般为 Si、Ge,载流子浓度可达 10^{20} cm^{-3} 甚至更高。由于 N 型背景载流子浓度较高,使得 GaN 的 P 型掺杂变得困难,一般利用 Mg 进行 P 型掺杂,但是由于 Mg 的钝化,未经处理掺 Mg 的 GaN 样品电阻率高达 108Ω·cm,必须对样品中的 Mg 进行激活,这一技术难关一度限制了 GaN 基器件的发展。1988 年,Aksaki 等人通过低能电子束辐照(Low Energy Electron Beam Irradiation,

LEEBI)首次实现了掺 Mg 的 GaN 样品 P 型化,空穴浓度为 $2 \times 10^{16} \text{cm}^{-3}$。1991年,Nakamura 等人[3]采用在真空或氮气保护下对进行快速热退火处理,更好、更方便地实现了掺 Mg 的 GaN 样品 P 型化,空穴浓度达到 $3 \times 10^{17} \text{cm}^{-3}$,电阻率下降到 $2\Omega \cdot \text{cm}$,大大加快了光电器件的设计和制造进程。

2.1.1.4　GaN 化学性质

GaN 晶体硬度大、耐湿法腐蚀,室温下不溶于水、酸和碱,但是在热的碱溶液中能以非常缓慢的速度溶解。高温下质量差的 GaN 可以被 NaOH 溶液、KOH 溶液等较快地腐蚀,可用于 GaN 晶体的缺陷检测。在 HCl 气或氢气中,GaN 在高温下呈现不稳定特性;而在 N_2 气下很稳定。目前业界使用最多的刻蚀 GaN 的方法是电感应耦合等离子干法刻蚀技术,它也是共面电极结构(P 电极、N 电极位于芯片同一侧)LED 制作 N 电极的主要技术。

2.1.1.5　GaN 晶体制备

制备 GaN 单晶体的方法有液相生长法和气相生长法。液相生长法主要有高压氮气溶液法、Na 助溶剂法和氨热法。液相生长法制备的 GaN 晶体位错密度比较低,但设备和工艺条件比较苛刻。气相法主要是指氢化物气相外延(Hydride Vapor Phase Epitaxy,HVPE)法,由于其生长速度快,设备成熟而广泛应用于 GaN 晶体的工业生产中。

1)高压氮气溶液法

在 GaN 单晶的液相生长技术中,高压氮气溶液法是一种常用的单晶制备方法,早在 20 世纪 70 年代中期,Madar 等人[4]就对类似的方法进行了相应的研究,并制备出直径约为 1mm 的 GaN 单晶体。其原理是向装有熔融状态 Ga 的高温坩埚中充入极高压力的氮气,使得处于高温熔融状态的金属 Ga 中可以溶入足够多的 N,氮气分子在 Ga 熔体的表面会分解为 N 原子,从而与 Ga 原子之间发生反应生成 GaN,同时借助一定的温度梯度实现 N 原子的局域过饱和,从而实现 GaN 单晶体的生长。限于当时技术条件,实验中所采用的温度为 1200℃、压力为 0.8GPa。由于 GaN 的结构非常稳定,可以在极高的温度下保持结晶形态而不熔化,也就导致熔融的金属 Ga 对 N 的溶解能力极低,进而导致单晶生长速率下降。如果想获得足够尺寸和质量的 GaN 单晶体,就必须进行足够长时间的晶体生长。由于该方法的生长压力极高,所制备出的单晶体缺陷率极低,适合于高质量晶体的制备。在此后十几年的发展中,随着实验条件的改善,实验的温度和压力都得到了有效的提高,达到了 2300℃ 和 4GPa。通过高压的生长方式所获得的 GaN 单晶一般都呈现出六角形薄片结构,也就是沿着{0001}方向生长的纤锌矿结构,合适的温度梯度可以在一定程度上改善{0001}方向的生长速率,但过大的温度梯度会影响生长的稳定性,从而在表面上产生蜂窝状结构。

高压氮气溶液法可以制备晶体质量很高的 GaN 晶体,但其生长的压力和温度需求很高,尤其压力要在吉帕量级,所以对生长设备要求很高,生产成本高,不利于大规模工业生产。

2)Na 助溶剂法

在高压氮气溶液法基础上,研究人员开发了 Na 助溶剂法。在 Ga 溶液中添加 Na,由于 Na 具有很高的还原能力,在较低的温度和 N_2 压力下就可以使得 N_2 分子发生电离而更加容易地溶入 Ga – Na 混合溶液中,从而大大增加 N 在溶液中的溶解度,使得 GaN 晶体在相对低的压力下实现合成。Na 助溶剂生长过程比较简单,将初始材料(助溶剂 Na 金属与原料金属 Ga)在充氩手套箱内按照合适的配比放入耐高温坩埚(BN,钨,刚玉)内,并转移至加热腔;然后在一定的 N_2 压力、一定温度下,在有/无籽晶的条件下生长;待生长完成之后冷却,清洗掉多余的原料和形成物,所用的清洗溶剂有冰无水乙醇和冰水、浓盐酸、煤油稀释的酒精、王水等,整个清洗过程要按照一定顺序谨慎进行。20 世纪 90 年代末 Yamane 等人[3]首次使用溶剂法生长 GaN 晶体,采用 Na 为助溶剂。在 BN 坩埚中加热到 750℃,在 5MPa N_2 压下生长 200h。在 Ga 熔体中添加 Na 金属虽然增加了氮在熔体中的溶解度,改变了熔体中初始材料 Na 与 Na + Ga 摩尔比 r_{Na},但同时生成的 GaN 晶体和初始 GaN 籽晶在 Ga – Na 熔体中加热到一定温度时也变得更加容易分解,这样会使得籽晶表面在 N 尚未溶入熔体即晶体生长之前就出现凹坑和刻蚀条痕,严重影响晶体的产量和表面形貌,不利于后期晶体的进一步外延生长,所得晶体表面比较粗糙,且有大量凹点和条纹。后来,研究人员通过优化生长条件,如采用混合助溶剂,在 Ga – Na 熔体中加入 Li、Ca 等碱金属元素,大大改善了 GaN 晶体的通透性;采用横向生长技术,通过在衬底上开槽的技术大大降低了 GaN 晶体的位错。

Na 助溶剂法设备简单,晶体生长所需压力相对较低,可以生长晶体质量很高的 GaN 晶体,但其制备的 GaN 晶体尺寸较小和厚度很薄,生产成本高,不利于大规模工业生产。

3)氨热法

氨热法与水晶生长方法类似,是一种在溶液中生长 GaN 晶体的方法。其原理是生长过程中以超临界氨溶液为溶剂,溶入金属镓或氮化镓作为反应原料,同时加入少量矿化剂,通过控制反应条件使溶液处于过饱和亚稳态,随后在 GaN 籽晶上结晶。在反应过程中矿化剂的选择、反应原料的溶解与输运分布是氨热法生长 GaN 晶体过程中的关键因素。氨热法制备氮化镓的研究始于 20 世纪 90 年代中期,Dwilinski 等人[6]使用超临界氨气、液态镓,加入矿化剂在 500℃、200 ~ 300MPa 的条件下首次使用氨热法生长出 GaN 单晶。晶粒直径最大为

25μm。目前,氨热法生长 GaN 晶体的反应温度通常为 400～500℃,生长压力为 100～300MPa,生长速率平均为 10μm/h,在较高温度和压力条件下(750℃,600MPa)生长速率可以达到 40μm/h,晶体表面缺陷密度为 $5 \times 10^{-3} cm^{-2}$,目前已经可以制备直径 2 英寸,位错密度小于 $10^5 cm^{-2}$ 的商用晶片。

氨热法可以在同一反应腔内同时放置大量籽晶进行生长,成本低,但是目前的 GaN 晶体结晶质量仍不理想,晶体中杂质含量较高,同时受籽晶尺寸的影响,直径 2 英寸以上的 GaN 单晶还处于研发阶段,工艺条件仍需进一步深入研究。

4) 氢化物气相外延法

HVPE 是一种常压热壁化学气相外延技术。生长系统一般由四部分组成,分别为炉体、反应器、气体配置系统和尾气处理系统。反应过程为氯化氢在载气的携带下进入反应器,在低温区与镓舟中的金属镓发生反应,生成的氯化镓在载气的携带下继续前行,进入高温区与氨气混合,发生反应,生成 GaN,未反应的气体由尾气处理系统吸收。HVPE 生长系统示意如图 2.4 所示。

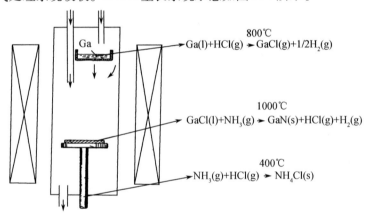

图 2.4　HVPE 生长系统示意

HVPE 技术很早就用于 GaN 材料的生长,在 GaN 材料的发展中曾起到过重要作用。1969 年,Maruska 和 Tidtjen 改造了用来生长砷化镓和磷化铟的氢化物设备,制备出第一个高质量的 GaN 单晶薄膜,这项技术即氢化物气相外延技术[7]。在 20 世纪 70 年代到 80 年代初,研究人员广泛采用 HVPE 方法生长 GaN,并试图在蓝宝石上生长厚膜进而制作自支撑 GaN 衬底。但是,由于 HVPE 技术是一种热壁反应,在掺杂时,热的石英管壁可能与气相的掺杂剂发生反应,生长的 GaN 样品均存在大量晶体缺陷,背景载流子浓度过高,晶体质量不是很好,不能进行有效的掺杂控制;同时,由于常用的浅受主杂质 Mg 和 Ca 的氧化物比管壁(SiO_2)更稳定,进行 P 型掺杂时,腐蚀管壁的副反应也会发生,导致 N 型杂质 Si 掺入外延层,很难实现 P 型掺杂。因此,进入 80 年代,HVPE 方法的发展进入停滞阶段。随着高纯原材料的出现和生长技术的进步,HVPE 方法在 20 世纪 90 年代又引起了研究人员的关注。在此期间对 HVPE 技术的生长机理和生长工艺也进行了深入研究,利用 Si 和 Mg 作掺杂剂实现了 N 型和 P 型掺杂;利用其高生长速率,能够制备大面积、较厚的 GaN 体材料,进而作为同质外延衬底;利用横向外延的新技术显著降低了 GaN 材料位错密度。在这一时期,采用 HVPE 方法生长的 GaN 材料,背景载流子浓度下降到 $5 \times 10^{16} \mathrm{cm}^{-3}$,位错密度下降到 $10^8 \mathrm{cm}^{-2}$。

HVPE 技术生长速率很快,可达每小时几十至几百微米,而且设备较为简单,制备成本较低,HVPE 技术制备 GaN 也存在一定的问题,如缺陷密度高、均匀性差、随厚度增加应力变大产生裂纹等,制备的 GaN 材料晶体质量还有待提高。目前,国际上住友、日立、三菱、Kyma、Lumilog、NanoGaN 等多家厂商开展 HVPE 技术外延 GaN 研究,2 英寸 GaN 单晶衬底已经产业化,N 型衬底电阻率小于 $0.5 \Omega \cdot \mathrm{cm}$,半绝缘衬底电阻率大于 $10^6 \Omega \cdot \mathrm{cm}$,位错密度下降到 $10^6 \mathrm{cm}^{-2}$。其中住友集团处于行业的领导地位,2012 年报道了 2 ~ 6 英寸 GaN 单晶衬底如图 2.5 所示。中国电子科技集团公司第 46 研究所、中国科学院上海微系统与信息技术研究所、中国科学院苏州纳米技术与纳米仿生研究所、南京大学、山东大学、北京大学等单位开展了研究工作,实现了 2 英寸的试用样品。HVPE 技术被认为是最适合 GaN 单晶衬底大规模生产的技术。

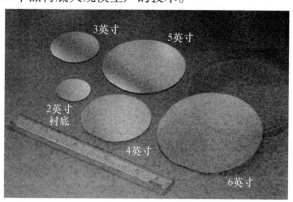

图 2.5　住友集团 2 ~ 6 英寸 GaN 单晶衬底

2.1.2　SiC 晶体性质和制备

2.1.2.1　SiC 的多型与晶体结构

SiC 晶体的基本结构单元为 SiC_4 或 CSi_4 四面体结构,属于密堆积结构,由单向堆积方式的不同产生各种不同的晶型,已经发现的晶型有 200 余种,分为立方结构、六方结构、菱方结构。

构型不同的 SiC 晶体具有不同的结构对称性，这取决于硅碳双原子层在一维方向堆垛次序的不同。图 2.6 给出了 Si – C 双原子层的排列。密堆积有三种不同的位置，记为 A、B、C，如果第一层依赖于堆积顺序占据 A 位置，根据密排结构原则，第二层将位于 B 位置或 C 位置，如果第二层占据 B 位置，则第三层将占据 A 位置或 C 位置；如果第二层占据 C 位置，则第三层占据 A 位置或 B 位置；依次类推。Si – C 双原子层在这三种位置上的不同排列就形成了不同构型的 SiC 晶体。

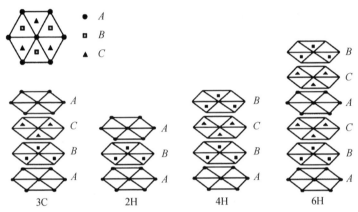

图 2.6　Si – C 双原子层的排列

在所有已发现的多型中，稳定存在的只有 3C、4H、6H 和 15R。3C – SiC 在 (110) 晶面和 2H、4H、6H 和 15R 在 $(11\overline{2}0)$ 晶面的结构如图 2.7 所示。Si – C 双原子层的一维堆垛顺序分别是：3C – SiC 为 $ABCABC\cdots$ 2H – SiC 为 $ABAB\cdots$ 4H – SiC 为 $ABCBA\cdots$ 6H – SiC 为 $ABCACBA\cdots$ 15R – SiC 为 $ABCACBCABACABCBA\cdots$ 纯立方密排结构晶型为 3C – SiC，纯六方密排结构晶型为 2H – SiC，其他多形体为以上两种堆积方式的混合结构。在某一 SiC 多型体中，并非所有的 Si – C 双原子层都处于等价的位置上，或者说，并非所有的 Si 原子或 C 原子都处于等价的位置上。这种不等价性来源于某一多型体中 Si – C 双原子层之间相对位置的差异。以图 2.7 中 4H – SiC 为例，Si – C 双原子层在 A 位置上与其最近邻的上、下层呈六方堆垛关系，而 B 位置与各自最近邻的上、下层均呈立方堆垛关系。因此，在 4H – SiC 中，A 位置称为六方位置（标记为 h），B 位置称为立方位置（标记为 k）。除 3C – SiC 外，其他 SiC 多型体的 Si – C 双原子层都呈现出"之"字形折线特征。为了定量描述 SiC 多型体中位置的不等价性，引入"六方百分比"来描述某一 SiC 多型体中六方位置所占的百分比。3C – SiC、2H – SiC、6H – SiC、4H – SiC、15R – SiC 的六方百分比分别为 0、100%、33.3%、50%、40%。

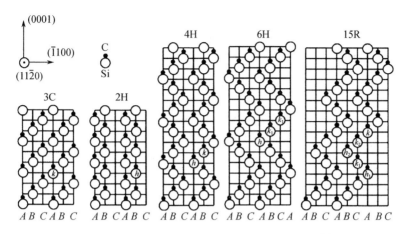

图 2.7 3C – SiC、2H – SiC、4H – SiC、6H – SiC、15R – SiC(11$\bar{2}$0)晶面结构

2.1.2.2 SiC 多型结构的鉴别

多型结构鉴别在 SiC 晶体生长中非常重要,对 SiC 多型结构鉴别主要有两个技术途径:一是采用某种物理方法直接获取样品的结构信息,通过对所得信息进行处理与分析,得出关于样品多型结构的结论;二是根据不同 SiC 多型在物理特性上的差别,采用某种物理方法,对样品的某一特征物理性质进行表征,进而得到关于样品多型结构的结论。属于第一种途径的技术手段主要有 X 射线衍射法和高分辨率透射电子显微镜法;属于第二种途径的技术手段主要有吸收光谱法和拉曼光谱法。由于拉曼光谱对具有共价键结构材料的散射效率高、空间分辨率高、易于获取信号、不需要对样品进行特殊处理,因此使测量过程简单、便捷,拉曼光谱法是目前表征 SiC 晶体结构最普遍的方法。

拉曼效应起源于分子振动(和点阵振动)与转动,因此从拉曼光谱中可以得到分子振动能级(点阵振动能级)与转动能级结构的知识。当光照射到晶体上,晶体中的电子将被极化并产生感应电偶极矩,产生散射光,其中除有与激发光频率相同的弹性成分(瑞利散射)外,还有与激发光频率不相同的非弹性成分。由光学声子引起的非弹性散射称为拉曼散射。晶体中周期性排列的原子在平衡位置附近不停地振动,这种振动是一种集体运动,形成格波,可分解成许多彼此独立的振动模,电子极化率会被晶格振动模调制,光利用它可进行 SiC 晶型鉴别。在 SiC 中,由 Si – C 双原子层之间不同的堆垛方式形成不同晶型的晶体,归纳起来有 3C、nH 和 $3n$R 三类,其中,C(立方)、H(六方)和 R(三方)字母表示晶体的点阵类型,n 表示原胞中包含化学式单位(碳化硅)的数目。3C – SiC 只有一个拉曼活性模,此振动模是三重简并的,可分裂为一个波数为 796cm^{-1} 的横模和一个波数为 972cm^{-1} 的纵模。nH – SiC 和 $3n$R – SiC 的结构则要复杂一些,n 越大其原胞中含有的原子数目($2n$)越多,拉曼活性模的数目就越多。理论预言2H – SiC、4H – SiC、6H – SiC 和 15R – SiC 的拉曼活性模的数目分别为4、10、16 和 18。不同结构碳化硅的拉曼活性模数不同,产生拉曼峰的位置也不同,不同晶型 SiC 的拉曼光谱数据见表 2.1 所列。

表 2.1 不同晶型 SiC 的拉曼光谱数据

晶型	晶系	点群	拉曼谱线波数/cm^{-1}
3C – SiC	立方	T_d	796$_s$、972$_s$
2H – SiC	六方	C_{6v}	264$_w$、764$_s$、799$_w$、968$_m$
4H – SiC	六方	C_{6v}	196$_w$、204$_s$、266$_w$、610$_w$、776$_s$、796$_w$、964$_s$
6H – SiC	六方	C_{6v}	145$_w$、150$_w$、236$_w$、241$_w$、266$_w$、504$_w$、514$_w$、767$_m$、789$_s$、797$_w$、889$_w$、965$_s$
15R – SiC	三方	C_{3v}	167$_w$、173$_m$、255$_w$、256$_w$、331$_w$、337$_w$、569$_w$、573$_w$、769$_s$、785$_s$、797$_m$、860$_w$、932$_w$、938$_w$、965$_s$

注:拉曼谱线波数中的 s 表示强,m 表示中等,w 表示弱

2.1.2.3 SiC 能带结构

3C – SiC 价带顶位于布里渊区中心的 Γ 点,导带底位于布里渊区的 X 点,属于间接带隙半导体,其禁带宽度为 1.384eV,小于实验值 2.417eV,这也是因为 GGA 计算结果通常都比实验值小,能带图如图 2.8(a)所示。4H – SiC 价带顶位于布里渊区的 Γ 点,导带底位于布里渊区的 F 点,为间接带隙半导体,禁带宽度为 2.233eV,而实验值为 3.33eV,能带图如图 2.8(b)所示。6H – SiC 价带顶位于布里渊区中心 Γ 点,具有三重简并,而导带底位于 M 点,具有单重态,为间接带隙半导体,禁带宽度为 2.045eV,而实验值为 3.33eV,能带图如图 2.8(c)所示。

2.1.2.4 SiC 电学性质

晶格中的邻接配置对于所有的 SiC 都是相同的,但是不同的结构中存在着结晶学不等价晶格格点。所以诸如有效质量、载流子迁移率和带隙等电学参数在不同多型结构的 SiC 间存在很大差别。同时不同晶格结构 SiC 的载流子迁移率各向异性的性能也不同,6H – SiC 具有数值较低的、强各向异性强的电子迁移率,而 4H – SiC 的电子迁移率则数值较高,各向异性较弱。用 $\mu_\perp/\mu_{//}$ 表征迁移率的各向异性,在室温下,4H – SiC 的 $\mu_\perp/\mu_{//} = 0.7 \sim 0.83$,而 6H – SiC 的 $\mu_T/\mu_{//} = 6$。SiC 优于 Si 和 GaAs 的固有优势是热导率 Θ_K、击穿电场强度 E_b 和带隙 E_g。在 300K 时 SiC 的热导率较 GaAs 高出 8 ~ 10 倍;4H – SiC 和 6H – SiC 的

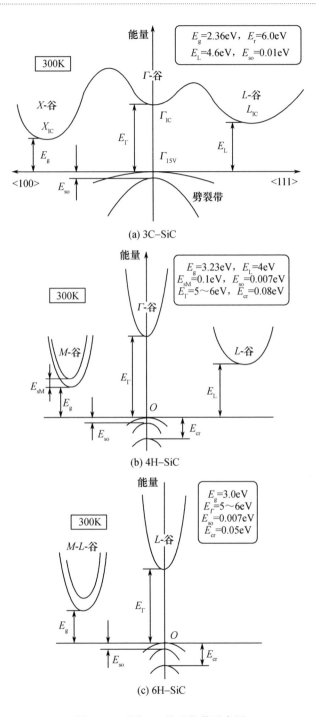

(a) 3C–SiC

(b) 4H–SiC

(c) 6H–SiC

图 2.8　不同 SiC 晶型能带示意图

带隙大约是GaAs 的 2 倍,为 Si 的 3 倍;其击穿电场强度约高出 Si 1 个数量级。

与 GaN 本征的 N 型背景不同,SiC 本征载流子浓度非常低,本征载流子浓度与导带和价带的状态密度成比例,由于晶格热膨胀和电子－质子耦合的影响,本征载流子浓度也与温度有关。本征载流子浓度在高温器件应用中是一个很重要的参数,因为器件中 PN 结漏电流通常与本征载流子浓度或本征载流子浓度的平方成正比。SiC 的掺杂物有 N(N 型) 和 Al、B、Be、Ga、O、Sc(P 型) 等,因为 Al 具有比较浅的受主能级,成为最常用的 P 型掺杂物。施主激活能的测定变化范围较大,与测量技术、材料质量、多型结构和掺杂浓度有关。除 2H － SiC 以外的 a－SiC 都是立方结构与六方结构的混合体,其激活能也因杂质占据不同的晶格(立方或六方)替位格点而不同。对于 N 型 3C－SiC,霍尔测量确定了氮的激活能为 18 ~ 48meV。在 6H－SiC 中发现两个依赖于占有位置的施主能级。位置 1 (六方格点)位于 84 ~ 100meV,位置 2(六方格点)位于 125 ~ 150meV。在 4H－ SiC 材料中对应于位置 1 和位置 2 的施主能级分别是 45meV 和 l00meV。许多杂质能级具有比在 Si 中更深的能级这一事实说明,室温下在 SiC 中将会有部分载流子被冻结,因为其热运动能(kT/q)在 300K 时约为 25.9meV。尽管这样,由于存在杂质电离场,SiC 的 JFET 可以在 77K 的低温下运行。相反,对于掺 Al 的 P 型 SiC,在所有多型结构中均发现受主能级约为 200meV,其他 P 型掺杂物(如 B),有较深的受主能级(320 ~ 735meV)。

2.1.2.5　化学性质

在 SiC 表面生成的 SiO_2 层能防止 SiC 的进一步氧化,在高于 1700℃ 的温度时,SiO_2 层熔化并迅速发生氧化反应。SiC 能溶解于熔融的氧化剂物质,如熔融的 Na_2O_2 或 Na_2CO_3 － KNO_3 混合物。在 300℃ 下可溶于 NaOH + KOH。在 900 ~ 1200℃,SiC 与氯气迅速发生化合反应,也能与 CCl_4 迅速发生反应,这两种反应都留下石墨残留物。SiC 与氟在 300℃ 的反应没有任何残留物。在晶体对称性和方向性的研究中,可以用熔融的氧化剂和氟作为 SiC 的表面腐蚀剂。在这些化学反应中,立方结构的 SiC 比六方结构的 SiC 更活泼。

2.1.2.6　SiC 单晶衬底的制备

SiC 是一种很古老的材料,早在 1824 年,瑞典科学家 Jöns Jacob Berzelius 在人工合成金刚石的过程中就观察到了 SiC。1885 年,Acheson 用焦炭和硅石的混合物以及一定量的氯化钠在熔炉中高温加热,生长出了小尺寸 SiC 晶体,当时的 SiC 晶体由于存在大量缺陷,不能用于电子器件的制作,而仅仅用于材料的切割和磨抛。

1905 年,法国科学家 Moissan 在美国亚利桑那州的大峡谷陨石里发现了天然的 SiC 单晶,从而使人们对 SiC 代替天然金刚石以及其电子学方面的应用产生了极大的兴趣。1907 年,美国电子工程师 Round 制造出第一只 SiC 发光二极管。1920 年 SiC 单晶作为探测器应用于早期的无线电接收机。但由于 SiC 的生长技术复杂、缺陷较多和多型现象的发生,SiC 的发展曾一度搁浅。其实,Si 和 SiC 差不多是同时被提出的,Si 的迅速发展和崛起是因为其容易生长出高质量的晶体,所以生长出高质量的 SiC 晶体是发展的关键。由于 Si 功率器件已日趋其发展的极限,尤其在高频、高温及高功率领域更具有局限性,因此宽带隙半导体材料的研究显得重要和紧迫。1955 年,飞利浦实验室的 Jan Antony Lely 发明了一种采用升华法生长高质量 SiC 的新方法,从此开辟了 SiC 材料和器件的新纪元。第一届 SiC 会议于 1958 年在波士顿召开。20 世纪 60 年代中期到 70 年代中期,SiC 的研究主要在苏联;在西方一些国家,其研究由于 Si 技术的成功以及迅猛发展而处于维持状态。1978 年,俄罗斯科学家 Tairov 和 Tsvetkov 发明了改良的 Lely 法以获得较大晶体的 SiC 生长技术,这一发现,使 SiC 材料和器件的研究又获得了新的发展机遇。1979 年,第一支 SiC 蓝色发光二极管问世,1981 年 Matsunami 发明了在硅衬底上生长单晶 SiC 的工艺技术,并在 SiC 领域引发了技术的高速发展。1991 年,Cree 公司采用升华法生长出商业化的6H - SiC 单晶片。1994 年获得 4H - SiC 单晶片。这一突破性进展立即掀起 SiC 器件及相关技术研究热潮。

1) 熔体法

根据理论分析,在化学计量比熔体中采用提拉法生长 SiC 单晶,条件十分苛刻,因为 SiC 同成分共熔点只有在温度高于 3200℃、压力超过 105atm(1atm = 1.013×10^5Pa)条件下实现。随着温度的升高,C 在 Si 中的溶解度逐渐增加,可以形成化学计量比为 1:1 的共熔体,而最低容许温度仍需要 3300℃ 的高温,该条件通常难以实现。

对溶质 C 而言,当温度为 1414 ~ 2830℃ 时,C 在 Si 溶剂中的溶解度仅为 0.01% ~ 19%,添加某些金属元素(如 Pr、Tb、Sc 等)可使 C 的溶解度大于 50%,但由于 Si - C 系统中三相点的存在,生长过程中会出现金属元素的有意掺杂、多型寄生等现象,单晶质量和纯度无法保证,即使生长出晶体也不能作为半导体使用。

2) Lely 法

Lely 于 1955 年首次用升华法生长出 SiC 单晶,其基本原理是在生长腔内放入的工业级 SiC 填料经过高温(2550℃)加热升华,沿着气流途径在内腔壁上随机地结晶成核,但该方法的结晶质量无法控制,而且常常出现不可控制的多型结构。

3) 物理气相传输(Physical Vapor Transport,PVT)法

1978 年,Tairov 等人[8]对 LeLy 法进行了改造,实现了籽晶升华生长,此方法

也称为改良 Lely 法或籽晶升华法。PVT 法和 Lely 法的区别在于增加一个籽晶,从而避免了多晶成核,更容易对单晶生长进行控制。该方法现在已成为生长 SiC 的标准方法。PVT 法生长 SiC 的设备有电阻加热和感应加热两种。电阻加热炉虽然比较容易控制温度场,但是附加的工程消耗使得这种设备的使用费用较高。PVT 法通常使用的设备是中频感应加热单晶炉,如图 2.9 所示。

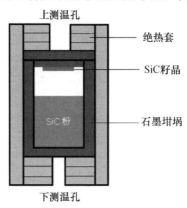

图 2.9　PVT 法生长炉示意图

PVT 法的基本原理:SiC 粉料在高温(1800 ~ 2600℃)和低压下升华,产生的主要气相物种(Si、Si$_2$C、SiC$_2$)在温度梯度驱动下达到温度较低的籽晶处,在其上结晶。由于晶体趋向于沿等温线生长,因此对温度场的分布设计必须十分精确。坩埚的设计及与之相关的温度场分布是决定单晶质量的重要因素。虽然籽晶升华法具有相当的优点,但在生长过程中多型的控制一直是单晶生长研究的难点和重点。SiC 的堆垛层错能较低,晶体生长过程中易于形成含有不同晶型的晶体,在生长大直径单晶时这个问题更为突出。

目前,美国 Cree 公司研究领先,主宰着整个 SiC 的市场,几乎 85% 以上的 SiC 衬底由 Cree 公司提供,主推 2 ~ 6 英寸 4H 晶型 SiC 衬底,包括 0°、4°、8° 偏角,N 型电阻率小于 0.5Ω·cm,高纯半绝缘电阻率大于 10^{9}Ω·cm,位错密度小于 10^{4}cm^{-2},均实现零微管(微管缺陷是 SiC 特有的缺陷),图 2.10 为 Cree 公司 4 英寸和 6 英寸 SiC 衬底。此外,美国的 Dow Corning 公司、Ⅱ - Ⅵ公司,德国的 SiCrystal AG 公司,日本的 Nippon Steel 公司、丰田公司都是 SiC 单晶衬底片的生产商,其中日本丰田公司中心研发实验室的 Daisuke Nakamura 研究小组采用重复 a 面的生长方法生长高质量 SiC 单晶,使位错密度比 PVT 法降低了 2 个数量级,但是很难产业化。我国从"九五"计划开始布局 SiC 单晶研究,主要的研制单位有中国科学院物理研究所、中国科学院上海硅酸盐研究所、山东大学、中国电子科技集团公司第 46 研究所等,图 2.11 为我国 4 英寸 SiC 衬底,已实现 2 ~ 4

英寸 N 型和掺钒半绝缘 SiC 衬底的产业化,但由于起步迟,投入少,与发达国家还有相当大的差距。

图 2.10 Cree 公司 4 英寸和
6 英寸 SiC 衬底

图 2.11 我国 4 英寸 SiC 衬底

2.2 碳化硅材料的同质外延生长技术

在半导体器件的制备过程中,半导体薄膜的厚度、掺杂、缺陷密度等都严重影响器件的性能。由于传统的单晶制备法得到的 SiC 材料缺陷较多,难以控制厚度和掺杂,往往达不到制造 SiC 器件的要求,因此外延生长一直是获得不同掺杂浓度的 N 型和 P 型薄膜材料的主要方法。SiC 外延薄膜的生长技术有很多,如液相外延生长(Liquid Phase Epitaxy,LPE),分子束外延、化学气相沉积法等。每种方法各有优劣,可以根据应用的实际需要和工艺的成熟度来选择使用生长技术。

2.2.1 SiC 同质外延生长方法

2.2.1.1 液相外延技术

液相外延技术在 20 世纪 90 年代广泛用于 SiC 外延生长。近年来,虽然 CVD 外延技术成为 SiC 外延生长所优先选用的方法,但是由于 LPE 外延可以减少微管缺陷,又有一些研究者重新对此方法感兴趣。液相外延的生长过程在一个低温的热平衡状态下,微管在这样的条件下难以形成。LPE 外延生长主要使用移动溶液法,而体晶 LPE 生长过程采用的是顶部籽晶溶液法。图 2.12 为 LPE 反应结构,在生长源和衬底之间存在一个温度梯度,以确保生长过程更易进行。但是,当温度低于 2000℃时,C 在 Si 溶液中的溶解度很低,研究发现通过加入一些过渡金属,可以提高其溶解度。LPE 外延生长的生长速率最高可以达到 $300\mu m/h$,N 型和 P 型掺杂类型可以通过改变生长源来控制,但该方法的弊端是不能控制外延表面形貌和掺杂水平。

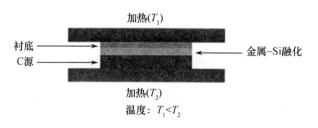

图 2.12　LPE 反应结构[9]

2.2.1.2　分子束外延

分子束外延是一种在超高真空、热动力极不稳定的条件下生长材料的方法，原材料进行蒸发并以分子束进行传输，最终达到预热且旋转的衬底上。分子束外延可以提供高纯质量、高精准厚度的外延层，且分子束外延所需温度较低，一般为 600～1200℃，低于其他 SiC 外延方法的生长温度。分子束外延（Molecular Beam Epitaxy，MBE）方法的优势在于低生长温度和能够生长不同的 SiC 晶型，因此利用此方法可以获得不同带隙晶型层的异质结构。MBE 方法下的特定晶型形成可以利用 RHEED 观察。不同晶型的生长可以通过改变生长温度或提供富 Si 或富 C 条件来实现。这种方法缺点是生长速率较慢，一般为 0.1～2.0nm/min，对于提高产量和批量生产较难实现。

2.2.1.3　蒸发外延技术

蒸发外延法也称封闭生长技术，与标准 PVT 法（改进 Lely 法）过程相似。SiC 衬底放置位置距离源材料很近，一般为 1mm，远低于标准 PVT 方法的 20mm。与标准 PVT 方法相比，蒸发外延在较低的温度（1800～2200℃）和较高的压力（达到 1atm）下进行。升华外延法和 CVD 法外延相比最突出的优势是其生长速率可以高达 1000μm/h，缺点是生长过程中很难改变外延层的掺杂水平和掺杂类型。

2.2.1.4　CVD 法外延技术

CVD 法外延是借助空间气相化学反应在衬底表面沉积固态薄膜的一种气相外延生长技术，利用化学气相可以控制薄膜的组分及其结构。CVD 生长技术由于可重复性好、薄膜质量较高和生长速度较快等优势，已成为目前大批量生产 SiC 外延薄膜所广泛使用的方法。

CVD 法是一种利用气相化学反应以生成所需薄膜的方法，它是将含有薄膜元素化学成分的若干种源气体输运到衬底表面，并使用不同的加热方法促使气体直接发生气相反应或表面相反应，反应后的生成物在衬底表面沉积形成外延薄膜。反应是在衬底表面和表面附近气相中发生的各种反应组合,其具体反应过程可以简单归结为以下几步反应物气体分子随载气以一定流量输运至反应室内:①反应物气体分解形成中间态;②气流中的反应物分子和其中间态扩散到衬底上;③反应物分子进一步吸附在衬底表面上;④生长层的表面发生化学反应,生成外延薄膜和副产物分子;⑤副产物分子向外扩散,从而脱离表面(脱附);⑥副产物分子进入输运气体被带出。图 2.13 给出了 CVD 生长中反应原子吸附、扩散、成核生长和脱附的过程。有很多气体可以用作 SiC 外延的硅源和碳源。SiH_4、SiH_2Cl_2、$SiCl_4$、Si_2H_6 是常见的硅源化合物,常用的碳源是 C_3H_8。CH_4、C_2H_2和 CCl_4 也在一些研究中用作碳源。所有的生长过程都使用 H_2 作为载气。由于每种气体源的裂解和成核动力学有所区别,所以每种气体源组合的外延过程参数都要进行调整。

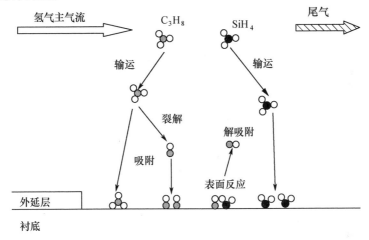

图 2.13　CVD 生长中反应原子吸附、扩散、成核生长和脱附的过程

　　根据生长时反应室的冷却状态,可以把 CVD 系统分为热壁 CVD 和冷壁CVD。在冷壁 CVD 系统中,沿着反应室径向存在着较大的温度梯度;而热壁CVD 系统由于保温膜的包裹,反应室内的温度分布较为均匀,而且前驱物的分解效率较高。尽管在早期 SiC 研究中冷壁 CVD 使用较为广泛,但是由于一些固有的缺点使得冷壁 CVD 不能成为 SiC 外延生产的工业设备。这些缺点大都与反应室的热均匀性欠佳有关,都是由于衬底上方不能有效加热。而热壁 CVD 无论是水平方向还是垂直方向都具有更好的热均匀性。相比较,冷壁 CVD 衬底表面上方的温度梯度高达 220K/mm,比热壁反应室高出 10 倍多。

　　冷壁 CVD 温度特性所引起的最关键的问题是源气体的裂解效率过低,这直接影响生长速率。除了生长速率的问题,衬底上方垂直温度梯度会导致气相中Si 的过饱和,引起外延层不均匀。而在热壁 CVD 中,高温环境可以确保气相 Si

聚集效应的最小化。此外,热壁结构可以确保生长环境的长时间稳定,可以长达30h连续生长且不出现SiC外延质量恶化。这些决定性的优势使得热壁结构成为绝大多数研究者的首选,下面介绍几种常用的热壁CVD。

热壁CVD反应室的概念最早由O. Kordina在1994年提出,随后又对该结构进行改进以生长更加均匀的高质量外延层。图2.14是水平式热壁CVD反应室结构。这里使用的石墨基座顶层是倾斜的,这种结构增加了气体流速,减少了气体源的耗尽效应,有助于获得均匀的外延层。基座被热绝缘材料包裹着,放置在一个空气冷却的石英管内。热绝缘材料减少了辐射热损失,因此热壁反应室的消耗功率(20~40kW)低于冷壁反应室。热绝缘材料还能够确保反应腔内的温度均匀。这种结构是应用最广泛的热壁反应室结构。

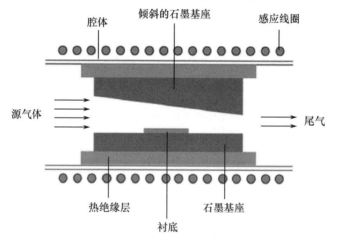

图2.14　水平式热壁CVD反应室结构

多片热壁行星式反应室的发明大大加快了SiC外延向大规模生产发展的步伐,行星式反应室最早是由Frijlink等人在20世纪80年代末提出并用于Ⅲ-Ⅴ族化合物半导体材料的生长。经过几次变革,该反应结构成为大规模工业化SiC外延生长的反应室。图2.15为Aixtron公司的行星式反应室结构概念图,源气体从反应腔顶部进入并呈辐射状流动,这种气体传输特点造成了生长速率随着基座半径增大而降低。生长速率的降低是源气体的耗尽效应造成的,另外随着面积增大,气体流速迅速降低造成边缘层厚度较大。在此结构中,每个独立的晶片都可以单独旋转,从而可以消除上述问题。Aixtron公司目前已经可以制造满足4英寸(10片)、6英寸(6片)和8英寸(5片)的SiC材料外延生长的行星式反应室。

热壁CVD标准工艺生长速率约为10μm/h,已经无法满足功率器件对厚外延层生长的需求。后来采用了一种新的CVD生长技术,温度为1500~1600℃,

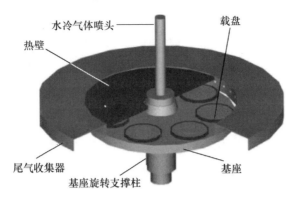

水冷气体喷头

载盘

热壁

尾气收集器

基座旋转支撑柱

基座

图 2.15　Aixtron 公司的行星式反应室概念图

使用硅烷和丙烷作原气体材料,加入 HCl 气体进行原位刻蚀,这种情况下可以大幅度地提高生长速率,约为 $30\mu m/h$。HCl 的存在阻止了 Si 簇的形成,使高流量硅烷生长成为可能。但是在如此高的生长速率下,为了获得单晶层有必要对生长条件进行优化。

2.2.2　SiC CVD 同质外延关键技术

除了采用创新的 CVD 生长设备来实现外延质量的改善和生产能力的发展外,研究人员还对 CVD 生长过程进行了深入的研究。SiC CVD 外延生长的两个主要的突破出现在 20 世纪 80 年代末和 90 年代初,分别是"台阶控制外延"和"位置竞争外延"理论。这两个重要的方法对 SiC 电力电子产业产生了极大的影响。近年来,为了提高 SiC 同质外延生长速率,研究人员在外延过程中采用卤化物作为生长源,在快速外延方面取得较大研究进展和突破。

2.2.2.1　SiC CVD 同质外延生长多型控制

同质外延生长,也就是 SiC 外延薄膜多型结构和 SiC 衬底多型保持一致的外延生长。一般来讲,在(0001)面 6H - SiC 衬底进行同质外延生长温度需要达到 1700 ~ 1800℃。但是,这种高温生长环境会造成诸如以下的问题:生长环境引入污染,掺杂杂质扩散造成再分布和高温造成外延层损伤。通过降低生长温度可以解决这些问题,但是生长温度的降低又会造成 3C - SiC 多型的产生。在 4H - SiC 和 6H - SiC 的同质外延生长中,3C - SiC 多型的产生是一个不可忽视的问题。六方结构的外延层上 3C - SiC 多型由于其明显的三角形状而又称为三角形缺陷。

在 20 世纪 80 年代后期,数个研究小组均在偏晶向衬底上,1400 ~ 1500℃温度范围内,外延生长得到不含 3C - SiC 多型的平整的 6II - SiC 外延层。偏晶向衬底上的台阶表面为准确复制衬底的多型提供了模板。这种在偏晶向衬底进行外延生长的技术称为台阶控制外延技术。这项技术的出现给 SiC 同质外延领域带来了巨大的突破。在降低 300℃ 左右的外延温度下,可以实现满足器件质量的同质外延生长,同时能够避免反应腔壁的污染,减少不必要的掺杂扩散。图 2.16 和图 2.17 给出了分别在 6H – SiC 正晶向衬底和偏晶向衬底上外延生长的过程。正晶向(0001)面具有巨大的台阶平面和极低的台阶密度。生长过程是一个平台表面高度过饱和引起的二维成核过程,生长过程受表面的吸附和解吸附反应控制,因此决定多型的主要因素是生长温度。若以 ABC 来表示 SiC 双层结构,6H – SiC 的堆垛顺序是 ABCACB,3C – SiC 的堆垛顺序是 ABC 或者 ACB。当 3C – SiC 在正晶向表面生长,相邻的两个成核位可能会导致两种 3C – SiC 堆垛顺序。偏晶向衬底表面台阶密度大,台阶平面窄。足够小的平台宽度确保吸附原子通过表面扩散达到台阶位置并在台阶处与晶格结合。台阶控制生长过程确保了对衬底多型的准确复制。

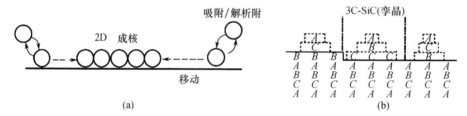

图 2.16　6H – SiC 正晶向衬底外延生长过程

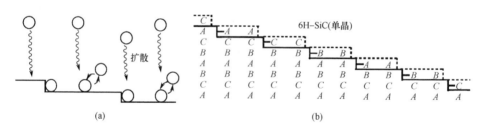

图 2.17　6H – SiC 偏晶向衬底外延生长过程

最初关于台阶控制外延是在 6H – SiC 衬底上进行的,然而后来的研究发现,此技术同样适用于其他多型衬底的外延生长,包括 4H – SiC。台阶控制生长理论的成功掀起了关于同质外延生长机理和影响台阶控制生长因素的研究高潮。研究发现,台阶控制生长的过程是一个传质控制过程,而不是表面反应控制。因此应该严格控制过饱和条件来促进传质控制生长,抑制二维成核的发生。

当 SiC 衬底表面与(0001)晶面偏晶向角度小于 1° 时,就会导致外延生长条件不合适或者台阶间距离过大,吸附的原子出现岛状成核,在平台表面开始成键而不是在台阶处成键。SiC 表面出现不受控制的岛状成核(平台成核)就会出现异质外延生长而得到晶型质量较差的 3C – SiC。为了抑制外延过程中出现平台成核形成 3C – SiC 三角形包裹体,大多数商业化的 4H – SiC 和 6H – SiC 衬底都是偏(0001)晶面 8°或 3.5°进行斜切抛光。到目前为止,采用同质外延薄膜的商业 SiC 电力电子器件都是基于在偏晶向 SiC 衬底上生长得到的。

采用恰当的方法除去切割后 SiC 衬底表面的残余沾污和缺陷,对于获得缺陷少、质量优良的 SiC 外延层尤为重要。目前 SiC 外延生长前对 SiC 衬底的处理技术有干法刻蚀技术和化学机械抛光(Chemical Mechanical Polishing,CMP)技术。在 SiC 外延生长过程之前,衬底在生长腔体中逐渐升温加热时,通常使用高温原位气体刻蚀技术(一般使用 H_2 或者 HCl 气体)来去除衬底表面的沾污和缺陷。值得注意的是,即使采用偏离(0001)晶面角度小于 0.1°的 SiC 衬底,通过优化的外延生长前的气体刻蚀技术同样能够保证台阶控制生长而得到高质量的同质外延层。

2.2.2.2　SiC CVD 同质外延生长掺杂控制

为了获得高性能电子器件,关键是要获得大尺寸、高质量单晶和外延层以及可控掺杂。不同类型 SiC 器件对 SiC 外延层掺杂类型和掺杂浓度都有着不同的要求,实现其掺杂类型和掺杂浓度的可控对于发展 SiC 器件起着至关重要的作用。另外,制备低掺杂浓度的厚外延层是制造 SiC 电力电子器件必不可少的技术,对于高压电力电子器件而言,少数载流子必须具有足够长的寿命,这就要求外延层的掺杂杂质浓度和缺陷密度尽可能低。

在碳化硅的外延掺杂中,氮是 SiC 最主要的浅施主杂质,铝是最主要的浅受主杂质,在利用外延生长实现掺杂的研究中,被广泛接受的是 D. Larkin 提出的"位置竞争外延"掺杂理论模型。在这种方法中,通过控制生长过程中的 C 元素含量和 Si 元素含量之比来控制掺杂浓度。先前的研究指出,掺杂剂原子在 SiC 晶格中将占据 C 原子或 Si 原子的位置,其中 N 原子占据 C 原子的位置而 Al 原子是占据 Si 原子的位置,如图 2.18 所示。高的 C 元素含量和 Si 元素含量之比条件就造成生长环境中 C 浓度变大,使 C 在与 N 的 SiC 晶格表面生长竞争中形成优势,从而降低 N 掺杂浓度。同理,低的 C 元素含量和 Si 元素含量之比就会使生长环境中 Si 浓度增大,从而使 Si 在与 Al 的晶格表面生长竞争中显示出优势,达到获得 P 型低掺杂浓度的外延生长,因此通过控制源气体的 C 元素含量和 Si 元素含量之比可以控制外延层的掺杂浓度。这就是位置竞争外延技术的基本原理。

"位置竞争外延"理论不仅可以用来控制和调节 SiC 外延中故意掺杂杂质的浓度,可以有效地延伸和调节 N 型和 P 型 CVD 外延 SiC 的掺杂范围,还可以有效地减少外延生长中无意识混入 SiC 外延层中的杂质原了,降低外延层的背

种类	半径/Å
Si	1.17
C	0.77
N	0.74	⟶ C
P	1.10	⟶ Si
Al	1.26	⟶ Si
B	0.82	⟶ ⊠
B–H	1.10	⟶ Si

图 2.18　掺杂元素的相关半径

景掺杂浓度。利用此技术使得 N 型和 P 型外延层掺杂浓度都能够达到 10^{14} cm^{-3}。这些低载流子浓度的半绝缘衬底是 SiC 大功率器件所需求的。利用位置竞争技术同样实现了高掺杂浓度($10^{20}\,cm^{-3}$)外延材料生长,是制作低寄生电阻的器件技术所需要的。目前 SiC 外延产品已商业化,尺寸为 3 英寸、4 英寸和 6 英寸,掺杂浓度范围为 $9\times10^{14}\sim1\times10^{19}\,cm^{-3}$。

2.2.2.3　SiC 化学气相沉积(Chemical Vapor Deposition,CVD)快速外延生长

为了能够获得高压 SiC 器件,高质量、厚度大的 SiC 外延层是不可或缺的。在一些 SiC 器件中,有时需要厚度大于 $100\mu m$ 的 SiC 外延层。目前 SiC 外延较为成熟的技术是化学气相沉积法,该方法分别使用 SiH_4(作为硅源)和碳氢化合物如 C_3H_8、C_2H_4 等(作为碳源)在 1500~1600℃进行生长。而典型的生长速率在 $5\mu m/h$ 左右,这就造成 SiC 器件的生长时间长、制作效率低。为了能够获得快的生长速率,增大碳源和硅源的流量是最直接有效的方法,但这种方法面临的最大问题是生成硅滴聚集体而造成生长速率饱和,同时如果气流不能够将硅滴从生长区域输运出去,硅滴就会与晶体表面相接触,在外延层造成严重的缺陷。

为了能够获得更高的外延生长速率(大于 $100\mu m/h$),2004 年研究人员开始在 SiC 的 CVD 外延过程中引入了氯元素,通过增大源气体的流量可以使外延层生长速率显著提高。解决硅滴的问题主要有三种方法:提高生长温度;降低生长压力;加入与 Si 原子具有强作用力的其他种类物质。在更高温度下生长可以促进硅滴的蒸发,然而在较高温度下生长会增大生长的成本,并不能有效地提高生长速率。降低生长压力可以使气相中 Si 类物质的分压降低,在一定程度缓解了 Si 原子的过饱和,从而抑制硅滴的形成。尽管如此,降低压力的同时 SiC 的成核

概率也随之降低,相反 H_2 对表面的刻蚀作用相对增加,因此生长速率在一定程度上被削弱。目前提高生长速率最具有应用潜力的方法是引入能与 Si 原子形成强烈键合的卤族元素,Si - Si、Si - F、Si - Cl、Si - Br、Si - I 键的标准键能分别为 2.34eV、6.19eV、4.15eV、3.42eV、2.42eV。为了阻止 Si 发生自身聚集,应该引入比 Si - Si 键更强的成键元素。另外一个需要考虑的因素是卤族元素的原子半径。Br 和 I 与 Si 成键作用力不够强,而 F 原子与 Si 成键作用又过于强,因此最适合引入的元素为 Cl。Cl 与 Si 形成 Si - Cl 从而避免了硅滴的形成。

对于普通的 SiC CVD 外延生长过程,气体源常选用 SiH_4 作为硅源,C_2H_4 或 C_3H_8 作为碳源。对于含氯 CVD 外延生长 SiC 时,含氯前驱体的选择尤为重要。含氯前驱体可以分为四大类:第一类,对于普通含氯 CVD 外延,HCl 被用作 Cl 的前驱体;第二类,SiH_4 中的 H 原子被 Cl 原子替代,如四氯硅烷($SiCl_4$ 也称 TET)、三氯硅烷($SiHCl_3$ 也称 TCS)、二氯硅烷(SiH_2Cl_2)是常用的含氯硅类物质;第三类,将碳氢化合物中的氢原子替换为 Cl 原子,其中常用的是一氯甲烷(CH_3Cl);第四类,在同一种分子内包括 Si、C、Cl 三种原子,此外还有 H 原子。甲基三氯硅烷($SiCl_3CH_3$)是该类中使用最多的一种。总之,当选择一种含氯前驱体时,不同的含氯分子均会造成不同的化学反应和在气相中形成不同的中间产物和副产物。也就是说,含氯前驱体的选择对 SiC 外延条件的设定有重要的影响。

最早是 D. Crippa 等人[10]2004 年报道在 SiC 同质外延生长中引入了 HCl,将生长速率提高至 $30\mu m/h$,后来 S. Leone 课题组[11]报道利用 HCl 在 4°偏晶向 4H - SiC 衬底进行同质外延实现生长速率超过 $100\mu m/h$ 的结果。不仅生长速率大大提高,且外延层表面光滑,无阶梯聚集簇和缺陷。在生长过程中使用 HCl 可以灵活调节 C 元素含量与 Si 元素含量之比和 Cl 元素含量与 Si 元素含量之比等参数。HCl 的加入不仅能够抑制硅滴的形成并提高生长速率,而且对衬底生长前的预处理和生长过程中预防 3C - SiC 多型均有作用。S. Leone 等人又研究了在正晶向 6H - SiC 和 4H - SiC 衬底同质外延时 HCl 的作用。发现 HCl 不仅可以抑制硅滴的产生,而且在正晶向衬底外延中可以抑制 3C - SiC 多型的产生。它们以 $25\mu m/h$ 的生长速率成功得到厚 $100\mu m$ 的高质量外延层。

三氯硅烷和四氯硅烷为可用的含氯硅类化合物,其中关于 TCS 的研究较为广泛且已经在一些器件中得到应用。TCS 和 TET 的气相化学反应与 SiH_4 + HCl 体系不太相同,含氯硅烷化合物外延过程生长效率更高,更具有工业化应用前景。F. La Via 等人[12]使用 TCS 代替硅烷进行外延生长,与传统外延使用 SiH_4 相比,生长速率提高至 $100\mu m/h$ 以上。此外,TCS 相比 SiH_4 具有更稳定和常温不易燃的优点。硅源使用 TCS 代替 SiH_4 后使外延过程中的有效反应物质从 Si 变为 $SiCl_2$,$SiCl_2$ 在有效发挥生长的作用同时,可以有效地抑制气相同质成核。I. Chowdhury 等人[13]研究了二氯硅烷进行 SiC 进行同质外延的效果,相比 TCS,

二氯硅烷是最为直接降解得到 $SiCl_2$ 中间产物的含氯硅类化合物。最高生长速率达到 $108\mu m/h$。

关于含氯碳类化合物的研究报道并不多,目前已报道研究均使用 CH_3Cl 代替碳氢化合物。研究内容包括生长温度($1300 \sim 1400℃$)和生长速率。使用 CH_3Cl 代替碳氢化合物可以使得生长温度窗口变得更宽,但是为了获得更高的生长速率,含氯硅类化合物仍然是首选。

甲基三氯硅烷(MTS)在 SiC 外延生长中相对其他类型含氯化合物更方便,因为该化合物包括全部外延生长所需的三种元素,但是由于其相对比例是固定的,若想在实验中改变比例,则需要添加其他气体源。H. Pederson 等人[14]研究了在 SiC 同质外延中使用 MTS 来引入 Cl 元素的过程,同样实现了生长速率大于 $100\mu m/h$。MTS 可以单独用作生长源且其中 C、Si 比和 Cl、Si 原子比为固定值,若想改变 C、Si 原子比和 Cl、Si 原子比来调节掺杂浓度和形貌,必须引入硅烷和乙烯等其他气体源。研究还发现,Cl、Si 原子比对同质外延生长速率也有显著的影响。当 Cl、Si 原子比从 3 降低至 2 时,生长速率从 $104\mu m/h$ 减小至 $90\mu m/h$。该研究认为 $SiCl_x$ 类物质在生长表面有更高的迁移速度,而气体混合物中 Cl 的减少就会使 $SiCl_x$ 迁移速度减低,导致生长速率降低。

含氯快速外延生长 SiC 显示出了巨大的发展前景和优势,大量实验和研究成果表明含氯的 CVD 外延是获得厚 SiC 外延层的最佳方法。在不同偏晶向衬底上不仅可以获得很高的生长速率,而且使外延生长条件范围增大。该方法的出现和不断成熟使制作功率器件所需的厚外延层生长效率大大提高。

2.2.3　SiC 外延层缺陷

SiC 材料缺陷是制约宽带隙半导体材料特别是 SiC 材料大规模商业应用的一个关键问题。无论是从单晶 SiC 材料衬底制备还是 SiC 外延层生长,各种类型的缺陷都对 SiC 器件的可靠性以及器件性能产生严重的影响。因此,要想得到性能良好的 SiC 器件,必须对 SiC 外延中缺陷进行研究分析,掌握其类型、密度、转化等信息,并找到降低缺陷密度的方法。

在 4H - SiC 晶体单晶和外延生长工艺中,温度、气体压力、饱和度、杂质类型以及浓度、晶体生长速度、衬底表面粗糙度、衬底缺陷等因素会在材料中引入各种缺陷。SiC 的物理缺陷主要分为结构缺陷和表面缺陷。结构缺陷存在于外延层整个体积内,包括微管、基本螺旋位错、低角度晶粒间界、基矢面位错。形貌缺陷包括三角形凹陷、生长坑和胡萝卜状凹槽。SiC 中的高密度的缺陷主要是螺旋位错(TSD)、刃位错(TED)、基矢面位错(BPD)、堆垛层错(SF)和小角晶界等。这几种缺陷中又以基矢面位错和堆垛层错对功率器件的性能影响最大,成为研究的重点。表 2.2 中列出了 SiC 衬底和外延层中主要缺陷类型。由于器件的活性区域位于 SiC 外延层,所以外延层缺陷对 SiC 器件性能具有一定的影响。如表中所列,大部分外延层缺陷是源于外延生长前的 SiC 衬底。

表 2.2　SiC 衬底和外延层中主要缺陷类型

缺陷类型	衬底中缺陷密度 /cm^{-2}	外延层中缺陷密度 /cm^{-2}	说明
微管(空心螺旋位错)	$10 \sim 100(0)$	$10 \sim 100(0)$	严重影响功率器件击穿电压,增大漏电流
螺旋位错	$10^3 \sim 10^4(10^2)$	$10^3 \sim 10^4(10^2)$	降低击穿电压,增大漏电流,降低载流子寿命
基矢面位错	$\approx 10^4(10^2)$	$10^2 \sim 10^3(<10)$	堆垛层错成核位置,引起双极功率器件退化,降低载流子寿命
刃位错	$10^2 \sim 10^3(10^2)$	$\approx 10^4(10^2)$	影响未知
堆垛层错	$10 \sim 10^4(0)$	$10 \sim 10^4(0)$	使双极功率器件退化,降低载流子寿命
胡萝卜缺陷	—	$1 \sim 10(0)$	功率器件击穿电压剧烈下降,漏电流增大
小角晶界	$10^2 \sim 10^3(0)$	$10^2 \sim 10^3(0)$	晶圆边界处密度较大,影响未知

注:括号中标注的内容为实验室报道的最好结果,商业化 SiC 生产并未实现

微管缺陷(MP)是对 SiC 器件危害最明显、危害性最大的缺陷,被喻为"器件杀手"。微管的位错线位于[0001]晶向(c 轴)。它的伯格斯矢量平行于位错线,矢量长度大于或等于 c 的 2 倍(不同晶型有不同值),所以它有一个空核,直径为 1/10nm ~ 1/10μm。微管可以沿着生长方向贯穿整个外延层。微管的 KOH 腐蚀形貌(图 2.19)特点:①腐蚀坑为六角形;②从坑的边缘到坑下面有许多台阶;③微管是空心结构。经过近十年的努力,SiC 材料生产者已经将微管密度降低为原来的 1/100,且得到了零微管的 SiC 衬底材料。

螺旋位错与微管相同,位错线位于[0001]晶向(c 轴),它的伯格斯矢量平行于位错线,但矢量长度是晶格常数 c 的 2 倍和微管不同它是闭核的。螺旋位错能够导致器件的提前击穿,因此是许多器件结构中所关注的。商用的 SiC 衬底螺旋位错密度为 $10^3 \sim 10^4 \text{cm}^{-2}$。衬底中的螺旋位错缺陷能够直接延伸至外延层中,另外螺旋位错有时会衍生出其他外延缺陷,如胡萝卜形缺陷。螺旋位错的 KOH 腐蚀形貌(图 2.20)特点:腐蚀坑为大的六角形,有尖的底部且底部稍偏于一边;从底部到坑边缘有 6 条暗的条纹,为不同侧向腐蚀面的交线。

刃位错是 SiC 衬底中的另一种结构缺陷,刃位错通常分散在衬底中,密度为 10^4cm^{-2}。位错线垂直于基面,并且伯格斯矢量线位于二个等价的 $<11\overline{2}0>$ 晶

图 2.19　微管的 KOH 腐蚀形貌　　　图 2.20　螺旋位错的 KOH 腐蚀形貌

向之一。伯格斯矢量长度通常为 a_0，所以认为 $b = 1/3 < 11\overline{2}0 >$（ $< 11\overline{2}0 >$ 晶向的长度是 $3a_0$ ）。衬底中的刃位错可以直接延伸到外延层中，外延层中还有一部分刃位错来源于衬底中基矢面位错的转变。刃位错对 SiC 器件的危害比螺旋位错和基矢面位错等要小得多，可以认为是一种"良性位错"。刃位错的 KOH 腐蚀形貌（图 2.21）特点：腐蚀坑为小的六角形；有尖的底部且底部稍偏于一边；从底部到坑边缘有 6 条暗的条纹，为不同侧向腐蚀面的交线。

　　能够从衬底延伸至外延层的结构缺陷是基矢面位错。商用 SiC 衬底中基矢面位错密度为 $10^3 \sim 10^4 \, \text{cm}^{-2}$。基矢面位错是由衬底晶体生长过程中由于温度分布所引起的热弹性应力产生的，它是基面上的滑移位错。基矢面位错的 KOH 腐蚀形貌（图 2.22）特点：腐蚀坑为椭圆形（或称为贝壳形）；底部严重地偏向椭圆长轴的一边。

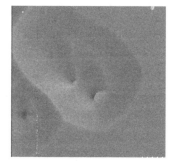

图 2.21　刃位错的 KOH 腐蚀形貌　　图 2.22　基矢面位错的 KOH 腐蚀形貌

　　随着微管密度的降低或消失，基矢面位错和堆垛层错越来越受到重视。人们通常认为微管和螺旋位错会引起二极管早期的反向击穿，而刃位错对器件性能影响较小。在 4H – SiC 外延层中经常出现的原位堆垛层错会引起肖特基二极管的肖特基势垒降低，并导致击穿电压降低。另外，大量存在的基矢面位错对双极功率器件影响十分严重,衬底上的 BPD 从 SiC 衬底向外延层的延伸,当器件工作于双极导通模式时,基矢面位错为堆垛层错的生长提供了成核位,基矢面位错转变为堆垛层错,使 SiC 高压器件正向电压不稳定。

在 SiC 的台阶控制外延过程中,通常在正晶向偏移 4°~8°衬底上生长,因此晶体基矢面相对于晶片表面有一定倾斜,基矢面位错可以直接从衬底延伸进入外延层。基矢面位错对器件性能有较严重的影响,会降低 SiC 双极器件的正向压降,还会为堆垛层错的产生提供成核位,从而使 SiC 高压器件的正向电压不稳。在外延层的生长过程中,绝大部分的基矢面位错转化为良性的刃位错,从衬底直接延伸至外延层的基矢面位错大约只占衬底中基矢面位错总数的 10%,剩余的基矢面位错密度为 $10^2 \sim 10^3 \ cm^{-2}$,但是仍对器件的可靠性造成严重影响。对于双极器件来讲,需要基矢面位错密度低于 $10cm^{-2}$ 最好是完全消除的外延层材料。刃位错对器件性能的影响远远小于基矢面位错,可认为是一种"良性位错",因此很多研究者致力于研究促成这种转化的方法,并寻找路径促使这种转化。

早期研究中,研究者们从调整外延生长参数方面寻求降低提高基矢面位错转化率,降低基矢面位错密度的方法,T. Ohno 等人研究了 C 原子与 Si 原子比、生长温度、生长速率等参数对基矢面位错密度的影响发现,生长温度对基矢面位错的转化影响不大,在低 C 原子与 Si 原子比情况下,不利于基矢面位错向刃位错的转化。当 C 原子与 Si 原子比一定时,高的生长速率同样不利于获得低基矢面位错密度的外延层。但是 Hori 等人的研究结果与上述结果并不一致,同样是在 4H – SiC 进行外延生长,他们发现基矢面位错转化率随着生长速率的增加而降低,这与 T. Ohno 等人研究结果恰好相反,在高的生长速率下同样能够得到低基矢面位错密度的外延层。W. Chen 研究组研究了不同偏晶向角度的衬底对外延层中基矢面位错密度的影响发现,较小的偏晶向角度更利于基矢面位错转化为刃位错,他们在 4°偏晶向衬底上进行外延,获得了基矢面位错密度最低为 2.6 cm^{-2} 的外延层。

对衬底进行选择性刻蚀是研究低密度基矢面位错外延层的一种重要的方法。最早是 Cree 公司和 R. Sudarshan 研究组[15]研究发现,外延生长前使用熔融 KOH 对 SiC 衬底进行选择性刻蚀处理,然后在处理后的衬底上进行外延生长 SiC 可以有效地降低基矢面位错密度。该方法是利用基矢面位错刻蚀坑特殊的形貌以及该坑面与基矢面位错线的特殊夹角来实现低缺陷密度的外延生长的。基矢面位错刻蚀坑呈贝壳形状,具有比台阶生长时的台阶宽度更大的生长面,有利于晶体沿着垂直于刻蚀坑中长边方向生长。更重要的是这个生长方向和位错线之间的夹角大于 82°,刻蚀后位错的弹性能比不刻蚀的位错的弹性更大,易于基矢面位错向刃型位错的转化,即降低了基矢面位错密度。

R. Stahlbush 等人[16]使用外延过程多次中断外延的方法使基矢面位错转化

为刃位错,使基矢面位错密度降低了98%,得到低于$10cm^{-2}$的基矢面位错密度。Z. Zhang 等人利用 KOH 对衬底进行选择性刻蚀,发现衬底上的基矢面位错刻蚀坑明显增强了基矢面位错向刃位错的转化,制备了低基矢面位错密度的外延层。国内张玉明课题组同样使用熔融 KOH 对衬底进行选择性刻蚀,得到的 SiC 外延层中基矢面位错密度与常规生长的外延层中基矢面位错密度相比降低了31%。但是衬底上预先生成的刻蚀坑会复制出现在外延层表面,降低了外延层表面形貌和性能,同时 KOH 的过度刻蚀会造成在外延生长中堆垛层错的产生。

R. Sudarshan 课题组[17]对选择性刻蚀剂加以改进,采用 KOH – NaOH – MgO 共熔体刻蚀剂对衬底进行选择性刻蚀,获得了较大的突破。传统的 KOH 刻蚀时,基矢面位错的转化率会随着刻蚀坑(一般通过刻蚀时间控制)的减小而降低。而使用改良后的刻蚀剂时,基矢面位错的转化率与刻蚀时间并没有这种依赖关系。更长的刻蚀时间只会造成衬底上刻蚀坑变大,并不会影响基矢面位错的转化率。这种改进后的刻蚀剂可以在保证不破坏衬底表面形貌的基础上,选择性刻蚀后基矢面位错的转化率达到99.9%,且基矢面位错的转化在靠近界面$0.5\mu m$ 内的外延层内已基本全部发生。

这种高的基矢面位错转化率与改良刻蚀剂在衬底表面形成的窄形刻蚀坑有关。偏晶向 SiC 衬底同质外延生长是阶梯流生长机制,一旦在基矢面位错与衬底表面交叉处形成刻蚀坑,在刻蚀坑内部垂直于阶梯流生长的方向会存在侧向生长。据报道,在 KOH 刻蚀衬底外延时,当侧向生长夹住阶梯流方向生长时,就会发生基矢面位错向刃位错的转化。使用改良刻蚀剂刻蚀后的衬底表面基矢面位错刻蚀坑张开角为14°,远远小于 KOH 刻蚀后的刻蚀坑张开角(53°)。因此,阶梯流方向生长被侧向生长截止的概率大大增加,也就使得基矢面位错转化率大大提高。

作为最成熟的 SiC 同质外延生长技术,CVD 方法已经广泛研究并初步实现产业化。但是随着高耐压、大电流 SiC 电子器件的不断发展,对 SiC 外延材料提出了更多、更加苛刻的要求。为了实现高性能 SiC 器件,推动 SiC 器件的开发研制,进一步降低 SiC 外延材料缺陷密度,提高载流子寿命,降低生长厚外延材料成本是其主要发展趋势。

2.3 氮化物材料的异质外延生长技术

对于氮化物半导体材料而言,由于较强的化学键和高熔点,氮化物体单晶材料很难直接合成(尤其是 InN 及三元化合物),需要控制在较苛刻的条件(高温、高压)或非平衡条件下进行合成,而且制备的体单晶材料的晶面取向不容易确定,尺寸较小(直径在 1cm 以下),容易开裂、翘曲等。由于上述原因,目前 GaN

衬底仍不成熟,因此,GaN 基材料和相关的器件结构还需要在异质衬底上进行外延生长。GaN 薄膜经过多年的发展,现在的外延技术有很多种,常用的有液相外延、HVPE、金属有机物气相外延、分子束外延等。

金属有机物气相外延(Metal Organic Vapor Phase Epitaxy,MOVPE)是利用金属有机化合物进行金属源输运的一种气相外延生长技术,也称为金属有机物化学气相沉积。金属有机物化学气相沉积强调的是利用金属有机化合物进行化学反应的气相沉积,而不强调生长出的外延层是单晶的、多晶的,还是无定形的,金属有机物气相外延则强调单晶薄膜的外延生长。考虑到在外延生长 GaN 基材料中涉及了单晶、多晶和无定形,故下面均用金属有机物化学气相沉积。

同分子束外延(或化学束外延(Chemical Beam Epitaxy,CBE))类似,金属有机物化学气相沉积能够生长出陡峭的界面(超晶格、量子阱、异质结等量子结构),能均匀可控地生长出高质量、高纯度的材料,能原位实时监测外延生长过程,还能做选择性外延。而且,与分子束外延(难以生长含磷化合物)相比,金属有机物化学气相沉积系统具有更简单的反应腔,更具灵活性,更适合大规模生产,更适合外延 III – V 族半导体化合物单晶层。金属有机物化学气相沉积技术始于 20 世纪 60 年代末期,早期由于原材料的纯度不高和工艺粗糙等因素,限制了这一技术的发展。直到 1975 年,Seki 等人提高了源纯度,并改进了生长工艺,使得这一技术得以完善。后来,人们利用该技术研制出多种高性能的光电子器件,让金属有机物化学气相沉积技术进入了飞速发展的时期。其中,利用金属有机物化学气相沉积获得高质量 GaN 材料掀起了全球性的 GaN 基材料研究热潮。金属有机物化学气相沉积技术进一步得到推广,成为当今氮化物外延的主流技术。

2.3.1 氮化物外延生长基本模式和外延衬底的选择

2.3.1.1 氮化物外延生长基本模式

理解材料在外延生长过程中的生长模式,有助于理解材料的位错形成机制、位错运动机制及表面形貌的演变,对如何控制金属有机物化学气相沉积的生长参数,最终生长出高质量的外延材料有着极其重要的意义。

外延生长的模式是由其生长过程中的热力学驱动力及衬底和外延层间的失配度决定的。化学势差(或者自由能差)即生长的驱动力,直接由温度、压力决定;生长的动力学因素(如反应概率、沉积速率、反应速率等)会强烈影响生长的过饱和度(反应物分压),从而对生长驱动力有影响;在气相沉积过程中,气体的输运参数也直接影响生长驱动力。因此,在金属有机物化学气相沉积生长中,对热力学参数、动力学参数和流体输运参数的控制,可以实现对材料生长模式的控制。根据生长模式可以区分成核过程和生长过程,且生长模式与薄膜表面形貌直接相关,不同的生长模式对应着不同的结构特性,如结构的完整性、表面的平整度和界面的陡峭性等。

异质外延的基本生长模式有三种,分别为 Frank - van der merwe 生长模式(图2.23(a))、Volmer - Weber 生长模式(图2 - 23(b))及 Stranski - Krastanow 生长模式(图2.23(c))。下面分别对这三种生长模式进行介绍。

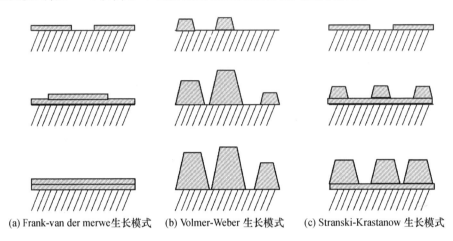

(a) Frank-van der merwe生长模式　(b) Volmer-Weber 生长模式　(c) Stranski-Krastanow 生长模式

图2.23　异质外延的三种模式

1) Frank - van der merwe 生长模式

当沉积物质的表面能加界面能远低于衬底的表面能时,沉积材料趋于完全覆盖衬底表面,此时生长按图2.23(a)所示的二维层状模式进行,即为 Frank - van der merwe 生长模式。沉积到衬底表面上的原子,经过表面扩散并与其他沉积原子碰撞后形成二维核,二维核捕捉周围的吸附原子形成二维小岛。这种材料在表面上形成的小岛浓度大体是饱和浓度,即小岛之间的距离约等于吸附原子的平均扩散距离,在小岛成长过程中,小岛的半径小于吸附原子的平均扩散距离。因此,到达小岛上的吸附原子在岛上扩散以后均被小岛边缘所捕获。小岛表面上的吸附原子浓度很低,不容易在三维方向上生长,也就是说,只有在一层的小岛长到足够大或已接近完全形成时,下一层的二维晶核或二维小岛才有可能形成,因此薄膜是以层状的形式生长的。

2) Volmer - Weber 生长模式

当沉积物质的表面能加界面能远大于衬底的表面能时,为了使表面能降低以使沉积材料的表面面积最小化,沉积材料在衬底表面形成三维岛,此时生长按图2.23(b)所示的三维岛状模式进行,即为 Volmer - Weber 生长模式。这种类型的特点是,到达衬底上的沉积原子首先凝聚成核,后续的沉积原子不断聚集在核附近,使核在三维方向上不断长大而最终形成薄膜。这种方式形成的薄膜一般是多晶,并且和衬底的取向无关,此类型的生长一般在衬底晶格和沉积薄膜晶格很不匹配时发生,大部分薄膜的形成都属于这种类型。

Volmer - Weber 模式的生长过程:在成核初始阶段,沉积到衬底上的原子,除其中一部分与衬底原子进行了少量的能量交换后很快返回气相外,还有一部分经过能量交换后被吸附在衬底表面,这时的吸附主要是物理吸附。吸附在衬底表面的原子由于本身具有一定的能量,在一定的时间内可以在衬底表面进行扩散或迁移。其结果有两种:一种是再蒸发而返回气相;另一种是与衬底发生化学反应而变物理吸附为化学吸附,形成晶核。随着稳定晶核的数目不断增多,当它达到一定的浓度之后,新沉积来的原子只需扩散一个很短的距离,就可以合并到晶核上去而不会形成新的晶核,此时稳定晶核的数目达到极大值。继续沉积使晶核不断长大并形成小岛,这种小岛通常为三维结构,并已形成晶粒。新沉积来的吸附原子通过表面迁移而聚集在已有的小岛上使小岛不断长大,相邻的小岛会相互接触并彼此结合。由于小岛在结合时会释放出一定的能量,这些能量足以使相接触的微晶状小岛瞬时融化,结合以后,温度下降,融化小岛将重新结晶。尺寸和结晶取向不同的两个小岛结合后,新得到的小岛的结晶取向与原来较大的小岛取向相同,随着小岛不断合并,最终使薄膜连成一片。

3) Stranski - Krastanow 生长模式

当沉积物质的表面能与衬底的表面能相差不大时,生长就处于上面两种模式的中间态,如图 2.23(c)所示,即 Stranski - Krastanow 生长模式。当外延层的失配应力在一定的范围内时,晶格能量释放的使得生长以三维岛的形式进行。当这种能量释放完成后,便形成薄的二维生长层,在该层上依然是三维岛。

在 III 族氮化物的外延生长中,量子阱、超晶格和异质结等二维结构的生长是关注的焦点,从而,材料界面的陡峭性成为判断材料质量高低、材料生长成败的重要标准,而且生长界面的陡峭性对后续外延材料的质量影响很大。所以,在 GaN 基材料的金属有机物化学气相沉积生长中,控制生长参数使得生长最终向二维模式进行至关重要。

在上述的三种生长模式中,最理想的是逐层生长模式,但是这种生长模式要求衬底和外延层是零失配的,对 GaN 基材料而言,由于同质衬底的缺乏而难以实现。在 GaN 的异质外延生长中,严格控制生长条件,让原子在三维岛的边缘扩散、成核、沉积成膜,最终形成连续、平整的表面或陡峭的界面是异质外延的终极目标。这个过程中,岛状生长和随后的柱状生长需要抑制,但是这些模式无法避免,加上动力学过程的随机性,要实现高质量 GaN 基单晶薄膜的生长十分困难。

2.3.1.2　外延衬底的选择[18]

衬底材料是外延生长的基石,衬底材料的质量及其与外延薄膜间的失配大小对器件的性能有很大的影响。

衬底材料的选择主要有以下要求：

（1）衬底与外延薄膜的晶格失配小。晶格失配越小，位错等缺陷密度越低，外延薄膜的结晶质量越好。

（2）衬底与外延薄膜的热失配小。热失配越小，材料的质量越好。

（3）衬底材料有好的化学稳定性。在高温生长的过程中，衬底材料不易分解或腐蚀，不能与外延薄膜发生化学反应而导致外延膜质量降低。

（4）衬底尺寸大，成本低。衬底应有足够大的尺寸，一般不小于 2 英寸；衬底的成本要低，以利于产业化的发展。目前氮化物半导体材料外延常用的衬底材料是蓝宝石、SiC 及 Si，其他材料如 GaN、ZnO、AlN 等也有较多的研究和应用。表2.3 列出了五种衬底材料的参数。

表2.3　五种衬底材料的参数

材料	$a/\text{Å}$	$c/\text{Å}$	热导率 /(W/(cm·K))	热膨胀系数 /(10^{-6}/K)	晶格常数失配 /%	热失配度 /%
GaN	3.189	5.185	1.3	5.59	—	—
Si	5.430	—	1.5	2.59	−16.9	54
6H−SiC	3.08	15.12	3.8	4.2	3.5	25
AlN	3.11	4.98	2.85	4.2	2.4	25
Al_2O_3	4.758	12.991	0.5	7.5	16	−34

1）蓝宝石

蓝宝石是目前氮化物外延常用的衬底。蓝宝石与氮化物半导体同样为六方晶系，其与 GaN 的晶格失配约为 16%，外延关系为 $(0001)_{\text{GaN}}$ // $(0001)_{\text{Sapphire}}$ 和 $(11\bar{2}0)_{\text{GaN}}$ // $(1\bar{1}02)_{\text{Sapphire}}$。蓝宝石衬底材料的主要缺点：蓝宝石与外延材料 GaN 间有比较大的晶格失配和热失配，晶格失配造成外延层中有大量的位错密度，通常高达 $10^8 \sim 10^{10}$/cm^2；蓝宝石衬底不导电，无法制作垂直结构的器件，通常只在外延层上表面制作 N 型和 P 型电极；蓝宝石导热性不佳。

虽然有不足之处，但是蓝宝石衬底依然是目前使用最广泛的衬底。蓝宝石衬底上外延氮化物半导体的技术经过几十年的发展，已经能够外延出高质量的氮化物半导体薄膜。蓝宝石衬底的主要优势：衬底价格比 SiC 便宜得多，衬底的质量比很多衬底好；蓝宝石衬底可以获得大尺寸。目前常用的是 2 英寸和 3 英寸的衬底片，部分 LED 公司也在使用 4 英寸和 6 英寸的蓝宝石衬底。2009 年，蓝宝石衬底制造商 Rubicon 公司已经宣布开始量产 8 英寸的蓝宝石衬底片。采用大尺寸的蓝宝石衬底外延能提高芯片的产量，降低芯片的成本，获得更好的经济效益。

2）碳化硅

SiC 是仅次于蓝宝石的又一广泛应用的衬底材料。SiC 衬底具有优良的热学、力学、化学和电学性质，不但是制作高频、大功率微波器件的最佳材料之一，也是制作 LED 衬底的理想材料。SiC 衬底与 GaN 外延层间的晶格失配较小，约为 3.5%，其热失配也比蓝宝石衬底小得多，所以 SiC 衬底上外延的 GaN 具有更低的缺陷密度、更优的结晶质量（图 2.24）。但是，SiC 衬底的制作难度比较大，高质量、大尺寸的 SiC 单晶制作技术只掌握在国外少数公司手里，所以衬底的价格昂贵，制作器件的成本高。

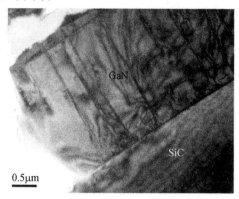

图 2.24　SiC 衬底 GaN HEMT 材料截面 TEM 照片

3）硅

Si 衬底的主要优点是成本低。Si 衬底价格比蓝宝石和 SiC 衬底低很多，而且可以使用比蓝宝石和 SiC 衬底的尺寸更大的衬底以提高 MOCVD 的利用率，从而提高管芯的产出率。然而与蓝宝石和 SiC 相比，在 Si 衬底上生长 GaN 更为困难，因为这两者之间的热失配和晶格失配更大，硅与 GaN 的热膨胀系数差别将导致 GaN 膜出现龟裂，晶格常数差会在 GaN 外延层中造成高的位错密度。再一就是极性问题，由于 Si 原子间形成的键是纯共价键属非极性半导体，而 GaN 原子间是极性键属极性半导体。对于极性/非极性异质结界面有许多物理性质不同于传统异质结器件，所以界面原子、电子结构、晶格失配、界面电荷和偶极矩、带阶、输运特性等都会有很大的不同，这也是研究 Si 衬底上的 GaN 基材料和器件所必须认识到的问题。Si 衬底上 Si 原子的扩散也是一个重要问题，在高温生长过程中 Si 原子的扩散加剧，导致外延层中会含有一定量的 Si 原子，这些 Si 原子易于与生长气氛中的 NH_3 发生反应，而在衬底表面形成非晶态 SiN 薄膜，降低外延层的晶体质量。另外，Ga 原子也可以扩散到 Si 衬底表面发生很强的化学反应，将对衬底产生回溶而破坏界面，降低外延层的晶体质量。

4）氮化镓

利用 GaN 衬底同质外延 GaN 基半导体薄膜是获得高质量 GaN 基器件的最

理想技术。由于衬底与外延层间基本不存在晶格和热失配,这可使外延薄膜中的位错密度大大降低,外延层的结晶质量提高,从而提高了 GaN 器件的可靠性。另外,利用 GaN 衬底的导电和导热性可以制作纵向结构的器件,有利于解决大面积、大功率器件的散热问题。尽管具有众多优点,但是 GaN 衬底的应用目前还十分有限,最主要的原因是大尺寸的 GaN 衬底难以获得。GaN 晶体具有高的溶点(2300℃),但其分解点在 900℃ 左右,即在溶点处 GaN 的存在需要高的平衡氮气压,因此使用标准的方法生长 GaN 单晶几乎是不可能的。氢化物气相外延技术是目前制备 GaN 衬底最有希望的技术,其具有生长速率高、设备和工艺相对简单、原材料成本较低等优点。利用氢化物气相外延技术首先在蓝宝石或其他材料衬底上快速生长一层厚大于 300μm 的 GaN 膜,然后利用机械方法、化学腐蚀或激光剥离技术去除衬底,利用 GaN 膜作为外延的衬底,这种技术获得的 GaN 衬底被称为自支撑 GaN 衬底。目前,Cree 公司已经采用这种技术开始量产 2~4 英寸的 GaN 衬底。随着技术的成熟和成本的降低,自支撑 GaN 衬底必将在高性能 LED 外延方面得到更广泛的应用。

5)氮化铝

AlN 晶体与 GaN 晶体同属 III – V 族氮化物半导体,两者在结构、特性上有非常多的相似之处。从表2.3 可以看到,两者的晶格失配仅为 2.4%,热失配也非常小,因此,采用 AlN 为衬底可获得高质量、低缺陷的 GaN 基 LED 材料。同 GaN 单晶一样,AlN 由于溶点太高而无法采用传统的直拉法或温度梯度凝固法来生长单晶。常用的生长 AlN 单晶方法为高温升华法。2006 年,美国的 CrystAl IS 公司采用此方法首次获得了 2 英寸的 AlN 衬底。目前 AlN 衬底制备存在的主要问题仍然是高质量、大尺寸的 AlN 单晶难以获得。此外,由于 AlN 在高温下分解出的铝蒸气很活拨,易腐蚀坩埚,所以选择耐高温、耐腐蚀的坩埚材料也是影响 AlN 制备的一个突出问题。

2.3.2 用于氮化物异质外延的金属有机物化学气相沉积技术

2.3.2.1 金属有机物化学气相沉积基本原理

金属有机物化学气相沉积是一种非平衡生长技术,它依赖于源的气体传输过程和随后的 III 族烷基化合物和 V 族氧化物的热裂解反应。组分和生长速率均由精确控制的源流量及各种不同成分的气流所控制。III 族有机源可以是液体(如三甲基镓(TMGa)),也可以是固体(如三甲基铟(TMIn))。通过调节金属氧化物(Metal Organic MO)源瓶的温度,精确控制 MO 源的压力,并通过载气把它们携带到反应室。V 族源一般是气态氢化物,如 GaN 生长用的 NH_3。通常金属有机物化学气相沉积使用冷壁或其他方式使反应管壁的温度大大低于内部加热的衬底温度,这时在管壁上不成核,使管壁反应消耗降低。

描述 GaN 的沉积过程的金属有机物化学气相沉积基本反应方程为

$$Ga(CH_3)_3 \uparrow + NH_3 \uparrow = GaN \downarrow + 3CH_4 \uparrow$$

其生长大致可分为以下几个阶段:

(1) Ⅲ族 MO 源和氨气在载气(N_2 或 H_2)携带下进入反应室。

(2) Ⅲ族 MO 源与氨气在反应室上方混合,并向下输运到达衬底表面。

① 物理吸附过程:反应物沿表面台阶物理吸附在高温衬底表面上。

② 热分解、化学反应过程:吸附分子间或吸附物与气体分子间发生化学反应生成构成晶体的原子和气体副产物。

③ 化学吸附:并入晶格的过程为构成晶体的原子沿衬底表面扩散到达衬底表面上晶格的某些折角或台阶处结合进入晶体点阵中。

④ 副产物的脱附过程:聚集在生长表面的副产物不断通过脱附,扩散穿出边界层进入到主气流中被排出反应室。

金属有机物化学气相沉积的生长在按以上各步顺序进行的过程中,由于每一步的速率是不相同的,因此总的生长速率由其中最慢的一步决定,最慢的一步称为速率控制步骤。并且可以通过生长速率和生长温度的变化关系将上述的各种反应过程归结为三种反应机制,即动力学机制、质量输运机制和热力学机制。动力学决定了各个步骤的速率,质量输运决定了材料输运到固 – 气界面的速率,热力学决定了整个生长过程的驱动力。低温时,限制生长速率的主要是各种动力学过程,包括反应物的吸附和解吸附、表面扩散、在台阶处的反应、生成物的脱附等,这些过程中的任意一种都可能会限制生长。由于这些过程的反应速率均随温度的升高而升高,因此,生长速率也随温度的升高而升高。在较高的生长温度下,所有的表面过程、表面物理过程、化学反应过程、质量和热输运过程都具有足够高的速率不会对生长产生限制。在此时,生长是热力学限制的。而由于金属有机物化学气相沉积的生长是一种放热反应,因此生长速率随着温度的上升而下降。而在温度降低时,其中的任何一种过程的速率较慢,都会对生长速率形成限制。通常来讲,在比热力学限制的温度范围稍低的较大的一段温度范围内,各种动力学过程发生的速率较快,限制整个生长的是质量输运过程,即主要是由气相扩散决定的。而由于气相扩散的速率基本与温度无关,因此,在此范围内生长速率也基本与温度无关。在更低的生长温度下,限制生长速率的则主要是各种动力学过程,包括反应物的吸附和脱附、表面扩散、在台阶处的反应、生成物的脱附等,这些过程中的任意一种都可能会对生长产生限制。由于这些过程的反应速率均随温度的升高而升高,因此生长速率也随温度的升高而升高。图 2.25 表示了生长温度与生长速率之间的关系。

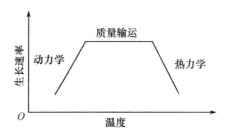

图 2.25　生长速率和生长温度的变化关系

2.3.2.2　金属有机物化学气相沉积系统简介[19]

国际上生产金属有机物化学气相沉积系统的主要厂商有德国的 AIXTRON（收购了英国的 Thomas Swan）和美国的 VEECO（收购了美国的 EMCORE）。近年来，随着 GaN 基光电子器件开发的持续升温，国内一些高校和研究所同企业合作共同研制了拥有自主产权的国产金属有机物化学气相沉积系统，以期降低设备成本。尽管取得了一些成果，但设备的稳定性和外延产品的均匀性还与国外商用设备存在一定的差距。

金属有机物化学气相沉积系统通常包括源供给分系统、气体输运分系统、反应室分系统、真空分系统、尾气处理分系统、控制分系统以及安全保护和报警分系统。

（1）源供给分系统是提供 MO 源、非金属氢化物源（如 NH_3 等）、掺杂源的系统。

MO 源存放在不锈钢的鼓泡器中，通过高纯度载气的驱使，将其蒸气带入反应室中。为保证 MO 源具有恒定的饱和蒸气压，需要将鼓泡器置于恒温控制的水浴中（温度视不同的源而定）。

非金属氢化物源通常用高纯度 H_2 稀释到5% 或 10% 的浓度后，储存于钢瓶中，使用时，再用高纯氢气稀释到所需浓度，输送到反应室。

掺杂源有金属有机源（如 Mg 源）和氢化物（如硅烷），其储存和输运分别与 MO 源和非金属氢化物源的相同。

（2）气体输运分系统是将各种反应源输送至反应室内的气路系统，该系统能精确控制输运气体的计量（体积）、输运时间、次序和注入反应室的总气体流量。

气体输运的管道通常采用不锈钢管道，为防止存储效应，管内进行了电解抛光。

管道的接头采用氢弧焊处理或 VCR 及 Swagelok 方式连接，并通过正压、Snoop 溶液或 He 检漏，以保证金属有机物化学气相沉积系统无泄漏。

对气体输运参数的精确控制是通过数字化的质量流量计（Mass Flow Controller，MFC)、压力控制器及阀门来实现的。

　　反应源气体由高纯度的载气(H_2和N_2)来驱使,在气体管道中输运,最终进入反应室还是经由旁路进入尾气系统,则由控制分系统调节生长管线和放空管线来实现。载气在进入气体输运分系统前需要经过纯化器纯化,以保证高纯度。

　　(3)反应室分系统是反应剂发生化学反应沉积成膜的场所,是金属有机物化学气相沉积系统的核心部分。反应室包括衬底基座、加热设备和温度控制单元,有的还配置了光学原位测量装置。

　　(4)真空分系统由真空泵、阀门(如手动阀、气动阀、电磁阀、电动气动阀等)、带有单向阀的旁路管线及尾气过滤器等组成,保证了反应室内稳定的气流和气压及尾气的顺利排空。

　　(5)尾气处理分系统是将金属有机物化学气相沉积系统反应后的副产物或未反应的气体进行无害化处理的系统。

　　(6)控制分系统主要由计算机和多个可编程控制器(Programmable Controller,PLC)组成。计算机负责材料生长过程的监控、控制系统的监控界面运行、数据记录、报警记录、数据趋势图及操作人员的人工控制功能等。PLC负责整个控制系统的运行,包括信号采集、数据处理及输出信号的控制。

　　(7)安全保护和报警分系统安全保护的对象包括操作人员和机器本身。

　　金属有机物化学气相沉积系统中一般配置有安全保护系统,对所有的信号、阀门位置、传感器等进行监控,其控制级优于计算机控制系统,以确保设备的安全状态。另外,金属有机物化学气相沉积系统设有毒气泄漏报警系统,系统所处的环境具有强排风系统,以保证人员安全。

2.3.3　氮化物异质外延生长中的几个重要问题

2.3.3.1　金属有机物化学气相沉积生长氮化物材料的两步生长法

　　GaN基材料的金属有机物化学气相沉积生长比第二代半导体材料的金属有机物化学气相沉积生长要困难得多,主要是由于同质衬底的缺乏,不得不采用大失配的异质衬底。以c面蓝宝石衬底上GaN的生长为例,GaN与该衬底的晶格失配高达16.9%,产生失配位错的临界厚度要远小于一个原子层的厚度,因此在最初的生长中,不可能形成完整的原子层,并且由于Ga-N键的键结合能很强及衬底与外延层的大失配造成GaN吸附原子表面扩散困难,其生长类型是Volmer-Weber生长模式。因此,早期GaN的生长工艺不仅难以得到表面光滑,无裂缝的薄膜,而且外延薄膜具有很高的本底载流子浓度。

　　Amano及Nakumura等人对生长工艺进行了改进,在蓝宝石衬底上先生长一层低温(LT)的 AlN 或 GaN 缓冲层,再高温外延 GaN 层,这种两步生长法目前成为 GaN 生长的主流技术。其主要生长过程(图 2.26)如下:

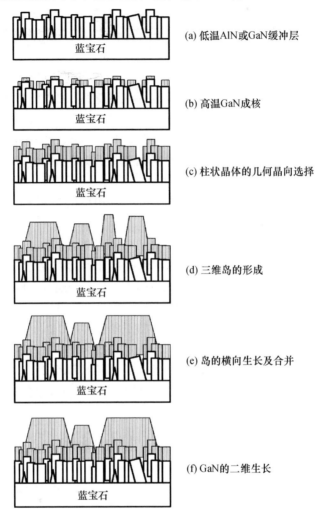

(a) 低温AlN或GaN缓冲层

(b) 高温GaN成核

(c) 柱状晶体的几何晶向选择

(d) 三维岛的形成

(e) 岛的横向生长及合并

(f) GaN的二维生长

图 2.26　蓝宝石衬底上 GaN 的生长过程[20]

(1) 在 600 ~ 700℃下沉积 25 ~ 80nm 的 LT - AlN 缓冲层(成核层),其中缓冲层生长模式发生演变。先作岛状生长(Volmer - Weber 生长模式)成核、形成小岛、岛长大、合并,形成直径约为几十纳米的柱状晶粒,转为柱状生长模式,缓冲层是表面较粗糙的准二维薄层。

(2) 在 1000℃左右生长 GaN,GaN 的成核。在升温过程中,AlN 缓冲层发生重结晶,促进了岛的侧向生长,同时晶粒小岛的择优取向开始发生(或可能出现扭转岛模式),形成更多的 GaN 成核点,随后 GaN 高温成核。

（3）生长了一定厚度的 GaN，形成更大尺寸的岛，在高温下岛会继续发生晶面择优取向，生长的过程中也不断发生着高温分解，一些晶粒取向差别较大、质量较差的小岛会被分解掉。

（4）岛继续长大，绝大多数岛的晶面取向一致，形成棱台形岛，呈三维岛状生长。

（5）GaN 生长到 200～300nm 时，小岛已长成准二维的大尺寸岛，侧向生长占优势，岛间发生合并（三维生长向二维生长转变），其间可能会出现扭转岛生长模式（二维岛合并时，晶面间存在着一定的取向偏差，从而发生扭曲、倾斜等）。

（6）GaN 外延层的二维生长。由于表面各种细节形态的存在，台阶流生长模式、台阶并束生长模式都可能会发生，在生长后期则以台阶流生长模式为主。

原位反射监测系统可以实时、直观地反映生长过程中的材料变化信息，包括外延层厚度、生长速率和表面形貌等。在金属有机物化学气相沉积系统中使用最多的在位监测手段是激光干涉仪，其工作原理是，单色光在外延层表面的反射光线与在衬底表面的反射光线发生法布里－珀罗（F－P）干涉，反射谱会出现相长和相消干涉，形成振荡曲线。实际反应室中，检测光和反射光都垂直于外延层表面。图 2.27 给出了蓝宝石衬底上 GaN 外延生长的干涉曲线。

虽然，采用两步法技术可以提高异质衬底上 GaN 的生长质量，但是大的晶格失配、小晶粒的间界以及岛合并的晶界引入了大量的穿透位错，密度高达 $10^8 \sim 10^{10} \mathrm{cm}^{-2}$。如此高的位错密度对器件的可靠性有重要影响。研究发现，适当增加三维生长时间、延缓岛间合并的过程，有利于进一步降低位错密度，提高晶体质量。

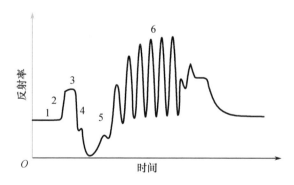

图 2.27　蓝宝石衬底上 GaN 外延生长的干涉曲线

1—衬底在氢气中烘焙；2—GaN 成核层的生长；3—退火，重结晶；
4—三维岛状生长；5—三维生长向二维生长的转变；6—GaN 外延层的二维生长。

生长模式的控制取决于生长条件的控制，这些条件包括生长温度、气压、V

族与 III 族元素混合摩尔比、掺杂、载气混合比等,如图 2.28 和图 2.29 所示。其中温度和气压对晶面生长速度和晶体质量的影响最大。实验结果表明:在保证晶体质量较好,表面较平滑的前提下(温度高于 950℃,气压不低于 80Torr(1Torr $= 1.33 \times 10^2 Pa$)),提高温度或降低压强将促进侧向{11$\overline{2}$2}的生长速度;相反,降低温度或者增大压强则将促进{11$\overline{2}$0}晶面的生长速度(图 2.30)。另外,在以上条件正常的情况下,还可以通过掺入二茂镁(Cp_2Mg)以加快选择外延的区的侧向生长速度。H_2 作为载流气体有利于得到平整的晶体表面,但是侧向的生长速度较慢;而 N_2 作为载流气体则相反,虽然有助于提高侧向的生长速度,但晶体表面的质量不佳[22]。

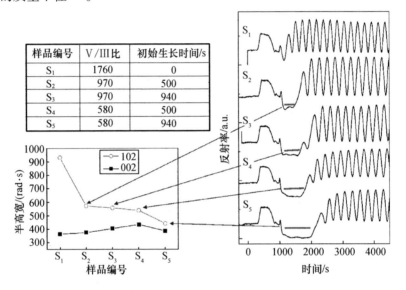

图 2.28　通过改变 V/III 比来调节和控制生长模式[21]

两步法和岛合并时间延迟方法的成功实际上是特意调节和控制生长模式的成功,为实现高质量的大失配异质外延技术打下了坚实的基础。通过改变生长条件(热力学、动力学和流体输运参数)来对生长模式进行控制和切换,从而使高质量外延层生长的理念得以发展。图形化衬底技术、侧向外延过生长技术(ELOG)、原位生长微纳米多孔 SiN、插入层技术等应运而生,本质上就是让三维岛状生长变得在时间和空间上实现可控,再特意改变条件(如适当增加 V/III 比或降低反应室压力或提高生长温度),让三维生长模式以最佳的速率向二维生长模式转变,从而显著降低了位错密度,提高了晶体质量。

2.3.3.2　金属有机物化学气相沉积半绝缘特性

高阻 GaN 外延层的生长是 GaN 基电子器件的基础,但是用金属有机物化学

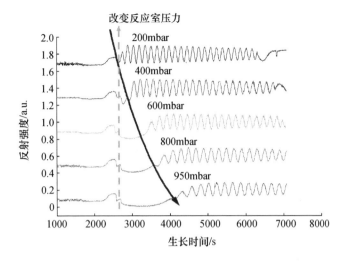

图 2.29　通过改变反应室压力来调节和控制生长模式

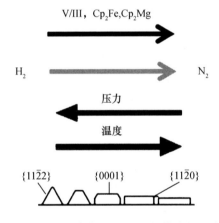

图 2.30　生长条件对 GaN 生长模式的影响

气相沉积法制备高阻 GaN 一直是材料生长的难点。目前使用金属有机物化学气相沉积技术生长的 GaN 外延薄膜存在大量 N 空位等浅施主杂质,导致 GaN 中存在较高的背景电子浓度 N_s,甚至可达到 $10^{17}\,\mathrm{cm}^{-3}$ 量级。由于高密度的残余杂质的影响,高阻 GaN 往往是通过引入受主杂质进行补偿而实现。补偿的方法有两种:一种是通过引入深能级的点缺陷,如掺杂 C、Mg、Fe、Cr 等元素;另一方法是通过优化生长条件引入位错等其他缺陷实现自补偿。

　　故意掺杂 Fe、Cr 等重金属元素可以使 GaN 方块电阻达到 $10^{10}\,\Omega/\square$,而且具有很好的重复性。遗憾的是,Fe 等一些重金属元素往往具有很强的记忆效应,严重污染反应室,如表 2.4 所列。C 原子是 GaN 中产生受主能级的主要杂质之一,C 原子占据 Ga 原子位置会表现出浅受主作用。有报道称,在一定条件下 C

掺杂可以得到 N 型重掺杂的 GaN,C 的引入在某些条件下由于形成了 $C_N - C_{Ga}$,从而发生自补偿作用。一些研究小组认为 C 原子是 GaN 的光致发光(Photoluminence,PL)谱中的黄带的原因之一。最详尽的证据来源于氢化物气相外延生长的 GaN 的 PL 谱中没有观察到黄带,因为氢化物气相外延所使用的源不含有 C 原子(Ga、NH:和 Hcl)。但是也有实验表明,C 原子有利于 Ga 空位的形成,而 PL 和正电子湮灭实验也证明 Ga 空位是 GaN 的 PL 黄带的主要原因。

表 2.4　Fe 掺杂对外延材料影响

样品	FWHM of XRD/(″)		N_s/cm^{-3}	$R_s/(\Omega/\square)$
	002	102		
非掺杂 GaN	266	314	1.1×10^{16}	4.95
轻 Fe 掺杂 GaN	284	398	1.6×10^{12}	4.9×10^4
重 Fe 掺杂 GaN	311	410	—	HR

通过对生长条件的优化实现自补偿的方法无须任何额外的 MO 源,因此不会导致反应室污染,仅对生长速率、生长温度、反应室压力,退火时间和 V 族与 III 族元素摩尔含量之比等生长条件的调整也可以获取高阻 GaN。这些生长参数影响着位错密度。有文献报道低阻 GaN 的位错密度为 $10^9 cm^{-2}$,而高阻 GaN 的位错密度为 $4 \times 10^9 cm^{-2}$。为了实现高阻 GaN,必须引入大量的位错,这种通过位错补偿实现高阻的方法是以牺牲 GaN 的晶体质量为代价的。

早期理论证明 GaN 中的刃位错并不是深能级,而后续研究表明,占据 Ga 空位的 O 原子杂质会被刃位错稳定的束缚在位错上。这些深受主与通常在非掺杂的 N 型 GaN 中观察到的黄光能级相关。PL 研究表明位错不仅会限制 GaN 的带边发光效率,而且会增加黄带发光。PL 与 AFM 结果表明位错在 GaN 中是非辐射复合中心,因为位错作为深能级可以补偿绝大部分背景杂质。扫描电镜(Scanning Electron Microscope,SEM)和电容－电压(CV)研究表明 n－GaN 的刃位错上聚集着负电荷,从而形成库仑散射中心,进而影响 2DEG 输运特性。

如果每个原子面都有一个陷阱位置,对于位错密度为 $10^{10} cm^{-2}$ 的 GaN 来讲,它的陷阱密度就会达到 $10^{17} cm^{-3}$。考虑到位错和施主之间的库仑相互作用,Leung 得到了聚集在陷阱上的电荷是位错密度和背景施主浓度的函数。当掺杂浓度较低时,所有的施主都被离子化,并且被位错上的电荷所耗尽。而当施主浓度超过一定值后,位错密度的改变就决定了 GaN 本身的电阻率。

🔲 2.4　宽禁带半导体材料的表征方法

外延材料的测试分析是获得材料生长机理、物理特性、结构材料特性的基础,是获得材料生长工艺和材料性能之间的相互关系的手段。在对宽禁带材料进行分析时,通常采用以下几种表征方法:X 射线衍射、PL 谱等光学方法,CV 等电学方法,原子力显微镜(Atomic Force Microscope,AFM)等显微方法。通过这些方法可以对宽禁带半导体外延材料的表面形貌、结晶特性以及电光学等材料特性进行研究。

2.4.1　X 射线衍射测试

X 射线衍射是一种非破坏性的测量晶体结晶质量的方法[23],是研究晶体结构的有力工具,对研究氮化物材料的生长机制和优化外延生长条件有重要意义。它可以提供材料的厚度、晶格常数、结晶完整性/均匀性、组分、应变、缺陷和界面等重要信息。同时由于它测试精度高、方便简单,广泛用于多层异质结构。在光电子材料的研究领域,它不仅为材料生长工艺提供准确的参数,而且为器件研究和物理研究提供了可靠的基础。

X 射线衍射的基本原理就是布拉格定律。把晶体看作是一系列的晶面,晶面间距为 d,波长为 λ 的入射 X 光被这些晶面的原子散射。如图 2.31 所示,入射的 X 射线 PA 受到晶面 1 的原子 A 散射,另一条与之平行的入射线 QA' 受到晶面 2 的原子 A' 散射,如果散射线 AP'、$A'Q'$ 在 P'、Q' 处为同相位,则 PAP' 和 $QA'Q'$ 间的光程差为 X 射线波长的整数倍,即

$$2d\sin\theta = n\lambda \tag{2.1}$$

式中:d 为发生衍射的晶面间距;θ 为布拉格角;λ 为 X 射线的波长。

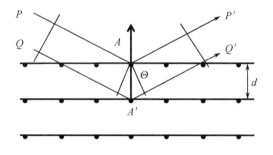

图 2.31　布拉格反射

X 射线波长和入射角的微小变化决定了衍射峰的灵敏度。高分辨率电子射线衍射(X – Ray Diffraction,XRD)仪测量的基本原则是使 X 射线发生器出来的 X 射线经过一个单色器(或参考晶体),由于参考单晶被固定在某一特定的布拉格角,X 射线经过其反射便可得到一束近似单色的偏振平行线束,作为样品的入射光。如果探测器前不加狭缝,则形成双晶 X 射线衍射;如果在探测器前加一

窄狭缝或分析晶体,则形成三轴晶衍射。双轴晶在测量摇摆曲线时,得到的曲线展宽包含了马赛克取向差和因应变或组分引起晶格参数变化两方面的贡献,而三轴晶的方法则可以将这两种效应分辨开来。

X 射线基本的扫描方式有 $2\theta-\omega$ 扫描及 ω 扫描(摇摆曲线)两种。

$2\theta-\omega$ 扫描时,样品以 ω 角旋转,探测器以 2θ 旋转,可以测量样品晶格畸变的程度、晶格常数、合金组分的信息、晶格失配度等。对于 GaN 基超晶格和多量子阱结构,可获得结构的组分、厚度等信息,如图 2.32 所示。

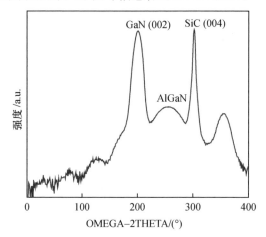

图 2.32　4H - SiC 衬底 AlGaN/GaN 异质结材料双晶 X 射线(002)联动扫描曲线

ω 扫描时保持探测器固定不动,样品以 ω 角旋转。

摇摆曲线的半高宽(Full Width at Half Maximum,FWHM)是反映薄膜结晶质量的重要参数。由于摇摆曲线对位错非常敏感,XRD 用来测定整个外延层的晶体质量。而且,从对称和非对称的曲线中提取的位错类型的信息是不同的,如图 2.33 所示。通常认为,III 族氮化物晶体结构是镶嵌结构,由众多晶粒组成。镶嵌的晶粒间存在着相互倾斜和扭转,倾斜反映镶嵌结构的在生长面外的相对转动,扭曲反映镶嵌结构在生长面内的相对转动,所以倾斜与螺位错的密度相关,晶粒间的倾斜同整个的螺旋位错密度与对称扫描的摇摆曲线展宽呈线性的依赖关系;刃位错和混合型位错与镶嵌结构的扭转相关,扭转则表现为非对称扫描的摇摆曲线展宽。

虽然从原理上说 GaN 异质外延材料必将包含高的位错密度以释放晶格失配应力和热应力,但降低位错密度一直是外延工艺优化的重要内容。理论分析表明,当位错密度超过 $10^8\,\mathrm{cm}^{-2}$ 时,位错就成为一种散射机制影响材料的电子迁移率。一般使用不同晶面的 XRD 衍射综合分析材料晶体质量。对于外延生长的 GaN 材料而言,其对称衍射面一般取(002)面,非对称衍射面一般取

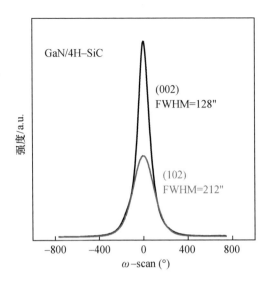

图 2.33　GaN 材料(002)面和(102)面摇摆曲线

(102)面。

2.4.2　原子力显微镜测量

　　原子力显微镜(Atomic Force Microscope,AFM)在 20 世纪 80 年代中期出现,是扫描探针显微镜(Scanning Probe Microscope,SPM)的一种[24]。扫描探针显微镜是最近迅速发展起来的原子尺度的分析仪器,它的出现对现代表面分析产生了重要影响。与光学显微镜和电子显微镜不同,AFM 不采用任何光学或电子透镜成像,而是利用针尖在样品表面上方扫描来检测样品的性质。当两个物体在距离相互接近的过程中,它们之间会产生各种相互作用力。在微观尺度上,电磁相互作用是非常强的。扫描探针显微镜中,样品与扫描探针分别是两个相互接近的物体,作用在样品与针尖上的力会使得微悬臂发生形变,这些形变通过电学或力学的方法检测出来,就得到了关于样品表面的信息。在针尖与样品距离几埃到几百埃范围内,范德华力是显著的。利用它测量表面形貌可以达到纳米级的分辨力。在 AFM 中,依靠探测针尖与样品间的短程排斥力(范德华力)成像。它操作简单,样品不必经过特殊制备,可以观察电绝缘的样品。

　　AFM 具有分辨力高、可以观察原子尺度等优点。在宽禁带半导体外延材料中,可以直观地观察到外延生长的原子台阶等表面形貌信息(图 2.34),对分析外延生长机理具有重要意义。

2.4.3　光致发光谱测量

　　光荧光技术是一种非破坏性的光学技术。它是一种光谱技术,研究光激发

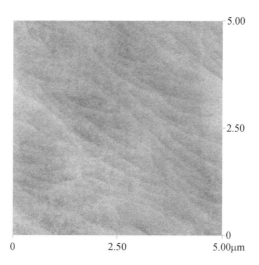

图 2.34　GaN 材料表面 AFM 图像(见彩图)

后晶体的发射,它的特征与光激发的电子－空穴对的复合途径有关。通过研究一系列参数如温度、激发能量、激发强度、外加电场对荧光谱的影响,可以得到关于晶体质量的基本信息。从而分析、判断 GaN 材料的各种性质及相关复合、热淬灭等机理。

不同的点缺陷处于不同位置的能级,发出不同波长的光。PL 强度表示了点缺陷的密度及俘获截面,俘获截面可以通过 PL 强度－温度的关系测量分析得到(这是因为 PL 谱峰的热淬灭现象依赖于俘获截面和缺陷能级)。缺陷浓度可以从 PL 强度－激发强度关系得出。对于点缺陷发光,一般 PL 强度与激发强度呈线性关系,直到俘获速率和载流子寿命超过缺陷密度为止,这时 PL 强度将趋于饱和。

点缺陷的 PL 光谱的位置和形状取决于缺陷的能级位置及它们与声子的耦合模式。点缺陷的形状、位置受到许多实际因素如生长条件、晶体质量、材料背景杂质浓度等影响,呈现出很大差异。

综上所述,PL 光谱是一种方便的非破坏性测试手段,可测试 GaN 基材料的光致发光光谱(图 2.35),可用来研究材料中激子、杂质、缺陷等各种辐射复合途径。因此,它可以用来标识杂质和缺陷,并且通过改变样品温度研究其热淬灭过程,得到杂质和缺陷的激活能及温度特性,同时用低温光荧光方法可精细测量和分析 PL 的谱线特征。PL 光谱是通过研究缺陷密度与俘获截面,获得一种评判晶体质量的方法。

2.4.4　傅里叶变换红外谱厚度测试

对于外延层厚度的测试,红外傅里叶变换测试具有快速、非破坏性和可重复

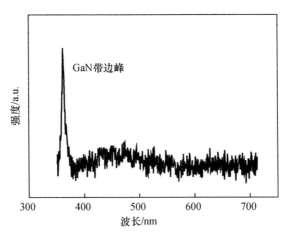

图 2.35　GaN 材料室温下光致发光光谱

性的特点。利用衬底和外延层光学常数的差异,导致样品反射光谱出现连续极大、极小光学干涉现象,计算极值波长、外延层与衬底的光学常数和入射角获得外延层厚度,使用红外傅里叶变换测试 SiC 同质外延层厚度[25],其红外反射图谱通过计算如图 2.36 所示。

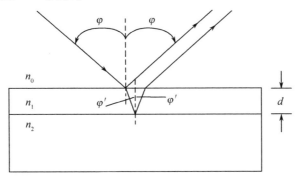

图 2.36　红外反射图谱

图中 n_0、n_1 和 n_2 分别为空气、外延层以及衬底的折射率,d 为外延层厚度,φ 为照射偏角,φ' 折射角。

$$\varphi' = \arcsin \frac{n_0 \sin\varphi}{n_1} \tag{2.2}$$

外延层厚度为

$$d = \frac{i\lambda_0\lambda_i}{2n_1(\lambda_i - \lambda_0)\cos\varphi'} \tag{2.3}$$

式中:i 为 $\lambda_0 \sim \lambda_i$ 间完整的循环数量;λ_0、λ_i 分别为包含有 i 个循环的波长峰值和谷值。

对于 SiC 外延材料而言,当外延层厚度小于 $1\mu m$ 时,其红外傅里叶变换最大和最小的反射系数差距非常小,光谱基本表现为一条直线,无法计算其外延厚度。

当外延层厚度大于 $1\mu m$ 时,红外光谱将在外延层和衬底界面处发生明显的干涉,如图 2.37 所示。外延层厚度可以非常容易地从红外光谱的振荡曲线计算出,当 $\omega > 2000\mathrm{cm}^{-1}$ 时,SiC 的折射率将非常稳定,基本接近常数 2.59。

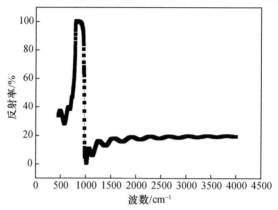

图 2.37　SiC 外延层厚度测试光谱

2.4.5　汞探针 C – V 法测量杂质浓度分布

用 $C - V$ 法测量杂质浓度分布,就是利用 PN 结或金属 – 半导体肖特基势垒在反向偏压时的电容特性(其势垒电容随所加电压而发生变化),通过 $C - V$ 变化关系找到肖特基势垒二极管中半导体一侧的掺杂浓度分布或 PN 结二极管中低掺杂区的杂质浓度剖面分布。

根据 PN 结电容理论,若假设耗尽层成立,存在下列关系:

势垒电容为

$$C = A \sqrt{\frac{e\varepsilon_0\varepsilon_s N}{2(V_D - V)}} \tag{2.4}$$

式中:A 为结区面积;N 为约化浓度,且有

$$N = \frac{N_A + N_D}{V_A + N_D}$$

由式(2.4)可得

$$\frac{1}{C^2} = \frac{2(V_D - V)}{eA^2\varepsilon_0\varepsilon_s N} \tag{2.5}$$

即对突变结来说 $\dfrac{1}{C^2}$ 和 V 呈线性关系,如图 2.38 所示。

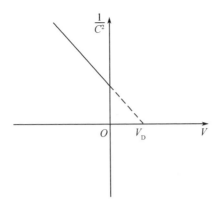

图 2.38　突变结 $\dfrac{1}{C^2}$ - V 线性曲线

直线延长线与 V 轴的交点,即为结的内建电位 V_D,由直线斜率可求出 N。当 PN 结为单边突变结时,约化浓度可用低浓度一侧的掺杂浓度代替。肖特基结具有和单边突变结类似的形式,因此可用 C - V 曲线直接计算出外延层的掺杂浓度,如图 2.39 所示。

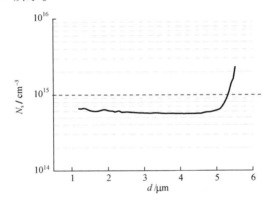

图 2.39　用 C - V 曲线直接计算出外延层的掺杂浓度

依靠单一方法对宽禁带半导体材料性能进行表征和机理分析是无法实现的,必须通过多种测试手段和表征技术进行综合分析。多项观测技术互为验证、互为补充是性能表征和机理分析的最大特点,因此,测试方法的全面、测试结果的准确是材料表征的最基本要求。

参考文献

[1] Look D. C, Sizelove J. R. Predicted maximum mobility in bulk GaN [J]. Applied Physics Letter, 2001,79(8):1133 - 1135.

[2] Amano H, Sawaki N, Akasaki I, et al. Metalorganic vapor phase epitaxial growth of a high

quality GaN film using an AlN buffer layer [J]. Applied Physics Letter,1986, 48(5):353 – 355.

[3] Akamura S N, Mukai,Takashi Masayuki, et al. Thermal annealing effects on P – type Mg – doped GaN film [J]. Japanese Applied Physics, 1992, 31(2B):139 – 142.

[4] Madar R, Jacob G,Hallais, et al. High pressure solution growth of GaN [J]. Chemistry of Materials, 1975, 31:197 – 203.

[5] Yamane H, Shimada M,Clarke S J, et al. Preparation of GaN single crystals using a Na flux [J]. Chemistry of Materials,1997, 9(2):413 – 416.

[6] Dwilinski R, Wysmolek A, Baranowski J, et al. GaN synthesis by ammonothermal method [J]. Acta Physica Polonica A, 1995, 88(5):833 – 836.

[7] Maruska H P, Tietjen J J. The preparation and properties of vapor – deposited single – crystal-line GaN [J]. Applied Physics Letters, 1969, 15(10):327 – 329.

[8] Tariov Y M, Tsvetkov V F. Investigations and growth processes of ingots of silicon carbide sin-gle crystals [J]. Journal of Crystal Growth,1978,43(2):209 – 212.

[9] Kordina O, Hallin C, Henry A, et al. Growth of SiC by hot – wall CVD and HTCVD[J]. Physica Status Solidi B, 1997, 202(1):321 – 334.

[10] Crippa D, Valente G. L, Ruggerioa, et al. New achievements on CVD based methods for Si-Cepitaxial growth [J]. Sci. Forum, 2005, 483:67 – 72.

[11] Leone S, Pedersen H, Henry A, et al. Thick homoepitaxial layers grown on on – axis Si – face 6H – and 4H – SiC substrates with HCl addition [J]. Journal of Crystal Growth, 2009, 312(1):24 – 32.

[12] Via FL, Izzo G, Mauceri M, et al. 4H – SiC epitaxial layer growth by trichlorosilane (TCS) as Silicon Precursor at Very High Growth Rate [J]. Sci. Forum,2009,600 – 603: 123 – 126.

[13] Chowdhury I, Chandrasekhar M. V. S, Klein P. B, et al. High growth rate 4H – SiC epitax-ial growth using dichlorosilane in a hot – wall CVD reactor [J]. Journal of Crystal Growth, 2011,316:60.

[14] Pedersen H, Leone S, Henry A, et al. Very high growth rate of 4H – SiC using MTS as chloride – based precursor [J]. Sci. Forum ,2009, 600 – 603: 115.

[15] Zhang Z,Sudarshan T S. Basal plane dislocation – free epitaxy of silicon carbide [J]. Ap-plied Physics Letter, 2005,87(15):3.

[16] Stahlbush R. E, Vanmil B. L, Myers – Ward R. L, et al. Basal plane dislocation reduction in 4H – SiC epitaxy by growth interruptions [J]. Applied Physics Letter, 2009, 94(4):3.

[17] Song H,Sudarshan TS. Basal plane dislocation mitigation in SiC epitaxial growth by nonde-structive substrate treatment [J]. Crystal Growth and Design, 2012, 12: 1703 – 1707.

[18] 陆大成, 段树坤. 金属有机化合物气相外延基础及应用. [M]. 4 版. 北京:科学出版社, 2009.

[19] 项若飞. 硅衬底上 GaN 外延层和 AlGaN/GaN 异质结的 MOCVD 生长研究[D]. 武汉:华中科技大学,2011.

［20］ Nakamura S. In situ monitoring of GaN growth using interference effects ［J］. Japanese Journal of Applied Physics,1991,30:1620.

［21］ Kim S, Jeongtak O, Kang J. Two step – growth of high quality GaN using V/III ration variation in the initial growth stage ［J］. Journal of Crystal Growth, 2004, 262:7.

［22］ Hiramatsu K, Nishiyama K, Motogaito A, Recent progress in selective area growth and epitaxial lateral overgrowth of III – nitrides: effects of reactor pressure in MOVPE growth ［J］. Physica Ststud Solidi A, 1999, 176:535.

［23］ 许振嘉. 半导体的检测与分析:［M］.4 版. 北京:科学出版社, 2007.

［24］ Zhong Q, Inniss D, Kjoller K, Elings et al. Fractured polymer/silica fiber surface studied by tapping model atomic force microscopy ［J］. Surface Science Letter ,1993, 290:668 – 692.

［25］ Schroder D K. Semiconductor material and device characterization［M］. Wiley – IEEE Press, 2006.

第 **3** 章
碳化硅高频功率器件

碳化硅(SiC)功率器件分为两大类:一类是整流器件,包括 SiC SBD、PIN 以及 JBS;另一类是开关器件,包括 SiC MOSFET、JFET、IGBT、BJT 以及 GTO。SiC PIN、JBS、IGBT、BJT 以及 GTO 为双载流子器件,电导调制作用大大降低导通电阻,适用于较高的耐压领域;SiC SBD、MOSFET 和 JFET 属于多子器件,不存在少子复合过程,开关速度较快,适用于较高频率的应用领域。本章主要介绍 SiC 整流器件、开关器件以及用于射频微波领域的 SiC MESFET,这些器件的工作原理、关键工艺、进展以及应用。

◤ 3.1 SiC 功率二极管

SiC 功率二极管主要包括两大类:一类是多子器件,代表器件为 SBD;另一类是双载流子器件,代表器件为 PIN 二极管和 JBS。SBD 关断时,无少子复合过程,关断时间短,但是金属 – 半导体势垒的击穿能力不如 PN 结,PIN 二极管的击穿电压较高。JBS 结合了 SBD 和 PIN 两种二极管的优点,既有快速关断能力又可以承受较高的反向耐压。本节主要介绍 SiC SBD、PIN 和 JBS 二极管的基本结构,分析 SiC 二极管的导通特性、结终端技术、击穿特性以及关断特性,最后介绍 SiC 二极管的发展及其应用。

3.1.1 SiC 肖特基二极管

SiC SBD 结构如图 3.1 所示,N^+ SiC 衬底上外延 N^- 漂移区,金属与 N^- 漂移区接触形成肖特基结,即为阳极;金属与 N^+ 衬底接触形成欧姆接触,即为阴极。衡量功率 SiC SBD 的主要参数有正向导通电压、漂移区电阻、击穿电压、开关速度以及功率损耗等。正向压降以及击穿电压决定了 SBD 工作的功率范围,开关速度和漂移区电阻决定了 SBD 的开关损耗和导通损耗,从而影响器件的转换效率。高击穿电压需要漂移区的浓度低且厚度大,但是此类漂移区会带来大的漂移区电阻、高的正向导通电压及慢的开关速度,所以击穿电压、开关速度以及导通压降呈现矛盾关系。通过改变器件结构和工艺,缓解三者的矛盾关系,是功率 SiC SBD 设计的重中之重。

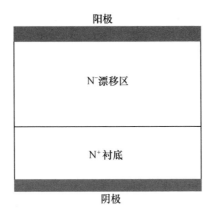

图 3.1 SiC SBD 结构

3.1.1.1 正向压降

SiC SBD 正偏压下的电子输运过程(图 3.2)包括:①电子越过势垒进入金属的热电子发射过程;②电子通过隧穿效应进入金属的量子隧穿过程;③电子与空穴在空间电荷区内的复合过程;④半导体内耗尽区电子的扩散过程;⑤空穴从金属扩散到半导体中性区的复合过程。由于功率 SiC SBD 漂移区浓度较低,耗尽区宽度扩展较大,所以隧穿电流很小,可以忽略。空间电荷区的复合电流仅在低通态电流时较明显。空穴从金属扩散到半导体中性区的复合电流以及半导体内耗尽区电子的扩散电流均需要大肖特基势垒才会显现出来;但是功率 SiC SBD 一般追求小的正向导通电压和大的导通电流,通常利用减小势垒高度和空穴扩散电流来实现;所以热电子发射是功率 SiC SBD 最主要的电子输运机理。

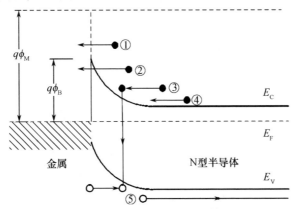

图 3.2 SiC SBD 正偏压下的电子输运过程

SiC SBD 的热电子发射电流密度为

$$J = J_0 \left[e^{\frac{qV}{kT}} - 1 \right] = AT^2 e^{-\frac{q\varphi_{BN}}{kT}} \left[e^{\frac{qV_{FS}}{kT}} - 1 \right] \tag{3.1}$$

式中:A 为理查德常数(在 4H – SiC 中为 146A/(cm^2 · K^2));φ_{BN} 为肖特基势垒高度;V 为外加偏置电压;J_0 为反向饱和电流密度。

功率 SiC SBD 低掺外延层电阻大,不能忽略,其正向压降 V_F 由肖特基结压降 V_{FS} 和高阻外延层压降组成。当阳极施加正偏压时,肖特基结压降为

$$J = AT^2 e^{\frac{q\varphi_{BN}}{kT}} e^{\frac{qV_{FS}}{kT}} = J_0 e^{\frac{qV_{FS}}{kT}} \tag{3.2}$$

由式(3.2)可以推出肖特基结的正向压降为

$$V_{FS} = \frac{kT}{q} \ln \frac{J}{J_0} \tag{3.3}$$

$$V_F = \frac{kT}{q} \ln \ln \frac{J}{J_0} + JR_{total} \tag{3.4}$$

由式(3.4)可知,降低正向压降的方法主要包括降低肖特基势垒、减小外延层厚度和浓度等。

3.1.1.2　击穿电压

功率 SiC SBD 漂移区浓度较低,很难发生齐纳击穿,理想的击穿方式应为雪崩击穿。功率 SiC SBD 理想击穿过程如图 3.3 所示,其中反偏电压 $V_1 < V_2 < V_C$,V_C 为击穿电压。阳极加反向偏压时,耗尽区首先出现在肖特基结处,此处也是最高电场峰值处;随着反向偏压的增加,耗尽区不断向外延层内部扩展直到 N$^+$ 边缘,肖特基结处电场也不断增加,直到达到临界击穿电场 E_C。电场的下降斜率与外延层浓度之间的关系为

$$\frac{\partial E}{\partial x} = \frac{qN_d}{\varepsilon} \tag{3.5}$$

击穿电压为梯形电场包围的面积(如图 3.3(b)所示),其表达式为

$$BV = V_C = E_C W_{epi} - \frac{qN_d W_{epi}^2}{2\varepsilon} \tag{3.6}$$

在实际器件中很难达到理想击穿,一般定义反向电流达到 1μA/mm 时器件达到击穿电压。影响反向电流大小的因素很多,如表面特性、材料缺陷以及隧穿所导致的表面和体内漏电流都会使器件的反向电流增大。由于肖特基极边缘存在的曲率效应,此处电场很高,使得漏电增加,导致器件发生提前击穿,因而必须引入结终端技术,以降低此处电场。常用的结终端技术包括场板、结终端扩展、场限环以及多种终端技术相结合等,其中场板和场限环的设计是高压功率 SiC SBD 的关键结构设计。

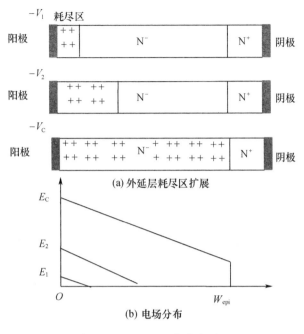

(a) 外延层耗尽区扩展

(b) 电场分布

图 3.3　SiC SBD 反向击穿过程

1）场板

图 3.4 为带场板的 SiC SBD 结构，阳极金属向外延伸到场氧化层上形成场板。当器件阳极加负压时，未加场板的 SiC SBD 耗尽区边界为耗尽区 1，肖特基结边缘的 A、A' 处电场集中，易发生击穿。阳极加负压（场板加负压），场板下方 N^- 漂移区中的电子会受到排斥而远离表面，使耗尽区向外扩展，耗尽区边界增大为耗尽区 2，有效地降低了阳极结 A、A' 处的高场，提高了击穿电压。

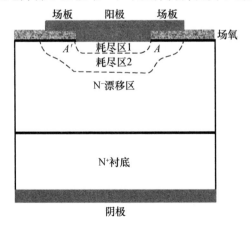

图 3.4　带场板的 SiC SBD 结构

2）结终端扩展

结终端扩展是在肖特基边界处通过离子注入的方式形成扩展区,如图3.5所示,扩展区一般为掺杂浓度小于 N⁻ 漂移区的 N 型掺杂或者 P 型掺杂。器件阳极加负压时,扩展区/N⁻ 漂移区形成反偏 PN 结,耗尽区进一步扩展,边界为耗尽区 2,有效地降低了肖特基结的边界处 A、A' 电场,提高了器件击穿电压。

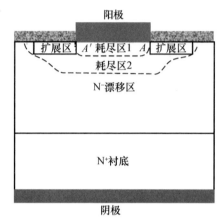

图 3.5　SiC SBD 结终端扩展结构

3）场限环

SiC SBD 场限环结构如图 3.6 所示。场限环(P⁺ 环)由离子注入和扩散形成,场限环的电位浮空。当肖特基结加反偏电压时,耗尽区宽度由肖特接结不断向环结扩展,最终使得环结和肖特基结耗尽区连接在一起,即耗尽区边界由耗尽区 1 扩展到耗尽区 2,从而有效地降低了肖特基结的边界处 A、A' 电场,提高了器件的击穿电压。

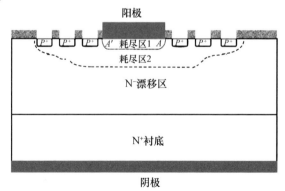

图 3.6　SiC SBD 场限环结构

4）场限环与场板结合的终端技术

SiC SBD 场限环和场板结合的终端技术如图 3.7 所示。由于场限环结构对环间距非常敏感，且表面绝缘介质层中的正电荷对环间电位和电场均有很大影响，而正常工艺中引入正电荷的因素很多，使得场限环对表面钝化工艺要求非常高，增加了工艺难度；而场板对场氧化层的厚度非常敏感，为了达到提高击穿电压的最佳效果，工艺难度同样较大。综合上述原因，结合场板和场限环两种终端结构，一方面用场限环进行分压，另一方面用场板屏蔽氧化层中正电荷对表面的影响，结合场板和场限环各自优点，降低击穿电压对场限环间距、氧化层电荷及氧化层厚度的敏感度，降低工艺难度，可达到提高击穿电压的最佳效果。

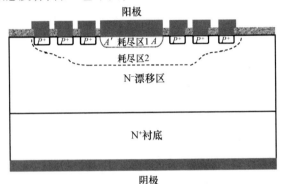

图 3.7　SiC SBD 场限环和场板结合的终端技术

3.1.1.3　关断时间

功率 SiC SBD 为多子器件，关断时不存在少子复合过程，具有极快的反向恢复速度。例如，英飞凌公司生产的 650 V 第 5 代 SiC SBD，型号为 IDK09G65C5，其反向恢复时间仅为 6.5 ns，反向恢复电荷为 14 nC。

功率 SiC SBD 反向恢复电流波形如图 3.8 所示。当二极管外加电压变化时，反向电流先增加，一直达到 I_{RRM}，这个时间为存储时间 t_a，t_1 时刻器件进入反向阻断模式，较大反偏压促使耗尽层迅速展开，从而扫出所占区域内的剩余载流子，电流急剧下降；电流从峰值下降到反向饱和电流值这段时间称为下降时间 t_b，反向恢复时间为这两部分之和，即 $t_{rr} = t_a + t_b$。

国内的 SiC SBD 研制已开展，如中国电子科技集团公司第 13 研究所已掌握了高压终端设计、复合离子注入技术及高温退火表面平坦化等关键技术，研制出 SiC SBD 样品有：1200 V/20 A，关断时间小于 15 ns，反向恢复电荷小于 20 nC；1700 V/30 A，关断时间小于 20 ns，反向恢复电荷小于 50 nC；5500 V/0.5 A，关断时间小于 50 ns。

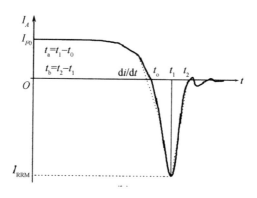

图 3.8　SiC SBD 反向恢复电流波形

3.1.2　SiC PIN 二极管

　　SiC SBD 外延层电阻随耐压的增加而增加,使得器件导通损耗迅速增加,功率转换效率降低,同时器件散热成为另一个棘手的问题。PIN 二极管通过引入少子导电,巧妙地解决了高击穿电压下导通电阻高的问题。

　　SiC PIN 二极管结构如图 3.9 所示,由 N^+ 区、N^- 漂移区、P^+ 区三部分组成,金属与 N^+ 区结合形成阴极,金属与 P^+ 区结合为欧姆接触,形成阳极。PIN 二极管导通时,大量少子注入 N^- 区,有效降低了漂移区电阻,但反向恢复时间慢,所以 SiC PIN 设计中,除了提高击穿电压与降低导通压降以外,改善 SiC PIN 关断特性也是器件设计的关键。

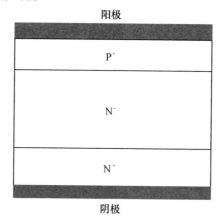

图 3.9　SiC PIN 二极管结构

1. 正向导通特性

如图 3.10 所示,SiC PIN 二极管的导通电流和阳极电压密切相关,呈现出电子空穴复合电流、少子扩散电流和大注入电流三种不同的电流输运。

（1）阳极加小正向电压，此时电流非常小，电流输运主要是 P^+N^- 空间电荷区电子空穴复合电流，如图 3.10（a）所示。

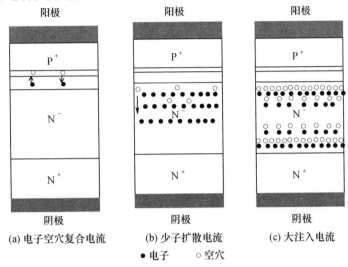

(a) 电子空穴复合电流　　(b) 少子扩散电流　　(c) 大注入电流

● 电子　　○ 空穴

图 3.10　SiC PIN 导通机理

根据肖克利边界条件以及肖克利－里德－霍尔复合理论可推出该复合电流为

$$J_{FE} = \frac{qn_iW_D}{\tau_{SC}} e^{\frac{qV_a}{2kT}} \qquad (3.7)$$

式中：W_D 为耗尽区宽度；n_i 为本征载流子浓度；V_a 为阳极电压；τ_{SC} 为 P 型和 N 型材料少子寿命之和。

（2）阳极电压增加，但电流仍比较小时，阳极电压破坏了空间电荷区电场与浓度梯度场，少部分少子（空穴浓度远小于电子浓度）注入到漂移区，电流输运主要为该少子的扩散电流（也称为小注入电流）。

一般功率 SiC PIN 二极管的漂移区较长，大于少子的扩散长度，少子扩散电流为

$$J_{TN} = \frac{qD_pP_{0N}}{L_p} \left(e^{\frac{qV_a}{2kT}} - 1 \right) \qquad (3.8)$$

式中：L_p 为少子（空穴）扩散长度；D_p 为少子扩散系数；P_{0N} 为热平衡状态下结 N^- 侧的少子浓度。

（3）阳极电压继续增加，空间电荷区电场与浓度梯度场进一步被破坏，大量空穴涌入 N^- 漂移区，此时漂移区的空穴浓度远大于掺杂浓度。根据电中性原理，其在漂移区中也调制出相同浓度的电子。高浓度的电子和空穴大大降低了

漂移区的浓度,电流输运由电子和空穴共同决定,此时的电流为大注入电流。

大注入情况下,电子、空穴浓度分布如图3.11所示。漂移区 N^- 区电子、空穴浓度为

$$n(x) = p(x) = \frac{\tau_{HL}J_T}{2qL_a}\left(\frac{\cosh \frac{x}{L_a}}{\sinh \frac{d}{L_a}} - \frac{\sinh \frac{x}{L_a}}{2\cosh \frac{d}{L_a}}\right) \tag{3.9}$$

式中:L_a 为扩散长度;τ_{HL} 为漂移区大注入寿命;d 为漂移区长度的 $1/2$。

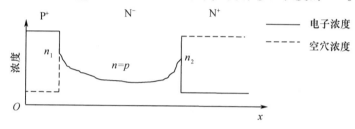

图3.11 大注入电子、空穴浓度分布

漂移区平均载流子浓度为

$$n_a = \frac{\tau_{HL}J_T}{2qd} \tag{3.10}$$

由式(3.10)可推出漂移区的比电阻为

$$R_{i,SP} = \frac{4d^2}{\tau_{HL}J_T(\mu_n + \mu_p)} \tag{3.11}$$

漂移区的压降为

$$V_M = J_T R_{i,SP} = \frac{4d^2}{\tau_{HL}(\mu_n + \mu_p)} \tag{3.12}$$

P^+/N^- 结的压降 V_{P+} 取决于漂移区注入的少子浓度,即

$$n_1 = p_{oN}e^{\frac{qV_p}{kT}} \tag{3.13}$$

由式(3.13)及 $p_{N0} \cdot N_D = n_i^2$ 可推出

$$V_p = \frac{kT}{q}\ln \frac{n_1 N_D}{n_i^2} \tag{3.14}$$

N^-/N^+ 结的压降推导与 P^+/N^- 结相似,两个结上压降和为

$$V_p + V_n = \frac{kT}{q}\ln \frac{n_1 n_2}{n_i^2} \tag{3.15}$$

SiC PIN 正向压降主要由漂移区压降、N^-/N^+ 结和 P^+/N^- 结压降决定。由式(3.12)和式(3.15)可知,降低正向压降的方法如下:

（1）减薄漂移区；

（2）增大少子寿命；

（3）提高材料质量，提高迁移率；

（4）保证不形成欧姆接触的前提下，增加 P^+ 区浓度，降低 P^+/N^- 结上压降；

（5）N^-/N^+ 结插入 N 区，降低 N^-/N^+ 结上压降。

2. 反向击穿特性

SiC PIN 的击穿机理与 SiC SBD 类似，由 P/N^- 结取代金属 – 半导体结承受最强电场。图 3.12 为 SiC 肖特基结和 PN 结反偏压能带图，随着反偏电压的增加，肖特基势垒存在势垒降低效应，从而反向漏电增加，反偏电压不易加高，而 PN 结不存在此现象。另外，相对于肖特基结，PN 结有效地降低了结边缘的曲率效应（图 3.13），降低了结边缘的强场，耗尽区宽度更大，承受的电压更大。综上可知，PN 结更耐高压，SiC PIN 比 SiC SBD 适合更高的耐压领域。

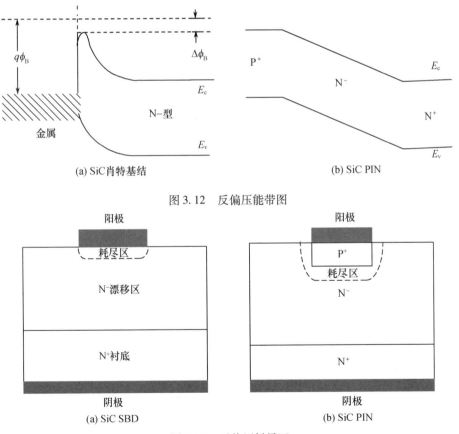

(a) SiC肖特基结　　　　　　　　(b) SiC PIN

图 3.12　反偏压能带图

(a) SiC SBD　　　　　　　　(b) SiC PIN

图 3.13　反偏压耗尽区

3. 关断特性

SiC PIN 导通时，通过注入大量少子调制漂移区电阻，有效地降低了漂移区电阻和导通损耗；但是，PIN 关断时，少子通过复合才能消失，产生了长的关断时间和大的关断损耗。

SiC PIN 关断电流和压降随时间的变化如图 3.14 所示。在 t_0 时刻阳极偏压由正向偏置转为反向偏置，此时 P^+ 区和 N^+ 区停止向 N^- 区注入少子。$t_0 \sim t_1$ 时，在反向电压和反向漂移电场的作用下，N^- 区两端的电子和空穴分别向 N^+ 区和 P^+ 区漂移，使得 N^- 区两端的载流子数目不断减小，但此阶段 N^- 区两端的载流子数目仍比中间高一些，电流仍保持大于 0。从 t_1 时刻开始，N^- 区两端的载流子浓度随反向偏置电压的增大而逐渐减少，在 N^- 区两端的界面附近，载流子的浓度梯度恰巧与 t_0 时刻相反，电流变为反向电流。由于 N^- 区载流子存在中间高、两边低的浓度梯度，导致载流子不断向 P^+/N^- 结的耗尽区扩散，但此阶段 P^+/N^- 结处的载流子仍高于热平衡载流子，该结处的电压依然保持正偏压。到达 t_2 时刻，P^+/N^- 结处的载流子接近热平衡时的热平衡载流子。t_2 时刻之后，N^- 区的载流子不断被耗尽，P^+/N^- 结空间电荷区不断扩展，直到 t_3 时刻，P^+/N^- 结开始承受大的反向电压，此时反向电流达到峰值。反向电流峰值为

$$I_{rr} = \frac{2qD_a n_a}{h} \qquad (3.16)$$

式中：h 为未耗尽区域宽度的 $1/2$；n_a 的表达式见式(3.10)。J_{rr} 与漂移区载流子浓度、寿命以及材料迁移率相关。

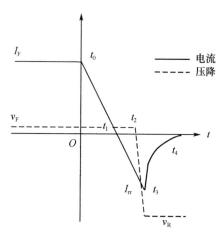

图 3.14   SiC PIN 关断电流和压降随时间的变化

t_3 时刻之后，耗尽区不再扩展，载流子结束电场引起的漂移，耗尽区以外的电子-空穴通过复合作用不断消失，反向电流下降缓慢。t_4 时刻反向电流下降

到 $0.1I_{rr}$，其大小由 N^- 漂移区的宽度以及所加反向电压决定。如果漂移区较宽或反向电压较小，t_3 时刻未耗尽的区域较大，那么 t_4 较大。

反向恢复时间 t_{rr} 为 $t_4 - t_1$，减小 t_{rr} 的方法有采用非穿透结构、引入复合中心降低少子寿命、增加反偏电压和降低 P^+ 区浓度减小注入载流子浓度等，但是这些方法会带来导通压降增大、反偏电流峰值增大、$\mathrm{d}i/\mathrm{d}t$ 增大导致寄生电感的电压增大等不良影响。SiC PIN 二极管的设计是不断地对击穿电压、导通压降、关断时间和反偏电流峰值 J_{rr} 四个电参数进行折中，并根据不同的应用环境选择不同的重点优化参数。

3.1.3　SiC JBS 二极管

SiC JBS 由肖特基和 PN 结组成，综合了 SBD 的高速开关和 PIN 的高击穿特性，其结构如图 3.15 所示，该结构在常规 SiC SBD 阳极下方，通过注入扩散方式形成 P^+ 环，将肖特基结和 PN 结完美结合，通过优化 P^+ 环的间距、结深等物理尺寸，达到击穿电压、导通电阻和关断时间的最佳组合。

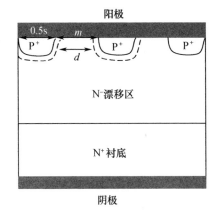

图 3.15　SiC JBS 结构

3.1.3.1　导通特性

SiC JBS 将 SBD 结构与 PIN 结构完美地结合在一起。在正向偏置时，肖特基势垒低于 P^+N^- 结势垒，肖特基区为电流提供导电沟道，具有很低的开启电压；在大电流情况下，P^+N^- 结导通后向漂移区注入少数载流子调制漂移区电导率，降低通态压降。

SiC JBS 导通特性如图 3.16 所示，导通过程分为两大部分：当阳极电压达到肖特基结开启时，JBS 与 SBD 类似，只有电子在肖特基结处发生热电子发射输运，因为 PN 结占用一部分面积，所以 JBS 的电流密度有所减小；随着阳极电压的继续增大直到 PN 结开启电压,JBS 中的 P$^+$ 区开始向 N$^-$ 区注入空穴,调节 N$^-$ 区载流子浓度,此时 JBS 导通特性与 PIN 类似。

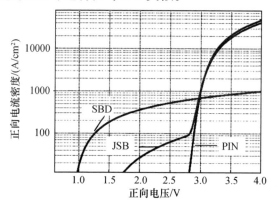

图 3.16　SiC JBS 导通特性

3.1.3.2　反向阻断特性

SiC JBS 的反向漏电分为两部分:一部分为自肖特基结漏电;另一部分为 PN 结漏电。肖特基结漏电密度为

$$J_{LS} = \frac{dAT^2}{m+s} e^{\frac{-q\varphi_B + q\Delta\varphi_B}{kT} + C_T E_S^2} \tag{3.17}$$

式中:m、s、d 如图 3.15 所示;A 为理查德常数;E_S 为肖特基势垒处电场;C_T 为隧穿系数(对于 4H - SiC 来说,$C_T = 8 \times 10^{-13} \text{cm}^2/\text{V}^2$)。

功率 SiC JBS 肖特基结间距 m 小于击穿时 PN 结耗尽区宽度。随着阳极负压的增加,PN 结耗尽区宽度扩展,各 PN 结的耗尽区连接在一起,此时,屏蔽了肖特基结的高场,JBS 的电场由 PN 结连通时的电压值 V_P 决定:

$$E_S = \sqrt{\frac{2qN_d}{\varepsilon_S}(V_P + V_{bi})} \tag{3.18}$$

$$V_P = \frac{qN_d}{2\varepsilon_S}m^2 - V_{bi} \tag{3.19}$$

耗尽区宽度为

$$W = \sqrt{\frac{2\varepsilon_S(V_P + V_{bi})}{qN_d}} \tag{3.20}$$

PN 结反向漏电密度为

$$J_{LPN} = \frac{qn_i}{N_D}\sqrt{\frac{D}{\tau}} + \frac{qWn_i}{\tau} \tag{3.21}$$

总的反向漏电流密度为

$$J_L = J_{LPN} + J_{LS} = \frac{qn_i}{N_D}\sqrt{\frac{D}{\tau}} + \frac{qWn_i}{\tau} + \frac{dAT^2}{m+s}e^{\frac{-q\varphi_B + q\Delta\varphi_B}{kT} + C_TE_S^2} \qquad (3.22)$$

电场对 SiC JBS 漏电影响很大,尤其是阳极边界处电场峰值最大,容易发生提前击穿。在 SiC JBS 耐压设计方面,通过引入终端技术降低边缘电场,常用有效的终端技术是场限环和 JTE 技术,通过引入 PN 结扩展耗尽区宽度,降低边缘曲率效应,如图 3.17 所示。

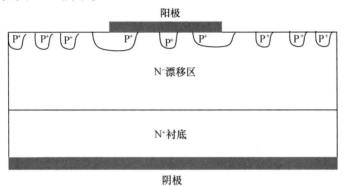

图 3.17 SiC JBS 场限环和 JTE 结构

3.1.3.3 关断特性

SiC JBS 关断特性与 SiC PIN 有许多相似之处,唯一的区别在于:PIN 从电流降为 0 到 P^+/N^- 结承受反向偏压最大,是通过外加场引起载流子浓度差使载流子反流入 P^+ 区和 N^+ 区,耗尽 P^+/N^- 结附近的载流子需要一段时间;JBS 则不需要该过程,由于肖特基结的存在,P^+/N^- 结附近的载流子会被快速抽出,该阶段时间极短,如图 3.18 所示。

3.1.3.4 SiC JBS 温度特性

SiC JBS 正向电流随环境温度变化如图 3.19 所示。PN 结未开启阶段,SiC JBS 与 SBD 的温度特性相似,随着温度的升高 N^- 区电子迁移率降低,导致电流密度减小,呈现正温度系数特性。随着偏压和电流的进一步增大,PN 结开启时,此阶段温度特性与 SiC PIN 相似;随着温度的升高,少子寿命变长,导致电流密度增加,此时 SiC JBS 呈现负温度系数特性。

3.1.4 SiC 二极管进展

SiC 二极管自诞生以来,不断朝着高耐压、低正向压降以及高速开关的方向

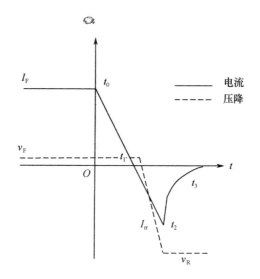

图 3.18　SiC JBS 关断电流和压降随时间的变化

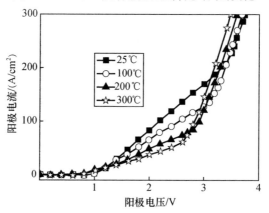

图 3.19　SiC JBS 正向电流随环境温度的变化

发展,通过提高外延材料质量和外延层厚度以及引入和优化终端技术,提高 SiC 二极管性能,推动了 SiC 二极管商业化进程。

3.1.4.1　场板

肖特基结曲率效应严重,电场集中,此处容易发生提前击穿,采用场板技术可以有效降低肖特基主结电场。

3.1.4.2　高阻保护环

1992 年第一只高压 SiC SBD 诞生,其关断电压为 400V,外延层厚 $10\mu m$,掺杂浓度为 $3.6 \times 10^{16} cm^{-3}$。此后 SiC 衬底由 6H – SiC 向具有更高电子迁移率的 4H – SiC 的转变,并采用在肖特基势垒周边注入形成高阻保护环终端技术,使

SiC SBD 的关断电压达到 1000V。

3.1.4.3　高肖特基势垒金属

肖特基势垒高度直接影响 SiC SBD 开启电压、电流密度以及击穿电压，采用具有更高势垒的 Ni 和 Pt 金属，以改善 SiC 肖特基二极管的电流密度。2002 年报道了 SiC SBD 的新进展[1]，采用外延层厚为 13μm，掺杂浓度为 3.3×10^{15} cm^{-3}，硼注入终端和 Ni 肖特基势垒的 SiC SBD，其关断电压达到 1720V；采用外延层厚为 50μm，掺杂浓度为 7×10^{14} cm^{-3}，硼注入终端和 Ni 肖特基势垒的 SiC SBD，其关断电压为 5kV。芯片面积为 8mm×8mm，外延层厚为 15μm，掺杂浓度为 5×10^{15} cm^{-3}，硼注入终端、Pt 肖特基势垒和厚 2μm Au 的 SiC SBD，其最大电流达 130A，导通电压降为 3.25V，关断电压为 300V。

3.1.4.4　结终端延伸技术

利用硼离子注入的可控激活所形成的结终端延伸技术，在 SiC SBD 的导通和关断性能之间实现了较好的折中，器件性能和可靠性有了进一步改善，使其走向商业化。

1999 年报道了经改善 JTE 和接触电阻[2]，如图 3.16 所示，关断电压为 5.5kV 的 SiC PIN 二极管，在电流密度 1000A/cm^2 时的导通上升时间为 1.5μs，反向恢复时间大于 1.5μs。在大电流密度 2kA/cm^2 时的微分比导通电阻为 1～2mΩ·cm^2，表明器件的漂移区有很好的电导调制效应。

3.1.4.5　衬底表面图形化技术

2006 年报道了 180A/4.5kV 的大电流 SiC PIN 二极管，在如图 3.17(a) 所示的高质量 3 英寸 4H-SiC 衬底上（微管缺陷密度为 0.2 个/cm^2，在圆片 70% 的中心区为 0.03 个/cm^2），腐蚀形成深 400nm 的六角形表面（图 3.20(b)），使外延后的螺旋形底面位错密度下降了 1 个量级（20 个/cm^2）。外延 n$^-$ 区厚为 50μm，掺杂浓度为 2×10^{14} cm^{-3}，p$^+$ 区厚为 2.5μm，掺杂浓度为 8×10^{18} cm^{-3}，采用台面 Al 注入多区 JTE 技术。对芯片面积为 1.5cm×1.5cm 的器件进行反向恢复特性的测量，从正向导通电流 180A 以 300A/μs 的转换速率到反向偏压 -100V，其反向恢复时间为 320ns。器件在常温 180A 时的正向压降为 3.17V，并进行了正向压降稳定性实验，给器件持续施加 90A 正向电流应力 120h 后，正向压降无变化。

3.1.4.6　格栅技术

格栅 SiC JBS 结构如图 3.21 所示，通过引入格栅结构，一方面降低了肖特

(a) 刻蚀前　　　　　　　　(b) 刻蚀六角形图形局部放大

图 3.20　高质量 3 英寸 4H – SiC 衬底

基漏电,另一方面在大阳极电压下对漂移区进行电导调制,达到提高击穿和降低导通电阻的双重效果。2000 年报道了 3.7kV 的高压 4H – SiC JBS 二极管[4],在肖特基金属下,P 型格栅区是直角方形栅格,这样的区域能减少在反向关断时肖特基势垒的电场和器件的漏电。N^- 区厚为 $50\mu m$,掺杂浓度为 $1.3 \times 10^{15} \sim 1.8 \times 10^{15} cm^{-3}$,硼注入形成条状的 P 区图形,间隔为 $10\mu m$。器件采用 P^+ 终端技术以达到高击穿电压。器件的比导通电阻为 $31.4 \sim 40.2 m\Omega \cdot cm^2$,其反向恢复时间仅为 9.7ns,是同类 Si 高速二极管的 10%。

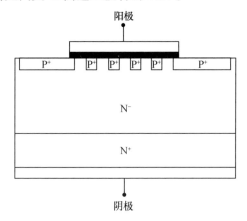

图 3.21　格栅 SiC JBS 结构

3.1.5　SiC 二极管应用

功率二极管主要是为功率开关管的过冲电压/电流提供一个放电通道,起到保护功率开关管和电路的作用。4H – SiC 二极管比同耐压级别的 Si 二极管具有更低的导通电阻、更低的正向压降和更快的开关速度,从而降低电路的损耗。

4H – SiC 二极管和 Si IGBT 可组成电力电子开关混合模块,其功耗、工作频率和可靠性等性能比全 Si 开关模块有大幅提高。这种电力电子开关混合模块已进行了 55kW 三相逆变器的应用实验[5]（图 3.22），混合模块中采用 600V/600A Si IGBT 作三相逆变器的开关管，用 6 个 600V/75A 的 SiC SBD 代替 3 个 600V/150A 的 Si PIN 二极管，为 Si IGBT 过冲电流/电压提供快速放电通道。在感性负载实验中，混合模块的损耗比全 Si 模块减少 33.6% ，在动态实验中，混合模块的平均损耗比全 Si 模块减少 10.6% ~ 11.2% 。实验表明混合模块逆变器工作在 47kW 峰值功率时，效率大于 90% 。

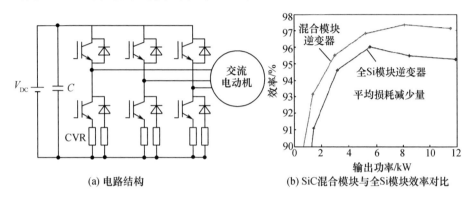

(a) 电路结构　　　　(b) SiC混合模块与全Si模块效率对比

图 3.22　三相逆变器

▧ 3.2　SiC MESFET

MESFET 属于场效应器件，不同于双极结型晶体管，其导电过程只有一种载流子参与导电。MESFET 避免了体材料与氧化层的界面问题，与 MOSFET 相比其载流子迁移率更高。4H – SiC MESFET 是在 L、S 波段应用最广泛的器件类型，这是因为在高频应用领域 MESFET 结构优于其他结构，目前，最先进的固态微波通信系统和雷达都使用 GaAs 或 InP 半导体器件。但是，电子系统对固态微波器件在大功率、高温上的要求已超过 GaAs 半导体器件的理论极限，而 SiC 微波功率 MESFET 器件则完全可以满足该领域的需求。

3.2.1　工作原理

SiC MESFET 分为耗尽型（常开型）和增强型（常关型）两种。以耗尽型 N 沟道 SiC MESFET 为例，当在栅极施加负偏置电压时，有源沟道层中肖特基势垒耗尽层厚度将受该偏置电压控制，负偏压越大，沟道层中的耗尽层越厚，导致电子的导通沟道截面积越小，沟道电流越小，从而实现电压对电流的控制作用。

当栅极施加的偏置电压较小时，沟道层未被夹断，载流子速度未达到饱

和,器件工作在线性区,此时的电流为[6]

$$I_D = G_0\left(1 - \sqrt{\frac{V_{bi} - V_G}{V_{P0}}}\right)V_D \tag{3.23}$$

式中:G_0为沟道电导;极偏V_D为漏压;V_G为栅极偏压;V_{P0}为本征夹断电压,且有

$$G_0 = \frac{2qaZ\mu_n N_d}{L} \tag{3.24}$$

$$V_{P0} = V_P + V_{bi} \tag{3.25}$$

式中:V_P为夹断电压;V_{bi}为肖特基内建电势。

由式(3.23)可以看出,器件的沟道电流与漏极偏压成正比。

当栅极的负偏置电压较大时,载流子速度达到饱和,器件工作在饱和区,沟道电流为

$$I_D = G_0\left(\frac{2}{3}\sqrt{\frac{V_{bi} - V_G}{V_{P0}}} - 1\right)(V_{bi} - V_G) + \frac{1}{3}G_0 V_{P0} \tag{3.26}$$

由式(3.26)可看出,当器件工作在饱和区时,沟道电流与漏极偏压无关。

以上电流模型是在假设载流子迁移率为常数且忽略沟道长度调制效应的理想情况下得到的。实际上,沟道中的载流子迁移率受各种散射机理制约,尤其沟道中的电场对其影响较大。而且,当栅极偏压较大沟道被夹断后,有效沟道长度受漏极偏压调制。由于这些原因,以上的推导结果不够精确。

3.2.1.1 SiC MESFET 直流特性

SiC MESFET 结构如图 3.23 所示,沿沟道方向为 x 方向,垂直沟道方向为 y 方向。

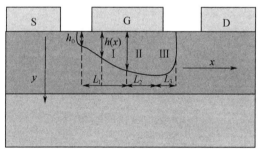

图 3-23 SiC MESFET 结构

对于 SiC MESFET,沟道内的电流为

$$I_C = qWn(x)\mu(E)E(x)[a - h(x)] \tag{3.27}$$

式中:q为电子电量;W为器件的沟道宽度;$n(x)$为沟道中电子浓度,其数值等于沟道的杂质掺杂浓度N_D;$E(x)$为沿沟道方向离开源极x处的横向电场;a为外

延沟道层厚度;$h(x)$ 为沟道外延层内离源极 x 处的耗尽层厚度,它可以通过求解栅下耗尽层内的一维泊松方程获得。

将漂移速度代入式(3.26),并利用漂移速度与电场的关系将漂移速度转换为横向电场。沿沟道长度 L 将式(3.27)积分,可以得到沟道电流为

$$I_C(V_G, V_D) = I_P \frac{[3(\mu_d^2 - \mu_0^2) - 2(\mu_d^3 - \mu_0^3)]}{1 + Z(\mu_d^2 - \mu_0^2)} \tag{3.28}$$

式中:μ_0(或 μ_d)为沟道外延层内栅极端点处耗尽层厚度 h_0(或 h_d)经外延层厚度 a 归一化的值,即

$$\mu_0(V_G) = \frac{h_0}{a} = \frac{1}{a}\sqrt{\frac{\varepsilon}{qN_D}(V_G + V_{bi})} = \sqrt{\frac{V_G + V_{bi}}{V_P}} \tag{3.29}$$

$$\mu_0(V_G, V_D) = \frac{h_d}{a} = \frac{1}{a}\sqrt{\frac{\varepsilon}{qN_D}(V_D + V_G + V_{bi})} = \sqrt{\frac{V_D + V_G + V_{bi}}{V_P}} \tag{3.30}$$

I_P、V_P 和 Z 可以表示为

$$I_P = \frac{q_2 N_D^2 a^3 \mu_0 W}{6\varepsilon L}, \quad V_P = \frac{qN_D a^2}{2\varepsilon}, \quad Z = \frac{qN_D a^2 \mu_0}{2\varepsilon L v_s} \tag{3.31}$$

式中:L 为沟道(栅)长度;v_s 为饱和速度。

当漏极偏压逐渐增大时,沟道外延层内靠近漏极一侧的耗尽层厚度逐渐增大,导通沟道的厚度(或横截面积)减小。同时,沟道内的横向电场逐渐增大直至 4H-SiC 材料的临界电场 E_s,沟道内电子漂移速度越来越大并逐渐达到饱和速度 v_s。假定当耗尽层夹断沟道层之前电子达到饱和速度 γv_s(γ 是非常接近于 1 的数,如 0.99,这样取值是为了防止电场值出现无穷大),沟道电流同时达到饱和电流,可表示为

$$I_{csat} = qN_D Wa\gamma v_s(1 - \mu_s) \tag{3.32}$$

式中:μ_s 为靠近漏极一侧栅边缘处归一化的耗尽层厚度,$\mu_s = \mu_d$ 可以由式(3.6)和式(3.10)得到。

漏极偏压进一步增大,器件将工作在饱和模式,此时沟道区分为两部分:靠近源极长度为 L_1 的 I 区,电子漂移速度未达到饱和速度;栅极下面靠近漏极长度为 L_2 的 II 区和栅极-漏极间长度为 L_3 的 III 区,电子漂移速度已经达到饱和速度,如图 3.23 所示。I 区内的电流为

$$I_C(V_G, V_D) = I_P \frac{L/L_1 \cdot [3(\mu_1^2 - \mu_0^2) - 2(\mu_1^3 - \mu_0^3)]}{1 + Z \cdot L/L_1 \cdot (\mu_1^2 - \mu_0^2)} \tag{3.33}$$

式中:μ_1 为电子漂移速度达到饱和沟道处归一化的耗尽层厚度,且有

$$\mu_1(V_G, V_D) = \frac{h_1}{a} = \frac{1}{a}\sqrt{\frac{\varepsilon}{qN_D}(V(L_1) + V_G + V_{bi})} = \sqrt{\frac{(V(L_1) + V_G + V_{bi})}{V_P}}$$

$$\tag{3.34}$$

式中:L_1为电子漂移速度达到饱和的沟道点,即 $v(L_1) = \gamma v_s$;h_1为该沟道点的耗尽层宽度;$V(L_1)$为沟道点与源极的电位差。L_1 和 $V(L_1)$ 分别为

$$L_1 = LZ\left[\frac{(\mu_1^2 - \mu_0^2) - \frac{2}{3}(\mu_1^3 - \mu_0^3)}{\gamma(1 - \mu_1)} - (\mu_1^2 - \mu_0^2)\right] \tag{3.35}$$

$$V(L_1) = V_P(\mu_1^2 - \mu_0^2) \tag{3.36}$$

沟道的饱和电流为

$$I_D = qN_D Wa\gamma v_s(1 - \mu_1) \tag{3.37}$$

由式(3.35)或式(3.37)知,为了获得沟道电流,需要已知 h_1 或 u_1,所以还需要另一方程,这一方程可以通过求解二维泊松方程获得。

建立如图 3.23 所示坐标系,沟道层中的二维泊松方程为

$$\frac{\partial^2 \psi(x,y)}{\partial x^2} + \frac{\partial^2 \psi(x,y)}{\partial y^2} = -\frac{qN_D}{\varepsilon} \tag{3.38}$$

参考 Chang[7,8]等人的求解方法,求解耗尽层中的二维泊松方程,可以得到在 II 区和 III 区的总的电势差为

$$V(L + V_3) - V(L_1) = \left(\frac{2a\mu_1}{\pi} + \frac{L_3}{3}\right) + E_s \sinh\left(\frac{\pi L_2}{2a\mu_1}\right) \exp\left(\frac{-\pi L_3}{2a\mu_1}\right)$$
$$+ \frac{E_s L_3}{3}\left(2\exp\left(\frac{\pi L_2}{2a\mu_1}\right) + 1\right) \tag{3.39}$$

以及包含 L_3 的方程

$$L_3^2\left[\frac{qN_D a\mu_1}{\varepsilon} - E_s\exp\left(\frac{\pi L_2}{2a\mu_1}\right) + E_s\sinh\left(\frac{\pi L_2}{2a\mu_1}\right)\right]$$
$$= (a\mu_1)^2 E_s\left[\exp\left(\frac{\pi L_2}{2a\mu_1}\right) - 1 - \sinh\left(\frac{\pi L_2}{2a\mu_1}\right)\exp\left(\frac{-\pi L_3}{2a\mu_1}\right)\right] \tag{3.40}$$

由式(3.35)、式(3.39)和式(3.40)可以求得 h_1 或 u_1,代入式(3.37)可以获得饱和沟道电流。

对于甲类工作的 SiC MESFET,由其 $I-V$ 特性曲线可以看出,为获得最大的输出功率,静态工作点的设置应满足获得最大的电压幅度和电流幅度,如图 3.24 的 Q 点,即设置漏极直流偏置工作电压为 V_{DSQ}、工作电流为 I_{DQ}、而栅偏置电压为 $-V_{GSQ}$,则根据图 3.24 所示的 $I-V$ 特性曲线,得到理想状态下器件的最大输出功率,即

$$P_{max} \propto (V_{DSmax} - V_k)(I_{Dmax} - I_{Dmin})$$

式中:V_{DSmax} 为源漏最大可用电压;V_k 为拐点电压;I_{Dmax} 为最大漏电流;I_{Dmin} 为最小漏电流。

由于 SiC MESFET 的高击穿电压特性,可使静态工作点的 V_{DSQ} 要比一般化

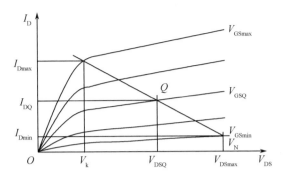

图 3.24　SiC MESFET 的 $I - V$ 特性曲线

合物半导体(GaAs 等)的 MESFET 高得多,从而可以得到较大的 $V_{DSmax} - V_k$ 值,这为实现大功率的输出提供了良好的保障。

3.2.1.2　SiC MESFET 的交流特性

理论上认为,在器件的静态工作点上叠加振幅小于 kT/q(热电压)交流信号的这种工作状态为小信号状态,通常采用近似线性分析方法。MESFET 的物理模型及等效电路如图 3.25 所示。

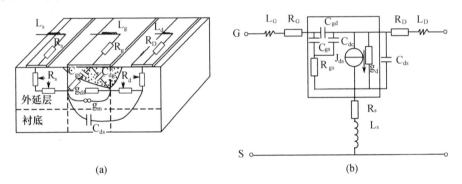

图 3.25　MESFET 的物理模型及等效电路

1) 漏极电导和跨导

漏极电导表示源漏电压 V_{DS} 对漏电流的控制能力,定义为栅极偏置电压一定时,微分漏极电流与微分漏极电压之比,即

$$g_D = \frac{\partial I_{DS}}{\partial V_{DS}} \bigg|_{V_{GS = C(常数)}} \tag{3.41}$$

由式(3.28)可得

$$g_{dl} = 6I_P \mu_d \cdot \frac{\zeta}{\xi} \cdot \frac{\partial \mu_d}{\partial V_d} \tag{3.42}$$

式中

$$\zeta = (1 - \mu_d) - Z\mu_d(\mu_d^2 - \mu_0^2) + \frac{2}{3}Z(\mu_d^3 - \mu_0^3) \tag{3.43}$$

$$\xi = (1 + Z(\mu_d^3 - \mu_0^2))^2 \tag{3.44}$$

由式(3.30)可得

$$\frac{\partial \mu_d}{\partial V_d} = \frac{1}{2\mu_d V_P} \tag{3.45}$$

线性区漏极电导为

$$g_{dl} = \frac{3I_P}{V_P} \cdot \frac{\zeta}{\xi} \tag{3.46}$$

饱和区漏极电导为

$$g_{ds} = -\frac{3\gamma I_P}{2Z\mu_1 V_P} f \tag{3.47}$$

式中

$$f^{-1} = 1 + \frac{1}{2\mu_1 V_P}[(\rho_1 - \rho_2) - \sigma\tau]$$

$$\rho_1 = \frac{2E_s a}{\pi}\sinh\left(\frac{\pi(L - L_1)}{2a\mu_1}\right)$$

$$\rho_2 = \frac{E_s(L - L_1)}{\mu_1}\cosh\left(\frac{\pi(L - L_1)}{2a\mu_1}\right)$$

$$\sigma = E_s LZ\cosh\left(\frac{\pi(L - L_1)}{2a\mu_1}\right)$$

$$\tau = \left[\frac{2\mu_1(1 - \gamma)}{\gamma} + \frac{(\mu_1^2 - \mu_0^2) - 2/3(\mu_1^3 - \mu_0^3)}{\gamma(1 - \mu_1)^2}\right]$$

跨导也是场效应晶体管的一个重要参数,它标志着栅极电压对漏极电流的控制能力。跨导定义为漏极电压 V_{DS} 一定时,漏极电流的微分增量与栅极电压的微分增量之比,即

$$g_m = \frac{\partial I_{DS}}{\partial V_{GS}}\bigg|_{V_{DS} = C(常数)} \tag{3.48}$$

由式(3.28),缓冲栅结构 4H – SiC MESFET 的线性区跨导可表示为

$$g_{ml} = 6I_P\mu_d \cdot \frac{\zeta}{\xi} \cdot \frac{\partial \mu_d}{\partial V_G} - 6I_P\mu_0 \cdot \frac{S}{\xi} \cdot \frac{\partial \mu_0}{\partial V_G} \tag{3.49}$$

式中

$$S = (1 - \mu_0) - Z\mu_0(\mu_d^2 - \mu_0^2) + \frac{2}{3}(\mu_d^3 - \mu_0^3) \tag{3.50}$$

$$\frac{\partial \mu_0}{\partial V_G} = \frac{1}{2\mu_0 V_P} \tag{3.51}$$

线性区跨导为

$$g_{ml} = \frac{3I_P}{V_P} \cdot \frac{\zeta - \varsigma}{\xi} \tag{3.52}$$

饱和区漏极跨导为

$$g_{ms} = -\frac{3\gamma I_P}{2Z\mu_1 V_P}(k+1) \tag{3.53}$$

式中

$$k = f \cdot h$$

式中

$$h = -\frac{1}{2\mu_1 V_P}\left[(\rho_1 - \rho_2) + \sigma(\tau - \chi)\right]$$

式中

$$\chi = \left[\frac{2\mu_1(1-\mu_0)}{\gamma(1-\mu_1)} - 2\mu_1\right]$$

2）栅源电容

栅源电容是栅极下面耗尽层电容,对栅源电容充放电作用决定了 MESFET 的频率特性。

栅源电容为

$$C_{gs} = \frac{\partial Q}{\partial V_{GS}}\bigg|_{V_{DS} - V_{GS} = C(\text{常数})} \tag{3.54}$$

式中:Q 为栅极下面耗尽层中的离化电荷。

通过积分和求解二维泊松方程,可得栅极下面耗尽层中的电荷,从而进一步可以求得栅源电容

$$C_{gs} = C_{gs1} + C_{gs2} + C_{gs3} \tag{3.55}$$

式中

$$C_{gs1} = \frac{4\varepsilon WL V_P I_P}{a I_D}(C_{gs11} + C_{gs12} + C_{gs13})$$

式中

$$C_{gs2} = \frac{2\varepsilon WL Z\mu_1}{a}\left\{\frac{g}{2Z\mu_1^2}(k+1) + \left[\frac{\mu_1 - \mu_0}{\gamma(1-\mu_1)} + \frac{1-\gamma}{\gamma}\right]\right\}$$

$$C_{gs3} = -\varepsilon E_s Wa(C_{gs31} + C_{gs32})$$

$$C_{gs11} = \frac{-g_m}{I_D}\left[(\mu_1^2 - \mu_0^2) - \frac{3}{4}(\mu_1^4 - \mu_0^4)\right]$$

$$C_{gs12} = \frac{3\mu_1}{2V_P}\left(1 - \mu_1 - \frac{ZI_D}{3I_P}\right)(k+1)$$

$$C_{gs13} = -\frac{3\mu_0}{2V_P}\left(1 - \mu_0 - \frac{ZI_D}{3I_P}\right)$$

$$C_{gs31} = \frac{k+1}{2\mu_1 V_P} \left\{ 1 - \cosh\left(\frac{\pi(L-L_1)}{2a\mu_1}\right) \right.$$

$$\left. - \frac{\pi(1-\mu_1)}{2a\mu_1}\sinh\frac{\pi(L-L_1)}{2a\mu_1}\left[\frac{L-L_1}{\mu_1} - \frac{Lg-L+L_1}{\mu_1}\right] \right\}$$

$$C_{gs32} = \frac{\pi LZ(1-\mu_1)}{2V_P a\mu_1}\sinh\left(\frac{\pi(L-L_1)}{2a\mu_1}\right)\left(\frac{1-\mu_0}{\gamma(1-\mu_1)}-1\right)$$

$$g = 1 - \frac{L_1}{L} - Z\mu_1\left[\frac{2\mu_1(1-\gamma)}{\gamma} + \frac{(\mu_1^2-\mu_0^2)-2/3(\mu_1^3-\mu_0^3)}{\gamma(1-\mu_1)^2}\right]$$

3）截止频率和最高振荡频率

采用正弦稳态分析法建立 4H-SiC MESFET 的交流信号模型,以此分析器件的频率特性。

信号正弦信号正弦稳态分析法是在直流偏置 V_0 基础上叠加一个交流小信号 $\Delta V e^{j\omega t}$（ΔV 为小信号幅值）,即 $V = V_0 + \Delta V e^{j\omega t}$,再利用边界条件进行基本方程组的求解。

$$\begin{cases} F_{\psi}(\psi,n,p) = \nabla^2\psi \cdot \varepsilon + q(p-n+N_D^+-N_A^-) + \rho_s = 0 \\ F_n(\psi,n,p) = \dfrac{1}{q}\nabla\cdot J_n - U_n - \dfrac{\partial n}{\partial t} = 0 \\ F_p(\psi,n,p) = \dfrac{1}{q}\nabla\cdot J_p - U_p - \dfrac{\partial n}{\partial t} = 0 \end{cases} \quad (3.56)$$

式中:ψ 为电势;n、p 分别为电子密度和空穴密度;q 为电子电量;N_D^+、N_A^- 分别为电离施主和电离受主的杂质浓度;J_n、J_p 分别为电子和空穴的电流密度;U_n、U_p 分别为电子和空穴的净复合概率。

假设 ψ_0、n_0、p_0 为直流偏置时基本方程组的解,那么在直流偏置上叠加交流小信号后基本方程组的解为

$$\begin{cases} \psi = \psi_0 + \Delta\psi e^{j\omega t} \\ n = n_0 + \Delta n e^{j\omega t} \\ p = p_0 + \Delta p e^{j\omega t} \end{cases} \quad (3.57)$$

式中:ψ_0、n_0、p_0 为直流偏置 V_0 时的解。

将式(3.56)假设的交流解代入方程组(3.57),并在直流偏置点 V_0 用一级泰勒公式展开(小信号近似),可得

$$F_I(\psi,n,p) = F_I(\psi_0,n_0,p_0) + \frac{\partial F_I}{\partial\psi}\Delta\psi e^{j\omega t} + \frac{\partial F_I}{\partial n}\Delta n e^{j\omega t} + \frac{\partial F_I}{\partial p}\Delta p e^{j\omega t} \ (I=\omega,n,p)$$

$$(3.58)$$

由于 $F_I(\psi_0,n_0,p_0)=0$,所以可得到交流部分的方程为

$$\begin{pmatrix} \dfrac{\partial F_{\psi}}{\partial \psi} & \dfrac{\partial F_{\psi}}{\partial n} & \dfrac{\partial F_{\psi}}{\partial p} \\[2mm] \dfrac{\partial F_{n}}{\partial \psi} & \dfrac{\partial F_{n}}{\partial n} - \mathrm{j}\omega \dfrac{\partial}{\partial n}\left(\dfrac{\partial n}{\partial t}\right) & \dfrac{\partial F_{n}}{\partial p} \\[2mm] \dfrac{\partial F_{P}}{\partial \psi} & \dfrac{\partial F_{P}}{\partial n} & \dfrac{\partial F_{P}}{\partial p} - \mathrm{j}\omega \dfrac{\partial}{\partial p}\left(\dfrac{\partial p}{\partial t}\right) \end{pmatrix} \begin{pmatrix} \Delta\psi \\ \Delta n \\ \Delta p \end{pmatrix} = \boldsymbol{B} \tag{3.59}$$

将式(3.59)的实部和虚部分离可得

$$[\boldsymbol{J} + \mathrm{j}\boldsymbol{D}]\boldsymbol{X} = \boldsymbol{B} \tag{3.60}$$

式中：$\boldsymbol{X} = [\Delta\psi, \Delta n, \Delta p]^{\mathrm{T}}$；$B$ 为由交流小信号偏压 ΔV 决定的边界条件的实数矢量；$\boldsymbol{J}$ 为雅可比矩阵；$\boldsymbol{D}$ 为包括 $\partial n/\partial t$ 和 $\partial p/\partial t$ 的矩阵。将此方程组的解代入电流连续性方程可以得到在某直流偏置条件下的复数交流电流的解。

导纳矩阵可以通过 $Y_{ij} = I_i/V_j|_{\Delta V_k=0(k\neq j)}$（$i,j$ 分别为 n 端口网络的端口号）求得。在一定的直流偏置条件下，分别在 GS 端与 DS 端再叠加交流小信号：

若偏置电压为

$$\begin{cases} V_{GS} = V_{GS0} + \Delta V \mathrm{e}^{\mathrm{j}\omega t} \\ V_{DS} = V_{GS0} \end{cases} \tag{3.61}$$

则可求得

$$\begin{cases} Y_{11} = \dfrac{\tilde{I}_G}{\tilde{V}_{GS}} \\[3mm] Y_{21} = \dfrac{\tilde{I}_D}{\tilde{V}_{GS}} \end{cases} \tag{3.62}$$

若偏置电压为

$$\begin{cases} V_{GS} = V_{GS0} \\ V_{DS} = V_{DS0} + \Delta V \mathrm{e}^{\mathrm{j}\omega t} \end{cases} \tag{3.63}$$

则可求得

$$\begin{cases} Y_{12} = \dfrac{\tilde{I}_G}{\tilde{V}_{DS}} \\[3mm] Y_{22} = \dfrac{\tilde{I}_D}{\tilde{V}_{DS}} \end{cases} \tag{3.64}$$

将场效应晶体管的漏极电流 $I_D(V_{GS}, V_{DS})$ 表达为全微分形式，可得

$$\mathrm{d}I_D = \frac{\partial I_D}{\partial V_{GS}}\mathrm{d}V_{GS} + \frac{\partial I_D}{\partial V_{DS}}\mathrm{d}V_{DS} \tag{3.65}$$

即

$$i_{\mathrm{d}} = g_{\mathrm{m}} v_{\mathrm{gs}} + g_{\mathrm{ds}} v_{\mathrm{ds}} \qquad (3.66)$$

式中:i、v 分别表示交流电流和交流电压。

考虑到栅漏电容放电电流也是 i_{d} 的一部分,故在式(3.66)的 i_{d} 中应添加这一电容放电电流,于是可得

$$i_{\mathrm{d}} = g_{\mathrm{m}} v_{\mathrm{gs}} + g_{\mathrm{ds}} v_{\mathrm{ds}} - \mathrm{j}\omega C_{\mathrm{gd}} v_{\mathrm{gd}} \qquad (3.67)$$

因为

$$v_{\mathrm{gd}} = v_{\mathrm{gs}} - v_{\mathrm{ds}} \qquad (3.68)$$

所以漏极电流又可表示为

$$i_{\mathrm{d}} = (g_{\mathrm{m}} - \mathrm{j}\omega C_{\mathrm{gd}}) v_{\mathrm{gs}} + (g_{\mathrm{ds}} + \mathrm{j}\omega C_{\mathrm{gd}}) v_{\mathrm{ds}} \qquad (3.69)$$

栅极交流电流为栅源电容放电电流和栅漏电容放电电流之和,即

$$i_{\mathrm{g}} = \mathrm{j}\omega C_{\mathrm{gs}} v_{\mathrm{gs}} + \mathrm{j}\omega C_{\mathrm{gd}} v_{\mathrm{gd}} = \mathrm{j}\omega (C_{\mathrm{gs}} + C_{\mathrm{gd}}) v_{\mathrm{gs}} - \mathrm{j}\omega C_{\mathrm{gd}} v_{\mathrm{ds}} \qquad (3.70)$$

共源连接时的 MESFET 的本征 Y 参数为

$$\begin{cases} Y_{11} = \mathrm{j}\omega (C_{\mathrm{gs}} - C_{\mathrm{gd}}) \\ Y_{12} = -\mathrm{j}\omega C_{\mathrm{gd}} \\ Y_{21} = g_{\mathrm{m}} - \mathrm{j}\omega C_{\mathrm{gd}} \\ Y_{22} = g_{\mathrm{ds}} + \mathrm{j}\omega C_{\mathrm{gd}} \end{cases} \qquad (3.71)$$

当 Y 参数确定后,就可以从理论上推导其微波特性参数模型。

当输出短路时,输出电流增益只与器件的结构、工作频率和工作点有关。它是 MESFET 射频性能的一个主要参数,定义为

$$H_{21} = \frac{Y_{21}}{Y_{11}} \qquad (3.72)$$

截止频率定义为共源工作输出短路电流增益的模等于 1 时所对应的频率,即电流增益等于 1 时的工作频率。由于栅漏电容比栅源电容小得多,可以忽略,则截止频率可表示为

$$f_{\mathrm{T}} = \frac{g_{\mathrm{m}}}{2\pi C_{\mathrm{gs}}} \qquad (3.73)$$

最大单向化功率增益可表示为

$$U = \frac{| Y_{21} - Y_{11} |^{2}}{4 [\, \mathrm{Re}(Y_{11}) \, \mathrm{Re}(Y_{22}) - \mathrm{Re}(Y_{12}) \, \mathrm{Re}(Y_{21}) \,]} \qquad (3.74)$$

最高振荡频率定义为输入和输出共轭匹配、最大单向化功率增益等于 1 时的频率,可以表示为

$$f_{\max} = \frac{f_{\mathrm{T}}}{2 \sqrt{\dfrac{R_{\mathrm{i}}}{R_{\mathrm{ds}}} + 2\pi f_{\mathrm{T}} R_{\mathrm{G}} C_{\mathrm{GD}}}} \qquad (3.75)$$

式中:R_{i} 为沟道电阻;R_{ds} 为器件的输出电阻。

在小信号模拟中经常通过 H_{21} 和最大稳定增益/最大资用增益(MSG/MAG)的曲线来表征器件的微波频率特性,由图 3.26 中曲线的延长线与频率轴的交点就可以确定 f_T 和 f_{max}。在前面已经知道 f_T 和 f_{max} 是衡量器件微波特性的重要参数,最大限度地提高 f_T 和 f_{max} 是器件设计中需要重点考虑的。

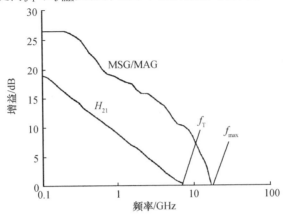

图 3.26　SiC MESFET 小信号增益曲线

图 3.27 是栅长与频率的关系曲线。从图中可以看出栅长减小时频率特性有明显的提升。由式(3.75)可知减小器件的栅源电容和栅漏电容对于提高器件的频率特性非常重要。研究表明,SiC MESFET 器件的栅源电容和栅漏电容主要是由栅下方的耗尽层电容构成的,而耗尽层的宽度和金属栅的宽度成正比,所以减小栅源电容和栅漏电容最简单的方法是减小栅的长度。但采用这种方法时必须考虑它对直流特性的影响,因为栅对沟道电流具有调节作用,栅太短会导致短沟道效应,表现为栅压控制不住漏源电流,可能会出现 $I-V$ 特性曲线上翘和不饱和的严重性能退化现象,所以必须综合考虑,做出一定的折中。

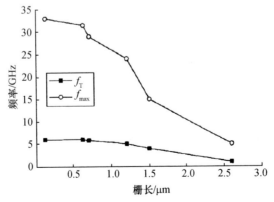

图 3-27　SiC MESFET 的栅长与器件的 f_T 和 f_{max} 的关系曲线

提高器件的 $f_{\max}$ 就必须在提高 f_T 的同时减小栅电阻和源电阻。减小源电阻可以采用缩短栅源间距,或者重掺杂沟道和降低欧姆接触电阻等方法。减小栅电阻可以采用增加金属电极横截面积,并用高导电金属作栅电极的方法。以上几点是在设计器件的频率特性时必须要考虑的。

3.2.2　SiC MESFET 研究进展

随着对第三代宽禁带半导体材料研究的深入,为 SiC MESFET 的研究开拓了新的领域。20 世纪 90 年代末,应对国防信息化的要求,发达国家相继把新一代半导体材料与器件研发作为国防技术中的重要组成部分,以期研制高性能的电子系统以装备现代化的部队。4H – SiC MESFET 是在 L、S、X 波段应用最广泛的器件类型,这是因为在高频应用领域 MESFET 结构优于其他结构[9]。军用飞机电子系统对固态微波器件在大功率、高温上的要求已超过 GaAs 半导体器件的理论极限,而 SiC 微波功率 MESFET 器件则完全可以满足该领域的需求。Si MESFET 在栅结构、场板结构和沟道结构的设计有如下创新。

3.2.2.1　埋栅结构

10 多年来,基于单片的大功率 4H – SiC MESFET 工作频率在 S 波段的输出功率已经达到了 80W(连续波(CW))/120W(脉冲波(pulse))[10]。Cha 等人对埋栅结构的 SiC MESFET 特性进行了研究,证明了该结构在一定程度上抑制了陷阱效应,提高了电流密度和击穿电压[11]。这主要是由于埋栅结构使器件有效栅长缩小,栅下分布电场更小。

3.2.2.2　栅场板结构

2006 年瑞典的 Andersson 结合已有的埋栅技术和新型场板结构制备出栅长 0.5μm 的 SiC MESFET,如图 3.28 所示。测试结果表明器件的击穿电压超过 160V,在 3GHz 频率下最高输出功率密度达到 7.8W/mm,是当时小器件研究的领先水平[12]。2009 年,中国电子科技集团公司第 55 研究所也报道了利用自主生长的 4H – SiC 外延材料研制的栅场板结构的 MESFET,其中栅宽 20mm 的管芯在 2 GHz 脉冲波条件下的输出功率达到 100W,增益为 8.6dB[13]。

3.2.2.3　双层沟道结构

针对场效应器件开态电阻和击穿电压之间的矛盾,Zhu[14] 等人于 2007 年提出了一种双层沟道的 SiC MESFET,如图 3.29 所示。对该结构器件的制备结果表明,双层沟道结构 SiC MESFET 的输出电流较传统结构提升了 120%,与此同时,击穿电压提高了 20%。最高输出功率相比传统单层沟道器件从 1.8W/mm 提高至 4.6W/mm。

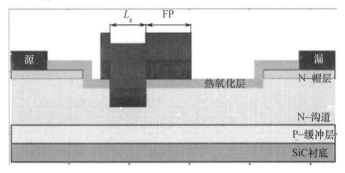

图 3.28　使用埋栅技术和场板技术的 SiC MESFET 纵向结构

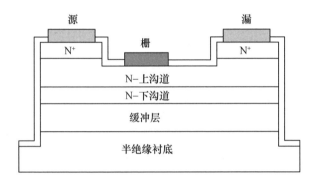

图 3.29　双层沟道 SiC MESFET 结构

3.2.2.4　源场板结构

Elahipanah 等人于 2011 年设计出 L 栅和源场板相结合的 4H – SiC MES-FET,结构如图 3.30 所示。仿真结果表明,器件最大输出功率密度为 21.8W/mm,特征频率 f_t = 23.1GHz,最大频率 f_{max} = 85.3GHz,器件工作在 3.1GHz 的频率时的最大稳态增益为 22.7dB[15]。

3.2.2.5　离子注入沟道技术

伴随工艺技术的发展,Sriram[16] 等人采用离子注入形成 N 型沟道层的方式(结构如图 3.31 所示),制备出在 3.1GHz 工作频率下增益为 15.8dB 的 SiC MESFET。

3.2.2.6　凹栅结构

电子科技大学于 2007 年设计并制备了多凹栅结构的 4H – SiC MESFET,其中栅宽 5 mm 的管芯在 2 CHz 脉冲波条件下的最大输出功率为 13.5W(2.7W/

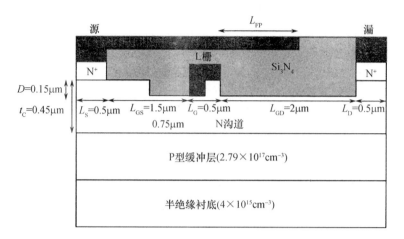

图 3.30 具有 L 栅和场板结构的 4H - SiC MESFET

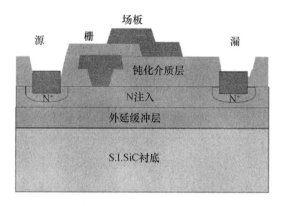

图 3.31 离子注入沟道技术的 SiC MESFET 结构

mm),功率附加效率为 50%,功率增益为 11.3 dB,优于传统结构的 4H - SiC MESFET 指标[17]。中国电子科技集团公司第 13 研究所[18]在 2011 年报道了使用国产 SiC 外延片和自主开发的 SiC 器件工艺加工技术,采用凹栅结构实现了在 S 波段连续波输出功率大于 10W、功率增益大于 9dB、功率附加效率达 35%的 SiC MESFET 样管。2012 年报道了栅宽 5mm 器件,脉宽为 $100\mu s$、占空比为 10% 脉冲工作,V_{DS} = 48V,在 0.8 ~ 2.0GHz 波段内脉冲输出功率为 15.2W (41.83dBm),功率密度为 3.04W/mm,功率增益为 8.8dB,效率为 35.8%,实现了超宽带大功率器件的制作。采用管壳内四胞合成及外电路 3dB 电桥合成的方法,四胞 26mm 大栅宽芯片合成封装后的器件,在 2GHz、V_{DS} = 56V、脉宽为 $50\mu s$、占空比为 1.5% 工作时,脉冲输出功率为 300.3W,增益为 9.2dB,漏极效率为 36.6%,功率附加效率为 32.2%。

2013 年中国电子科技集团第 13 研究所采用了多凹栅器件结构制备了 SiC MESFET。如图 3.32 所示的多凹槽栅结构中,在表面延伸的栅极金属如同场板一样,降低了栅极边缘峰值电场,优化了栅漏间势垒层电场分布,提高了器件击穿电压,获得较大的输出功率。在 2GHz 脉冲条件下,实现了输出功率密度 8.96W/mm、功率附加效率 30% 的 MESFET 器件。进行了四胞 $4 \times 27mm$ 芯片大功率合成,在 2GHz、$V_{DS} = 37.5V$ 时,连续波输出功率为 80.2W(49.05dBm),增益为 7.0dB,效率为 32.5%。

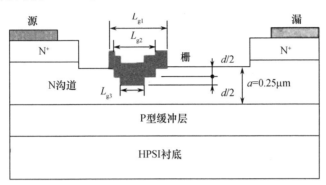

图 3.32　多凹栅器件结构

表 3.1 列出了 2001 年至 2011 年 SiC MESFET 的主要研究进展,包括不同研究人员采用技术方案和实现的效果。

表 3.1　2001 年至 2011 年 SiC MESFET 的主要研究进展

年份	研究人员	技术方案	典型指标
2001 年	Nilsson	导通衬底	$P_{out} = 120W(pulse)$
2003 年	Cha	埋栅结构	$J_{ds} > 330mA/mm, g_m > 36mS/mm, V_B > 110V$
2004 年	Henry	埋沟结构	栅延迟比大于 90%
2006 年	Zhu	漂移层双凹结构	与传统结构相比 I_{ds} 增幅大于 70%
	Andersson	栅场板结构	$J_{ds} > 350mA/mm, V_B > 160V$
2007 年	Zhu	双沟道层结构	与传统结构相比 I_{ds} 提升 120%,V_B 提升 20%
2010 年	ElahipanahL	L 型栅结构	$f_T = 23.1GHz, f_{max} = 85.3GHz$
2011 年	Sriram	离子注入形成沟道层	功率密度为 7.8W/mm(class AB)

3.2.3　SiC MESFET 应用

2010 年报道了使用 Cree 公司的 CRF24060 SiC MESFET 设计制作了用于 L 波段相控阵雷达 T/R 模块功率放人器,如图 3.33 所示,制作的功率放人器在

1.2~1.4GHz 范围内输出功率均超过 100W。由于 SiC 材料在导热方面的优势，在 60~140℃的温度变化范围内，功率放大器输出功率降低不超过 0.5dB，如图 3.34 所示。

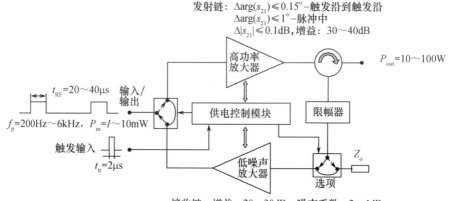

图 3.33　典型参数的 T/R 模块

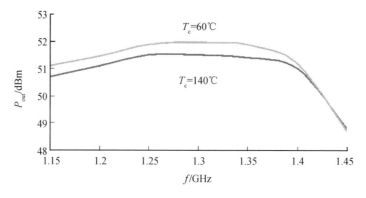

图 3.34　60℃和 140℃下 SiC MESFET 放大器输出功率与频率关系

3.3　SiC MOSFET

　　SiC 功率 MOS 以驱动结构简单，与目前 Si 同类器件所使用的大量驱动电路和芯片兼容，成为替代 Si IGBT 在电力电子应用中的最佳器件。SiC 功率 MOS 围绕着提高功率、降低功耗、解决较低的反型层沟道迁移率和 SiO_2 栅介质层可靠性较低等问题，不断地优化设计 SiC 功率 MOS 结构、优化结终端技术和改善栅氧化层的生长工艺。横向功率 MOS 易于集成，但当横向结构为承受耐压区时，器件不易获得大的电流密度；而纵向功率 MOS 的耐压漂移区为纵向结构，所以可获得较大的电流密度,更适合大功率。本节以 SiC VDMOS 结构为主要研究内容。

3.3.1　工作原理

SiC VDMOS 为多子器件,以 N 型 SiC VDMOS 为例,靠电子导电,器件结构和导通时电子流向如图 3.35 所示,该结构由 N^+/P – 阱和 P – 阱$/N^-$ 双 PN 结,N^+/P – 阱$/N^-/N^+$ 四层结构组成。栅电压 $V_G = 0$ 时,P – 阱隔断了 N^+ 源区与 N^- 漂移区的电子路径。栅上加正压且小于阈值电压 V_{th} 时($0 < V_G < V_{th}$),栅极下 P – 阱区不断地耗尽空穴,形成耗尽区;随着栅电压的继续增大进入深耗尽状态,当 $V_G \geqslant V_{th}$ 时,栅极下 P – 阱区反型出电子,连通了 N^+ 源区、N^- 漂移区和 N^+ 漏区,形成电流通道,器件开启。

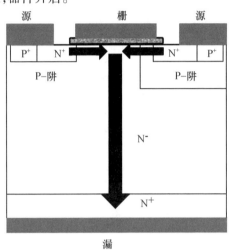

图 3.35　SiC VDMOS 器件结构(箭头为导通时电子流向)

SiC VDMOS 主要应用于开关电源中的电力电子变换器,达到功耗小、速度快、功率高和体积小的优越特性。衡量 SiC VDMOS 优劣的参数主要包括影响导通损耗的导通电阻、影响功率输出的击穿电压和电流、影响开关速度的栅电容和栅电荷等。

3.3.1.1　导通电阻

SiC VDMOS 的电阻包括源区电阻 R_s、沟道电阻 R_{ch}、积累层电阻 R_{acc}、JFET 电阻 R_{JFET}、漂移区电阻 R_{Drift} 以及 N^+ 衬底电阻 R_{sub},如图 3.36 所示。SiC 单晶中的 C 原子注入到 SiC – SiO_2 的界面上,导致较高的界面缺陷密度,降低沟道和积累层的迁移率,导致这两部分电阻值较大,并且会使氧化层提前击穿和阈值电压不稳定;经过不断的优化氧化温度(1175℃较优)、退火环境(NO 和 N₂O 等)及退火温度等工艺条件,A. Agarwal 于 2009 年研制出较可靠的栅氧化层工艺,突破了栅氧化层对 SiC VDMOS 等电力电子器件的制约。

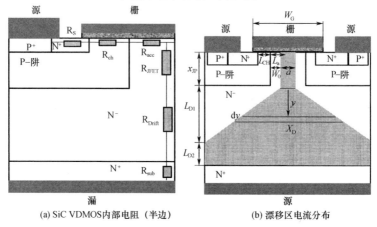

(a) SiC VDMOS内部电阻（半边）   (b) 漂移区电流分布

图 3.36 SiC VDMOS 内部电阻(半边)及漂流区电流分布

低压器件漂移区浓度高且厚度薄,此时漂移区电阻和 JFET 电阻并不是远大于其他电阻,各部分电阻均起作用。但是,对于高压 SiC VDMOS 电力电子器件来说,需要漂移区浓度低且厚度大,此时漂移区电阻和 JFET 会远大于其他区域的电阻,是 SiC VDMOS 电力电子器件导通电阻主要组成部分。

图 3.36(b)可知,JFET 区电流宽度为

$$a = W_G - 2x_{JP} - 2W_0 \tag{3.76}$$

式中:x_{JP} 为 P - 阱结深;W_0 为零偏下 JFET 区耗尽宽度,且有

$$W_0 = \sqrt{\frac{2\varepsilon_S N_A V_{bi}}{q N_{DJ}(N_A + N_{DJ})}} \tag{3.77}$$

式中

$$V_{bi} = \frac{kT}{q}\ln\left(\frac{N_A + N_{DJ}}{n_i^2}\right) \tag{3.78}$$

式中:N_{DJ} 为 JFET 区掺杂浓度。

JFET 区电阻为

$$R_{JFET} = \frac{x_{JP}\rho_{DJ}}{Za} \tag{3.79}$$

式中:Z 为元胞宽度;ρ_{DJ} 为 JFET 区电阻率,且有

$$\rho_{DJ} = \frac{1}{q N_{DJ}\mu_{DJ}} \tag{3.80}$$

式中: μ_{DJ} 为 JFET 区迁移率。

由式(3.79)可知,降低 JFET 区电阻的方法有扩宽栅长、增加 JFET 区掺杂浓度降低其电阻率和采用槽栅结构消除 JFET 区电阻等。其中:扩宽栅长会增加元胞面积,降低电流密度;增加 JFET 区掺杂浓度是降低 JFET 区电阻有效的方法之一;槽栅 SiC VDMOS(图 3.37)完全消除了 JFET 电阻,元胞可以做得很小,是常用的降低器件尺寸和导通电阻的方法,但是槽栅边缘引入电场峰值导致器件击穿电压较低。

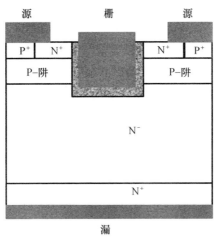

图 3.37　槽栅 SiC VDMOS

漂移区电流分布如图 3.36(b)所示,电流按 45°角扩散,对于 SiC VDMOS 电力电子器件,一般情况下漂移区长度均大于元胞长度 W_{cell} 的 1/2,漂移区电阻分为两部分电阻 R_{D1} 和 R_{D2}。

R_{D1} 区距离 JFET 区下方 y 处微分电阻为

$$\mathrm{d}R_{\text{d}} = \frac{\rho_{\text{D}}\mathrm{d}y}{ZX_{\text{D}}} = \frac{\rho_{\text{D}}\mathrm{d}y}{Z(a+2y)} \tag{3.81}$$

从 $y=0$ 到 $y=0.5(W_{\text{cell}}-a)$ 积分可得

$$R_{\text{D1}} = \frac{\rho_{\text{D}}}{2Z}\ln\left(\frac{W_{\text{cell}}}{a}\right) \tag{3.82}$$

R_{D2} 为

$$R_{\text{D2}} = \frac{L_{\text{D2}}\rho_{\text{D}}}{ZW_{\text{cell}}} \tag{3.83}$$

式中

$$L_{\text{D2}} = t + 0.5a - 0.5W_{\text{cell}} \tag{3.84}$$

式中:t 为漂移区厚度。

降低漂移区电阻的主要方法为利用结终端技术,以降低击穿电压对漂移区长度和浓度的依赖,在较高漂移区浓度、较短漂移区长度的情况下,实现相同耐压。

3.3.1.2 击穿特性

不同耐压级别的 SiC VDMOS 需要选取合适的漂移区厚度,以达到击穿电压最大化和导通电阻最小化的效果。SiC VDMOS 电力电子器件的漂移区厚度 h 与击穿电压 V_B 和漂移区浓度 N_D 的关系为

$$h = \sqrt{\frac{2\varepsilon_S V_B}{qN_D}} \tag{3.85}$$

式(3.85)为理想击穿下的漂移区厚度,实际 SiC VDMOS 电力电子器件的击穿电压是由器件元胞周围的终端结构决定的。目前结终端保护措施可分为两大类:一类是为增加曲面结的曲率半径,减小边角电场集中而采用的终端保护结构,如斜平面技术、耗尽区腐蚀法、场板、浮空场限环、结终端扩展、变化横向掺杂等;另一类是降低器件表面电荷及界面电荷的影响所采用的钝化技术。其中场板、场限环、结终端扩展等结构由于可用常规平面工艺实现,工艺简单,为业界青睐的方法。

3.3.1.3 栅电荷

栅电荷是 SiC VDMOS 产品的重要参数之一,用于衡量器件的开关速度和开关损耗。实际应用中通过在栅极施加以恒流源使 SiC VDMOS 从截止态开启,获得栅电荷。栅极加恒流源,SiC VDMOS 的开启过程如图 3.33 所示。$0 \sim t_1$ 阶段为恒流源为栅电容充电直至栅电压达到 V_{th};$t_1 \sim t_2$ 阶段为继续为栅电容充电,漏极电流增大到最大值 I_D,栅电压到达栅平台电压 V_{GP},此阶段 V_{DS} 不变;$t_2 \sim t_3$ 阶段,栅漏电容 C_{GD} 通过栅极电流(I_G)开始放电,V_{DS} 减小,一直降到导通压降 V_{on};$t_3 \sim t_4$ 阶段,由于导通漏极压降减小,栅漏电容增大且为恒定,栅电压将继续增大至 V_{GS}。典型栅电荷表达式如下:

阈值前栅电荷为

$$Q_{GS1} = V_{th}\left[C_{GS} + C_{GD}(V_{DS}) \right] \tag{3.86}$$

阈值后栅电荷为

$$Q_{GS2} = \sqrt{\frac{J_{on}W_{cell}L_{ch}}{2\mu_{ni}C_{OX}}}\left[C_{GS} + C_{GD}(V_{DS}) \right] \tag{3.87}$$

栅漏电荷为

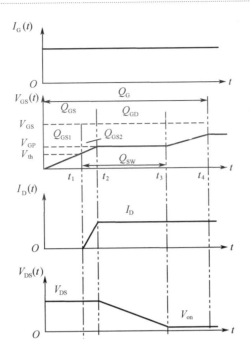

图 3.38　SiC VDMOS 在栅极加恒流源下的开启过程

$$Q_{GD} = \frac{2(W_G - 2x_{PL})q\varepsilon_S N_D}{W_{cell}C_{OX}}\left[\sqrt{1 + \frac{2V_{DS}C_{OX}^2}{q\varepsilon_S N_D}} - \sqrt{1 + \frac{2V_{on}C_{OX}^2}{q\varepsilon_S N_D}}\right] \quad (3.88)$$

栅开通电荷为

$$Q_{GD} = Q_{GS2} + Q_{GD} \quad (3.89)$$

总的栅电荷为

$$Q_G = \left(V_{th} + \sqrt{\frac{J_{on}W_{cell}L_{ch}}{2\mu_{ni}C_{OX}}}\right)\left[C_{GS} + C_{GD}(V_{DS})\right] + \frac{2(W_G - 2x_{PL})q\varepsilon_S N_D}{W_{cell}C_{OX}}$$

$$\times\left[\sqrt{1 + \frac{2V_{DS}C_{OX}^2}{q\varepsilon_S N_D}} - \sqrt{1 + \frac{2V_{on}C_{OX}^2}{q\varepsilon_S N_D}}\right] + \left[C_{GS} + C_{GD}(V_{on})\right] + (V_G - V_{GP})$$

$$(3.90)$$

式中:μ_{ni}为反型层迁移率;x_{PL}为栅与 p 阱和 n$^+$区的重叠长度。

3.3.2　关键工艺

由于 SiC 材料禁带宽度大,其离子注入效率比较低,制约终端技术的应用。

此外,栅氧化层的可靠性问题一直是制约 SiC DMOSFET 发展的瓶颈,残存于 SiC/SiO$_2$界面和 SiO$_2$中的碳元素,以及 SiO$_2$自身的缺陷,导致较高的界面缺陷密度;沟道中电子的隧穿效应和界面缺陷的相互作用,会引起器件阈值电压 V_{th} 的不稳定、导通电阻较大和击穿电压较低等。所以提高离子注入效率和改善 SiC/SiO$_2$界面质量的工艺是 SiC VDMOS 制备的关键所在。

3.3.2.1 低损伤高温高能离子注入与激活

为了提高激活率,在氩气气氛下采用 Al + B 复合离子高温注入方式,随后在 Ar + SiH$_4$气氛下采用高温退火激活的方式实现 JTE 结构电荷剂量设计。根据表 3.2Srim 计算的高温离子注入设计以及 JTE 结构的设计需求,选择合适的离子注入能量。图 3.39 为离子注入并高温退火激活后的材料 SIMS 测试曲线,可得 JTE 结深和浓度。

表 3.1 Srim 计算的高温离子注入设计

离子种类	注入能量/keV	激活后剂量/cm^{-2}	注入峰值深度/Å	X 轴注入深度/Å	Y 轴注入深度/Å
Al	550	4.05×10^{12}	5674	1023	1017
Al	325	2.98×10^{12}	3578	789	715
Al	180	1.97×10^{12}	2029	545	448
Al	80	2.00×10^{14}	899	299	222
B	550	2.41×10^{12}	7897	851	1036
B	380	2.11×10^{12}	6051	778	905
B	275	1.85×10^{12}	4796	713	796
B	160	1.42×10^{12}	3085	591	612
B	90	1.04×10^{12}	1891	468	449
B	35	2.00×10^{14}	847	299	253

3.3.2.2 高质量栅介质生长

湿法氧化的栅介质击穿较低,高温干法氧化的栅介质界面质量较差,采用先低温沉积氧化层以获得良好的界面特性,再沉积其他高 k 介质以提高介质层的质量和可靠性。随后在 NO 或者 N$_2$O 气氛中,采用 1130℃退火处理,可获得高质量的 SiC/SiO$_2$界面,表 3.3 列出了不同退火环境对 SiC/SiO$_2$界面质量的影响。

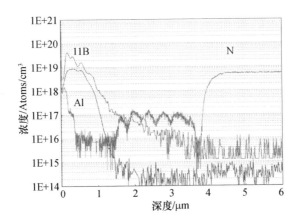

图 3.39　离子注入并高温退火激活后的材料 SIMS 测试曲线

表 3.3　不同退火环境对 SiC/SiO$_2$ 界面质量的影响

制备方法　样品类型　　参数	N 型			P 型		
	N$_2$O 氧化	N$_2$O 氮化	热氧化	N$_2$O 氧化	N$_2$O 氮化	热氧化
T_{ox}/Å	206	217	210	203	213	200
C_{FB}/C_{ax}	0.52	0.53	0.52	0.51	0.53	0.51
V_{FB}/V	−0.21	−0.65	−0.81	−3.05	−4.31	−3.40
$Q_{ox}/10^{12}$ cm^{-2}	2.5	5.9	8.2	5.4	16.7	9.4

注:T_{ox}:氧化层厚度;C_{FB}:平带电容;C_{ox}:氧化层电容;V_{FB}:平带电压;Q_{ox}:氧化层电荷

3.3.3　SiC MOSFET 进展

随着 SiC 外延材料和栅氧化层质量的改善,以及保护环等终端技术的不断发展,SiC VDMOS 不断地朝着更大功率、更高转换效率、更快开关速度、更小体积和模块化的方向发展。

3.3.3.1　高质量栅氧化层

栅氧化层的可靠性问题一直是 SiC DMOSFET 产品化的瓶颈,近 20 年栅氧化层的生长工艺一直是研究热点,经过不断的优化氧化温度(1175℃较优)、退火环境(NO 和 N$_2$O 等)及退火温度等工艺条件,2009 年 Agarwal 在工艺方面取得突破性进展[19],研制出较可靠的栅氧化层工艺,大大推动了 SiC DMOSFET 产品化进程。

3.3.3.2 保护环

2007 年报道了 10kV/5A 的大电流 4H – SiC DMOSFET 功率(图 3.40)[20], 其有源区面积比先前报道的增加了 25 倍,进一步优化浮动保护环技术,其中包含 65 个保护环,边缘终端结构总长为 550μm。

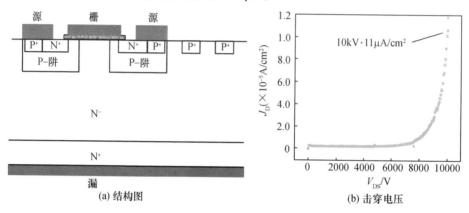

(a) 结构图   (b) 击穿电压

图 3.40   带保护环的 SiC MOSFET

3.3.3.3 场板

场板是常用的终端技术之一,2014 年制备了带场板的 SiC MOSFET,较常规 SiC MOSFET,击穿电压提高了 60% ,达到 850V[21]。

Cree 公司首次研制出 SiC 功率 MOSFET 产品,型号为 CMF20120D 的最大反向击穿电压/额定电流为 1200V/20A;芯片面积和相同耐压级别的 Si IGBT 相比,从 0. 25cm² 下降到了 0. 166cm²;效率提高了约 2% ,顺应了电力电子器件向小型化和高效率发展的趋势,成为代替 Si IGBT 的最佳选择。此外,日本 Rohm 公司已经可以量产 600 ~ 1200V SiC DMOS,并开始提供功率模块样品。目前 SiC DMOSFET 在 1. 2kV 关断电压下,具有 10A、20A 和 67A 工作电流的产品;在 10kV 关断电压下,具有 50A 工作电流的产品。

3.3.4   SiC MOSFET 应用

SiC VDMOS 的优势区域为 1200V 以上的高压区,主要应用于开关电源模块中的 Boost、Bulk、Bulk – boost 等电压转换模块以及由此模块变换出的各种开关电源模块。近年来,SiC VDMOS 应用于开关电源的研究成果和产品不断涌现。

2011 年 D. GRIDER 等人报道了用于 1MW 固态电力变电站的 10kV/120A SiC MOSFET 半 H 桥功率模块(图 3.41)[22],与相应的 Si 模块相比,工作频率可提高到 20kHz，变压器的质量减少 75%，体积减小 50%；固态功率变电所在 855kV 时的转换效率为 97%，模块的温升仅为几摄氏度。

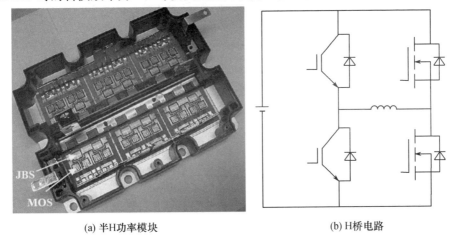

(a) 半H功率模块   (b) H桥电路

图 3.41 SiC MOSFET 半 H 桥功率模块及(b)H 桥电路(见彩图)

3.4 SiC JFET

在 J. Bardeen 和 W. Brattain[23]提出了电接触双极结型晶体管(BJT)之后不久，William Shockley[24]就预言了结型(栅)场效应晶体管(JFET)。JFET 具有 BJT 无法比拟的优势，其作为电控开关或电控电阻时无须输入电流，因而可以完全忽略任何漏电流以及空间电荷区随电流的变化，并且防止 JFET 进入双极注入模式。本节将对宽带隙 SiC JFET 的发展史进行概述，对相关结构和拓扑进行综合评述后，给出相关实验结果和讨论。对比 JFET 技术以及 MOSFET 和平面 JFET 发展现状，最后给出 SiC JFET 的应用前景以及为进一步改善器件性能所需开展的工作。

3.4.1 SiC JFET 的半导体物理基础

图 3.42 给出了 N 沟道 JFET 结构。由于是结型栅，因此可以忽略任何内建电势 V_{bi} 和空间电荷区。对零栅压、漏电流忽略不计时，沟道最大跨导可表示为

$$g_{max} = \frac{Z}{L} q \mu N_D a \tag{3.91}$$

沟道耗尽时所需的截止电压为

$$V_P = \frac{q N_D a^2}{2\varepsilon} \tag{3.92}$$

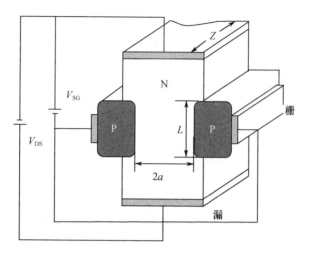

图 3.42　N 沟道 JFET 结构

Z—栅宽；L—栅长；a—半沟宽。

截止电流 I_P（忽略内建电势 V_{bi} 时漏极饱和电流）满足肖特基（Shockley）的缓变沟道近似，即

$$I_P = \frac{\mu q^2 N_D^2 a^3}{6\varepsilon} \cdot \frac{Z}{L} \tag{3.93}$$

显然，沟道最大跨导必然小于

$$g_{max} = \frac{I_P}{3V_P} \tag{3.94}$$

对于任一给定的截止电压 V_P，沟道最大跨导为

$$g_{max} = \mu \sqrt{N_D} \sqrt{2\varepsilon q V_P} \frac{Z}{L} \tag{3.95}$$

可以看出，对于给定的截止电压，沟道跨导在一个很大的范围内随掺杂浓度的增加而增加。对于给定的截止电压，沟道最大跨导与载流子迁移率和沟道掺杂浓度的平方根呈线性关系。载流子迁移率取决于掺杂浓度和温度，并随掺杂浓度和温度增加而减小。然而，载流子迁移率随掺杂浓度增加而产生的减小量小于掺杂浓度的平方根，因此，沟道高掺杂浓度将导致高的沟道跨导。高浓度掺杂的另一个好处是对于给定的截止电压可以采用更小的沟道宽度，这又可以在栅长较短时保持长沟道条件（$L/a \gg 1$）。室温时 4H – SiC 电子迁移率和掺杂浓度 N_D 之间的经验公式为

$$\mu = \frac{900}{\left[1 + \left(\dfrac{N_D}{1.94 \times 10^{17}}\right)^{-0.61}\right]} \tag{3.96}$$

尽管 4H – SiC 电子迁移率的优势并不明显,但由于 4H – SiC 的击穿场强比 Si 高了近 10 倍,因此在给定阻断电压的情况下,掺杂浓度比 Si 高近 100 倍。这使得 SiC JFET 具有很大的吸引力,在获得高的关断电压的同时仍具有较低的导通电阻。

3.4.2 横向 SiC JFET

早期的横向 SiC JFET 结构如图 3.43 所示,还不能认为它是功率半导体器件,而只是作为碳化硅技术特征的一个示例。N 沟道 SiC JFET 的高温(600℃)工作能力已经在 1993 年得到证明,正向截止型 P 沟道 JFET 也显示了 550℃下正常工作的能力。

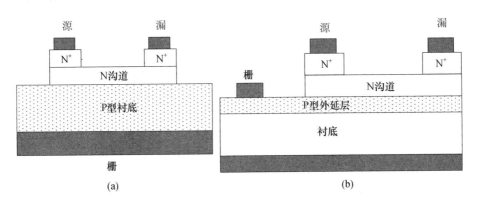

图 3.43 横向 SiC JFET 结构

通过采用 RESURF 技术,横向 JFET 在近年来受到越来越多的关注。器件的工艺从 4 层外延层的依次生长开始。首先在晶片上生长重掺 P 型缓冲层,接下来生长足够厚的低掺杂 P 型层以承受漏极电压,然后是一层 N 型沟道层并在上面覆盖一层厚度和掺杂浓度适当的 P 型层以有效减小栅极和漏极之间的表面电场,最后通过掩模和离子注入确定 N⁺ 源、漏和 P⁺ 栅。Masuda[25] 等人获得的正向导通型器件在栅源电压为 – 10V 时的耐压约为 800V,而栅源电压为 2V 时的比导通电阻约为 $6.3\mathrm{m\Omega \cdot cm^2}$。

尽管在考虑系统集成时横向开关器件在电源模块应用中具有一定优势,但必须指出的是,由于芯片表面三个电极的电势不同,600V 以及更高阻断电压器件的设计中必须解决布线和绝缘的问题。因此,这种器件的单元密度,换句话说,单位面积上所能得到的 Z/L 将小于垂直 JFET(VJFET)。另外,需要考虑的是 P 型 4H – SiC 材料的低电导率(低的受主离化率和低迁移率),这一点以及通常 P 型 4H – SiC 衬底材料的质量较差都限制了电极下沉技术,(采用 P 型材料并在衬底背面制作源电极)的进一步应用。

3.4.3 垂直 SiC JFET

3.4.3.1 完全的 VJFET

完全的 VJFET 命名为 SIT 还是 VJFET 应取决于器件具有类三极管特性还是类五极管特性。在 SIT 中,漏电压的增加会降低沟道势垒,使得更多电子从源端越过势垒,导致漏极电流呈指数增加。这种注入效应类似于双极结型晶体管中发射区—基区结的情况。漏端电势能够在沟道中"感应"势垒,这是该类器件得此命名的原因。VJFET 中的这种"感应"可以忽略,饱和区的漏极电流与漏电压无关。长沟道器件 $L/a \gg 1$ 具有类五极管特性,短沟道器件 $L/a < 3$ 具有类三极管特性,这里只讨论长沟道器件。JFET 功率开关有三个重要特性:导通电阻越低越好;关断电压越高越好;饱和漏电流越高越好。

Tanaka[26]等人在 N 型漂移层上外延生长了 P 型层,然后通过干法刻蚀形成的沟槽穿过 P 型层并到达漂移层,最后在这种结构上进行 N 型的外延层再生长,这样就可以实现埋栅结构,如图 3.44 所示。由于 SiC 的杂质扩散一般可以忽略,P 型层的分布在随后的外延生长过程中不变,报道的数据表明这种器件应该具有 SIT 的特性,并命名为 SIT。由于沟道 $L/a \approx 2.5$,因此该器件为正向截止型。报道的栅压为 −12V 时器件的阻塞电压为 700V,栅压为 2.5V 时比导通电阻为 $1.01\mathrm{m\Omega \cdot cm^2}$,这已经是一个相当高的水平。当然,掺杂浓度以及通过反应离子刻蚀进行图形转移的工艺容差,将会导致比导通电阻和关断电压在一个很大范围内变化。

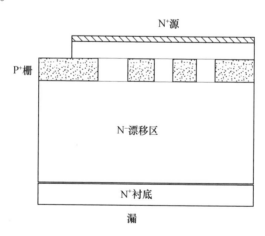

图 3.44 通过干法刻蚀和外延过生长制作的 VJFET

Zhao[27]等人解决了如何获得更合适沟道尺寸比的问题,他们首先将具有条形掩模的 N 型漂移层刻蚀到一定深度,使得剩余的漂移层形成具有垂直侧壁的台阶结构,为了通过离子注入工艺实现对沟槽底部和侧壁的 P 型掺杂,将衬底固定在离子束垂直方向并进行旋转,结构如图 3.45 所示。这种器件通常是正向截止型的,需要接近或高于 PN 结内建电压的正栅电压使之导通,而这反过来又会导致明显的栅极泄漏电流。从功率半导体器件的角度来说,这种正向截止型 VJFET 类似于双极结型晶体管,选择的栅电压越高,电流增益下降越明显。对于这种正向截止型 VJFET,已报道最小比导通电阻为 $3.6m\Omega \cdot cm^2$,相应的关断电压为 1726V。

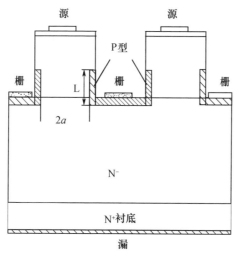

图 3.45　具有垂直侧壁台阶结构的 VJFET

E・Hanna[28]等人报道的一种 VJFET,具有多晶硅栅并通过氧化硅薄层与垂直沟道区隔离,多晶硅栅和栅底部 P 注入层接触。器件剖面结构如图 3.46 所示,这种器件被命名为 MOS 增强型 JFET。

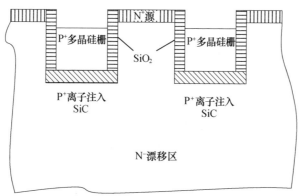

图 3.46　MOS 增强型 JFET 的剖面结构

这种器件是正向导通型的,但是由于多晶硅栅与 P 型掺杂的 SiC 之间形成一个肖特基接触,因而不存在栅电压超过 PN 结内建电压时栅泄漏电流增大的问题。正向栅电压增加时会在沟道中氧化层侧壁附近形成载流子的累积,使得器件比导通电阻大幅下降,而负栅压时沟道中电子越来越被耗尽,因此这种器件也称为耗尽型沟槽 MOSFET。已经报道了关断电压 600V、比导通电阻 $2.86\mathrm{m}\Omega \cdot \mathrm{cm}^2$ 的器件。

完全 VJFET 一个值得注意的特性是其固有的高栅漏电容(密勒电容)。另一个固有缺点是其栅极和漏极之间形成的双极型二极管不能用于集成二极管。

3.4.3.2 具有横向沟道的 VJFET

图 3.47 给出了具有横向沟道的 VJFET 结构,在第一层外延生长层上通过掩模 Al 离子注入制作 P 阱,经过 1600℃生长第二层 N 型掺杂层(沟道层)后,对铝离子注入区进行退火,由于可以忽略杂质的扩散,这一层杂质分布不会改变。顶层 P 栅也可以通过沟道层的掩模离子注入形成。随后通过高温退火以激活注入的 Al 杂质。

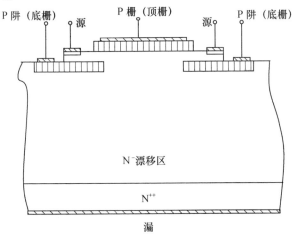

图 3.47　具有横向沟道的 VJFET 结构(一)

如果源端与顶部 P 栅(情况 A)或者 P 阱(情况 B)直接连接,结构都可以比较简单地制作和封装。然而,如果源与 P 阱连接(图 3.48),不仅会使体二极管不稳定,也会使栅漏电容减小,而且情况 A 中的寄生二极管连接在栅和源之间,而情况 B 中则连接在源和漏之间。

只要 $V_{\mathrm{SG}}=0$,沟道跨导就会因为栅的对称性而保持不变,这与完全 VJFET 类似。然而,在对称的导通型 JFET 中,沟道耗尽所需的栅电压为

$$V_{\mathrm{SGd}} = V_{\mathrm{P}} - V_{\mathrm{bi}} \tag{3.97}$$

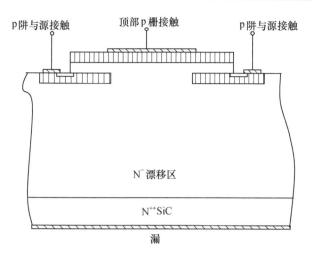

图 3.48　具有横向沟道的 VJFET 结构（二）

N^+ 源区嵌入在 P 阱中并延伸至 P 栅下以减小源串联电阻。

注意,截止电压是在没有内建电压的情况下定义的。

在非对称情况下,沟道完全耗尽(截止)所需的电压为

$$V_{SGd} = V_p \left(2 - \sqrt{\frac{V_{bi}}{V_p}} \right)^2 - V_{bi} \equiv 4 \left(V_p - \sqrt{\frac{V_{bi}}{V_p}} \right) \tag{3.98}$$

由于沟道的厚度、掺杂浓度以及 P 栅都可以采用低掺杂外延层的离子注入工艺实现,因此,具有横向沟道的 VJFET 的加工精度远远超过了完全的 VJFET。

实现具有横向沟道和垂直电流路径的 VJFET 的思想,是从先前制作正向截止型 SiC DMOSFET 的经验中得来的。20 世纪 90 年代中期,4H – SiC MOSFET 一度因为很低的沟道迁移率而无法实现具有低导通电阻的功率 MOSFET。实际的做法是放弃表面反型沟道,通过形成体沟道而完全利用载流子的体迁移率。这种结构显然与 JFET 类似,但是为了保持高的单元密度以及体二极管的优势,通常选择将 JFET 的第二栅极与源极连接。物理模拟结果表明,这种方法有效地避免了功率 JFET 结构的一个主要缺点,也就是根据耗尽沟道中漏极电压 V_D 对载流子感应电势 V_C 的影响而定义的低阻塞增益 BG,即

$$BG = \frac{\partial V_D}{\partial V_C} \tag{3.99}$$

尤其是对高压 JFET,由于它具有类三极管工作模式,器件耐压往往很低,如对硅 JFET 而言,最高耐压只有 $150 \sim 200V$。

成功的器件设计中必须强调 P 栅的精度,其中 P 阱的距离以及沟道长度和厚度是重要的设计参数。由于雪崩击穿主要发生在这一埋层的边缘处,因此必

须通过版图的选择对电场进行有效屏蔽,使其远离沟道区,这样才能得到类五极管特性。

图 3.42 给出的结构:控制栅极位于在器件顶端,而源区则被转移到 P 型栅埋层内部,这与 VDMOS 结构非常类似。而且这种结构的栅长能够精确调整且自对准,而在其他结构中通常会存在对准错误或由于外延层的再生长而产生的图形偏移。通过进一步改进这种结构可以改善器件的有关参数[29,30]:

(1)抗浪涌能力。JFET 相比于 MOSFET 具有更高的抗浪涌能力,即其电流极限很有优势。比如,在绝大多数应用中,电路工作的短时间内,器件需要处理的电流至少是通常电流的 5 倍。

(2)进一步减小导通电阻 R_{on},改善截止电压控制能力。R_{on} 和截止电压受二次外延的均匀性的影响很大。通过采用适当的技术手段可以进一步减小 R_{on},改善截止电压控制能力。而且通过沟道掺杂可进一步减小导通电阻随温度的增加量,从而获得更低的静态功耗。

(3)雪崩击穿特性。改进器件结构以去除拐角、边沿或其他局部点处的电场增强效应,获得均匀的雪崩击穿,通过去除这些临界点同样可以进一步减小导通电阻,更好地利用 SiC 的最大击穿电场。

(4)器件最终优化设计的目标是获得更好的器件利用率,还包括进一步减小导通电阻 R_{on}、提高抗浪涌能力以及改善导通电阻 R_{on} 的温度特性。

3.4.4 SiC VJFET 发展趋势及挑战

由于 SiC VJFET 与硅基单极开关器件的相似性,它有望替代硅开关,甚至有可能形成基于固态器件的新的改进方案。比如在电动机驱动电路中,目前大多采用具有硅基二极管的 IGBT。在这些系统中可使用 SiC 肖特基势垒二极管替代这些 Si 二极管,将会明显提升系统性能,而且这一步已经实现了。下一步是将每个开关功能仅用一个器件来实现而不再需要二极管,这是由于 SiC 开关本身就具有一个速度很快的体二极管,因此不需要再外接二极管。这样就可以通过更小的器件面积来进一步降低功耗、简化系统、提高可靠性及功率密度。SiC VJFET 进一步的潜在应用是开关型电源,这种应用正在朝着更高频率的方向发展,因此,从纯技术角度来说,SiC 器件即使在 1000V 以上耐压时仍具有单机开关的巨大优势,并且在额定电流下具有很小的电容。采用高耐压快速开关可进一步简化系统,这种尝试的突破始终被系统的高电压困扰,但是对于这些应用,观念的转变必将促进新技术的诞生。SiC VJFET 在这些简单结构中应用的前提是稳定的雪崩击穿。最新结果证明了 SiC VJFET 预期的潜能:具有很高的单脉冲雪崩能量,明显高于尺寸相当的硅器件,并且在重复的雪崩条件下具有稳定的特性。其他大量关于如何利用 SiC 开关器件优势的想法还在发展之中,并将为今后提供广泛的应用基础。

这里需要强调的是 SiC VJFET 应用中的一个特殊的主题,尤其是在 21 世纪最初的几年中,高温半导体器件的需求越来越受到关注,然而除了个别案例外,这样的器件商业化程度还较低,这种现状在不久的将来就会因为混合动力汽车(Hybrid Electric Vehicle,HEV)和电动飞机两种新兴应用领域的出现而改变,它们在市场上占据的份额将越来越大,而这都需要能够在 300℃ 以上结温可靠工作的半导体功率器件。SiC VJFET 在具有高电场的器件有源区中只存在 PN 结,因而充分利用了栅控开关器件中 SiC 材料的高温特性,是最具有发展潜力的高温开关器件。

3.4.5　SiC JFET 应用

国际上已较好地开展了 SiC JFET 在电力领域的应用研究。

2011 年报道了 SiC JFET 和 SiC SBD 用于新一代风能系统的评估,选择高温、高频的 SiC 器件,以减少新一代风能功率电子系统的体积和尺寸,期望是 Si 的 AC – DC – AC 转换的能耗的 1/3,在常态低风速时进一步改善效率。工作频率在 100kHz 的 SiC JFET(1200V/30A)的 DC – AC 变换器,采用 DC 耦合栅驱动电路(图 3.49),抑制由 SiC 器件的高 dV/dt 所引起的不需要的振荡/电磁干扰问题。实验结构证明,该变化器具有高开关频率、低开关损耗和把能量从三相发电机转换到负载的能力。

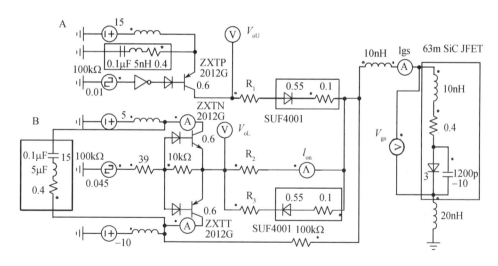

图 3.49　DC 耦合栅驱动电路

2012 年报道了 SiC JFET 的硬开关应力实验,为适应高功率双向固态断路器应用的硬开关可靠工作的需求,设计 1200V SiC JFET 器件的重复硬开关实验

（图 3.50），从 150V 关断到导通，导通电流超过 JFET 205W/cm² 时额定电流的 8 倍。器件采用离子注入形成 P⁺ 栅和保护环。采用 RLC 电路做实验，电路能以电流上升速率 150A/μs 达到的电流超过 200A。实验应力：在 25℃、50℃、100℃ 和 150℃ 等不同温度下冲击 1000 次，在 150℃ 下重复频率 1Hz、5Hz、10Hz 和 100Hz 冲击 16000 次。在峰值能 7.5mJ、功耗 9kW 的 16000 次冲击实验后，器件的导通和关断性能不变。实验表明 SiC JFET 已能适应无退化、重复双向、高浪涌电流的故障隔离应用。

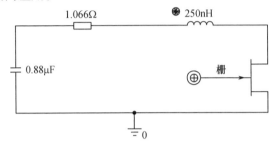

图 3.50   1200V SiC JFET 器件重复硬开关应力实验电路

3.5   SiC BJT

双极结型晶体管（BJT）是由贝尔实验室的一个研究团队在 1947 年发明的，虽然在传统的硅材料半导体器件领域 MOSFET 等场效应器件已经占有了相当一部分市场份额，但是 BJT 在高功率和高开关速度等方面的应用仍然大有作为。随着 SiC 材料半导体器件的研究深入，SiC BJT 功率器件由于不受二次击穿的影响，而且没有 SiC JFET 器件的栅极驱动，也避免了 SiC MOSFET 栅氧化层界面不稳定性和沟道迁移率低等，因此 SiC BJT 具有广阔的应用前景。

3.5.1   BJT 基本工作原理

双极型晶体管分为 NPN 和 PNP 两种结构，由于电子的迁移率比空穴的高，NPN 型 BJT 应用的空间比 PNP 型 BJT 更广泛。功率 BJT 器件是一种电流驱动控制型的三端器件，其工作模式有共发射极和共基极之分，常用的是共发射极工作模式。在共发射极模式中，基极 – 发射极电压 V_{BE} 控制着集电极电流。在正向工作模式中，基极 – 发射极正向偏置同时基极 – 集电极反向偏置。在共基极模式下，NPN 型 BJT 内部集电区和发射区之间的电流传输。电子流的方向和电流方向相反，空穴流的方向和电流方向相同。

从图 3.51 可以看出，当晶体管在有源放大区工作时，在基极 – 发射极正向

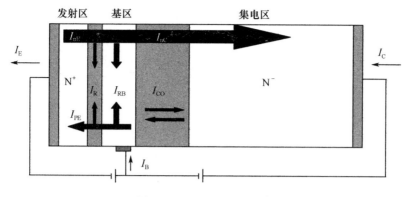

图 3.51 SiC BJT 电流示意

偏置下,发射区电子向基区注入电子形成电流 I_{nE},基区向发射区注入空穴形成电流 I_{pE}。由于发射区的掺杂浓度远高于基区,从发射区正向注入的电子,在基区形成相当高的电子浓度梯度。在高浓度梯度的作用下,基区内的电子向集电区方向扩散。在器件设计中,基区通常设计得很薄(基区宽度 W_B 远小于基区电子扩散长度 L_{nB}),注入基区的电子只有很少一部分与多子空穴复合形成基极电流 I_{RB},与基区电子复合的源源不断的空穴需要基极提供电流来维持。其他电子在复合前扩散到空间电荷区在基区一侧的边缘。而基极 – 集电极反向偏置电压在空间电荷区形成的强电场,将扩散过来的电子扫到集电区,形成集电区电流 I_{nC}。I_{CO} 是基区 – 集电区反向饱和电流,I_R 是基区 – 发射区空间电荷区内电子空穴复合电流。由于 BJT 结构是 NPN 型,基区为 P 型,故由发射区注入的电子在基区称为少数载流子(简称少子),其在 BJT 工作中具有重要的作用。

3.5.2 BJT 基本电学特性

3.5.2.1 电流增益

BJT 的集电极和发射极之间的流动由基极驱动电流来实现,对于双极型晶体管,电流增益是最重要的特性,它体现了 BJT 的电流驱动能力。当 BJT 基极 – 发射极处于正向偏置、基极 – 集电极反向偏置时,NPN 型 BJT 工作在有源放大区。共基极电流增益为

$$\alpha = \frac{\Delta I_C}{\Delta I_E} = \frac{\Delta I_{nE}}{\Delta I_E} \cdot \frac{\Delta I_{nC}}{\Delta I_{nE}} \cdot \frac{\Delta I_C}{\Delta I_{nE}} \tag{3.100}$$

一般通过改善决定发射极注入效率 γ 和基区传输因子 α_T 的结构参数来优化电流增益。一个重要方法是通过减小基区厚度提高电流增益,因为较薄的基区可以提高发射极注入效率和基区传输因子。但是为了在较高的耐压下避免 BJT 基区穿通,需要使用较大的基区厚度,在基区厚度的设计上需要折中考虑。

由于基区 – 发射区的空间电荷区的复合电流 I_R 很小,而且如果基区 – 发射区 PN 结的材料质量很高,则 I_R 完全可以被忽略掉。因此,发射极注入效率为

$$\gamma = \frac{\Delta I_{rE}}{\Delta I_E} = \frac{1}{1 + \frac{D_{pE}}{D_{nB}} \cdot \frac{N_B}{N_E} \cdot \frac{W_B}{W_E}} \quad (3.101)$$

式中:N_B 为基区的掺杂浓度;N_E 为发散区的掺杂浓度;D_{pE} 为电子在发射区中的扩散系数;D_{nB} 为少子在基区的扩散系数;W_B、W_E 分别为基区和发射区的宽度。

如果空穴扩散系数 L_{pE} 远大于发射区的宽度,则可将 W_E 换为 L_{pE}。由式(3.101)可知,欲改善 γ,必须减小 N_B/N_E,即发射区的掺杂浓度必须远大于基区,这也是发射区用重掺杂的原因。

基区传输因子是到达集电极的电子电流量与由发射区注入的电子电流量之比:

$$\alpha_T = \frac{\Delta I_{nC}}{\Delta I_{nE}} \approx \frac{1}{\cosh \frac{W_B}{L_{nB}}} \approx 1 - \frac{W_B^2}{2 L_{nB}^2} (L_{nB} \gg W_B) \quad (3.102)$$

式中:L_{nB} 为基区内少子的扩散长度,$L_{nB} = \sqrt{D_{nB} \tau_n}$,其中 D_{nB} 为少子在基的扩散系数,τ_n 为电子寿命。

BJT 的共发射极电流增益(如无说明,文中所提及的电流增益均指共发射极电流增益)定义为集电极电流和基极电流的比值,即

$$\beta = \frac{I_C}{I_B} = \frac{\alpha}{1 - \alpha} \quad (3.103)$$

3.5.2.2　击穿电压

在电机驱动及功率分布系统中,对大功率控制的需要使得功率半导体器件必须具有足够高的击穿电压,这也是功率半导体器件最大的特点。在功率 BJT 器件中,有雪崩击穿和穿通击穿。当基区 – 集电区的反向偏置电压达到某一数值,器件内的最高电场达到半导体材料的临界击穿电场时,泄漏电流急剧增加,发生雪崩击穿。当基区 – 集电区的反向偏置电压提高后,基区 – 集电区的耗尽层边缘延伸至整个基区,电中性的基区消失,整个基区都成高电场的耗尽区,发射区的电子可以直接漂移到集电区,从而输出很大的集电极电流,发生穿通击穿。

器件的雪崩击穿电压为

$$BV = \frac{\varepsilon E_C}{2qN} \quad (3.104)$$

式中:ε 为半导体材料的介电常数;N 为漂移区的掺杂浓度;E_C 为半导体材料的临界击穿电场,对于 Si 材料,$E_C \approx 3 \times 10^5 \text{V/cm}$ 左右,对于 SiC 材料,E_C 与漂移区

掺杂浓度 N 有关[31],即

$$E_C = \frac{2.49 \times 10^6}{1 - \frac{1}{4}\lg(N/10^{16})}(V/cm) \qquad (3.105)$$

根据式(3.105),当漂移区掺杂为 $3 \times 10^{15} cm^{-3}$ 时,可以计算临界击穿电场 $E_C = 2.2 \times 10^6 V/cm$。

根据 B. Jayant Baliga 的理论, BV_{CBO} 和 BV_{CEO} 的关系为

$$\frac{BV_{CEO}}{BV_{CBO}} = \frac{1}{(1+\beta)^{\frac{1}{n}}} \qquad (3.106)$$

式中: β 为雪崩倍增因子为 1 时的共发射极电流增益; n 为经验常数,取决于电子和空穴的碰撞系数,Si 材料中 $n = 3 \sim 6$,4H – SiC 材料中 $n = 8 \sim 10$。

从(3.106)可知, $BV_{CEO} < BV_{CBO}$。如无特别说明,下面提到的击穿电压均指发射极开路集电极 – 基极间的击穿电压 BV_{CBO}。

3.5.2.3　比导通电阻

功率 BJT 的比导通电阻可以由器件的输出特性计算得到,定义为饱和区中正向压降和集电极电流的比值再乘上有源区的面积[32],即

$$R_{SP\_ON} = \left(\frac{\Delta V_{CE}}{\Delta I_C}\right) \times A_{active} \qquad (3.107)$$

BJT 比导通电阻的大小依赖于漂移区的掺杂浓度 N 和漂移区的厚度 W,即

$$R_{SP\_ON} = \frac{W}{q\mu_N N} \qquad (3.108)$$

对于 BJT 器件,当其工作在饱和状态时,由基区注入漂移区的少数载流子空穴的浓度远高于漂移区内本身的电子浓度,从而导致漂移区电阻大为降低,这个效应称为电导调制效应。然而在 SiC BJT 中漂移区掺杂浓度高且比较薄,较难观察到电导调制效应,所以其导通电阻一般要超过漂移区和衬底的导通电阻。2006 年,Gao Yan 和 Alex Q 等人在 SPEC 上详细分析了导致 SiC BJT 中难以发生电导调制的原因[33]。2007 年 Balachandran 等人在国际功率半导体器件与集成电路上报道了击穿电压为 6000V、比导通电阻为 $28m\Omega \cdot cm^2$ 的 SiC BJT,其导通电阻低于漂移区的电阻,证明了在 SiC BJT 中可以实现电导调制效应。[34]

3.5.3　SiC BJT 关键技术进展

近年来报道了高压 4H – SiC NPN BJT 的重要进展。就器件结构的改进而言,由于杂质扩散方法的限制,实现 SiC BJT 有两种基本方法,即外延生长或离

子注入制作发射区。在外延发射区的方法中,通过外延生长发射区和基区,基区接触通过发射区过刻蚀和 P^+ 离子注入形成。相反,离子注入发射区 BJT 采用外延生长 P^+ 接触层,然后通过光刻和 P 型基区刻蚀确定发射区面积。发射区注入剂量和能量决定最终的基区宽度,体现了工艺灵活性。外延发射区 BJT 的主要缺点是基区宽度由外延生长决定,工艺灵活性较差;而离子注入发射区 BJT 的缺点是离子注入所造成的晶格损伤不能完全消除,导致了较低的基区少子寿命和电流增益。

3.5.3.1 外延发射区 SiC BJT

所报道的外延发射区 4H – SiC BJT 的最高击穿电压为 3.2kV。两种芯片尺寸(0.0072mm^2 和 1.05mm^2)的 BJT 已经研制出来,室温时大器件的 R_{SP-ON} 为 $78\text{m}\Omega \cdot \text{cm}^2$,$\beta = 15$,而小器件 R_{SP_ON} 为 $28\text{m}\Omega \cdot \text{cm}^2$,$\beta = 20$。然而,中国电子科技集团公司第 13 研究所研制的 4H – SiC BJT $BV_{CBO} = 4.6\text{kV}$,$BV_{CEO} = 4\text{kV}$,如图 3.52 所示,其集电区比 3.2kV 的器件更薄、掺杂更高。BV 更高的原因是采用了更理想的终端结构,即三区注入 JTE;之前该 JTE 已经用于 8kV 4H – SiC 结型整流器。测量得到的室温比导通电阻为 $56\text{m}\Omega \cdot \text{cm}^2$。击穿电压为 1.6kV,最大电流为 40 A 的外延发射区 BJT 得到的比导通电阻为 $4.5\text{m}\Omega \cdot \text{cm}^2$。同时测量得到的峰值电流增益为 40,且对集电极电流不敏感,并随温度升高而减小。电流增益随温度升高而减小与基区受主浓度的增加有关,这一反常的趋势有利于防止热损耗和实现器件并联。随着器件工艺和设计的优化,已经制作出了电流增益高达 120 的外延发射区 BJT 测试结构。

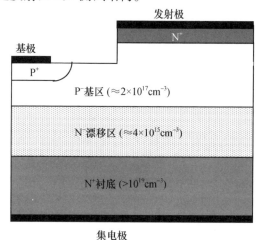

图 3.52 外延发射区 4H – SiC BJT 结构

3.5.3.2　注入发射区 SiC BJT

离子注入发射区 SiC BJT 的结构如图 3.53 所示,最高 $BV_{CEO} \approx 500V$,是相应 BV_{CBO} 的 70%,而电流增益仅为 6 左右。经过尝试不同的发射区掺杂类型(磷、氮和砷)以及退火温度(1200℃或1600℃),发现掺磷并在1600℃下退火时结果最好。

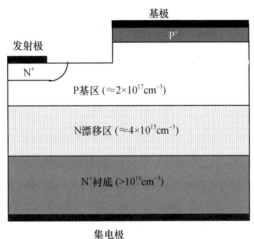

图 3.53　离子注入发射区 SiC BJT 结构

值得指出的是所有实验结果都表明 4H–SiC BJT 比导通电阻比 4H–SiC 单极器件的极限高,原因是集电区没有电导调制效应且电流传导具有非均匀性。通过详细分析基区和集电区的少子寿命以及基区表面的复合速率。少子寿命为 $0.1\mu s$、$50\mu s$ 的 4kV SiC BJT 集电区的电子和空穴浓度分别如图 3.52 所示,前者集电区少子浓度不会高于背景多子浓度,而后者的空穴和电子浓度明显超过背景掺杂浓度,从而减小了集电区串联电阻。

由于减小到 1/10 的集电极漂移区是用来承担阻塞电压的,因此 SiC BJT 存储电荷更少,开关频率至少达 200kHz 以上。200℃时在 1.3kV/17A 外延发射区 BJT 上测得导通上升时间为 365ns,截止下降时间为 144ns。同时发现 4kV 外延发射区 BJT 开启时间为 $0.4\mu s$,而基极开路截止时间长达 $8\mu s$。相对而言,在离子注入发射区 BJT 上测得管段时间不到 $0.2\mu s$,这意味着没有修复的注入损伤有利于消除过剩载流子。与 Si 器件相似,由于复合寿命的增加,SiC BJT 关断时间随温度升高而延长。

3.5.3.3　多沟槽 JTE 技术

2015 年 Elahipanah[35]等人采用多沟槽 JTE 技术制得到 SiC BJT,结构如图

3.54 所示,多沟槽终端技术能够抑制电场拥挤并且对 JTE 区域的高电场起到遮蔽作用,因此采用多沟槽 JTE 技术能够形成更加均匀的电场。该研究实现了 $R_{\mathrm{SP-ON}} = 28\mathrm{m\Omega \cdot cm^2}$,最高击穿电压为 5.85kV。

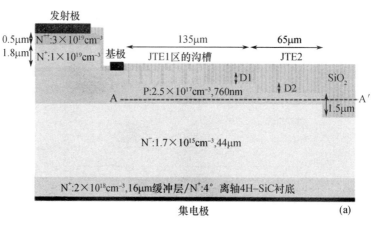

图 3.54 采用多沟槽 JTE 结构的 4H – SiC BJT 结构(见彩图)

3.5.4 SiC BJT 的应用

SiC BJT 的应用研究工作进展较好,2010[36] 报道了驱动应用的 2kW SiC BJT 逆变器,电路如图 3.55 所示,由两个 1.2kV/3A SiC BJT 和 SiC SBD 组成模块,在 2kW 输出功率范围和 175℃ 高温时,该逆变器的效率达到 97%。

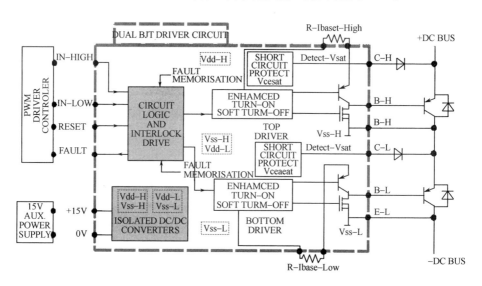

图 3.55 驱动应用 SiC BJT 逆变器电路

2011 年报道了光伏电力系统用 SiC BJT 升压变换器,应用 SiC 器件可实现超高效率光伏电力系统的逆变[37]。优化 SiC BJT 的驱动电路设计,电路如图 3.56 所示,在 BJT 的最小开关和导通损耗之间权衡,同时要减少驱动电路本身的复杂度和损耗。采用三个 1200V/6A 的 SiC BJT 作为三相升压变换电路的开关管,并和同类的 Si IGBT 进行比较。在 48kHz 开关频率下,输出功率 5kW、输入电压为 600V 时,升压变换效率达 98.2%,比 Si IGBT 提高了 1%。

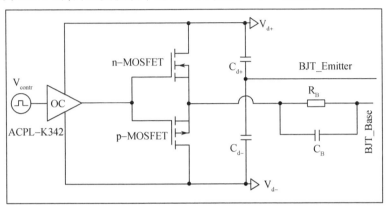

图 3.56　使用 SiC BJT 的栅驱动电路

注:$R_B = 33W$, $C_B = 47nF$, $V_{d+} = 1.25V$, $V_{d-} = -18V$。

2011 年也报道了在 DC/DC 升压变换器中应用 SiC BJT 和 SiC JFET 的实验比较[38]。在 2kW 标准的 DC/DC 升压变换器电路中,开关管分别采用封装的 SiC BJT(1.2kV/6A) 和 SiC JFET(1.2kV/5A) 进行比较,实验所用 DC/DC 升压变换器电路如图 3.57 所示,由于两个开关管芯片面积不同,它们工作在相同的导通损耗下,因此栅极和基极驱动电路的开关速度也接近相同。实验结果表明,DC/DC 升压变换器在 100kHz 开关转换中,SiC BJT 的导通时间为 20ns 而关断时间为 35ns,稍快于 SiC JFET(导通时间为 35ns 而关断时间为 45ns),但 SiC BJT 的驱动损耗为 1.51W,稍高于 SiC JFET(驱动损耗为 1.0W)。在 50kHz、100kHz 和 200kHz 开关频率下比较两种器件升压变换器的效率,SiC BJT 变换器的效率分别为 99%、98.95% 和 98.6%,略高于 SiCJFET 变换器的效率(98.8%、98.6% 和 97.95%)。SiC JFET 开关损耗较大的主要原因是芯片面积较大,导致寄生电容较大。SiC JFET 的开关速度可通过调整栅驱动电路中的电阻和电容来达到所需要的值。两种器件的驱动损耗都随着开关频率的提高而增大,研究表明,当频率高到一定值时,SiC JFET 的驱动损耗成为主导因素并超过 SiC BJT。在低于 500kHz 频率时采用 SiC JFET,在更高的频率可选用 SiC BJT。

随着功率开关和高频放大应用的功率 BJT 原型器件的不断发展和提高,前

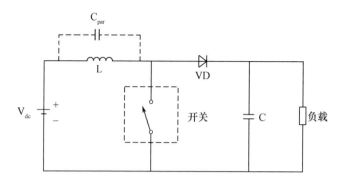

图 3.57　DC/DC 升压变换器电路

者对关断电压以及后者对截止频率更高的要求仍然是亟待攻克的技术壁垒。特别是 BJT 基区和集电区的少子复合寿命取决于外延工艺,这就需要进一步提高其工艺重复性质量以获得足够高的电流增益以及导通时的集电区电导调制效应。目前,由于注入损伤还不能通过退火完全消除,因此只有外延发射区工艺才能获得合适的电流增益。然而,外延发射区工艺在器件制作中具有一定的难度,并且是一种非平面工艺。SiC BJT 的可靠性也有待进一步研究。由于栅氧化层可靠性的问题(特别是在高温下)仍阻碍着 SiC MOSFET 的发展,因此 SiC BJT 在功率开关和高频放大应用方面提供了另一种器件选择。

◣ 3.6　SiC IBJT

　　绝缘栅双极型晶体管(IGBT),是由 MOSFET 和 BJT 组成的达林顿结构,具备了 MOSFET 电压驱动和 BJT 低导通电阻的双重优势。SiC IGBT 克服了 MOSFET 耐压与导通电阻的矛盾关系,适用于机车、风力发电等超高压大功率领域。SiC IGBT 的设计围绕着提高击穿电压、控制少子注入效率以及少子寿命等,以缓解击穿电压、导通电阻和开关速度的矛盾关系。本章首先介绍 SiC IGBT 工作原理,包括导通特性、击穿特性、关断特性以及从封装角度改进模块散热等,然后介绍 SiC IGBT 在高压、高速方面的进展及其在开关电源中的应用。

3.6.1　工作原理

　　SiC IGBT 由 N^+/P – 阱/N^-/P^+ 四层结构组成,其结构和等效电路如图 3.58 所示。由图 3.63(b)可知,寄生 NMOS 为寄生 PNP 三极管提供基区电流,控制 PNP 三极管的开启与关断。当栅压大于阈值电压时,从而在 N^+ 发射区与 N^- 漂移区之间产生出一个导电沟道,使得电子从 N^+ 发射区流向 N^- 漂移区,为寄生 PNP 晶体管提供基区电流。由于 PNP 晶体管的发射结 J_2 正偏,集电区 P^+ 向 N^-

漂移区注入大量的空穴,降低漂移区电阻,即电导调制效应。

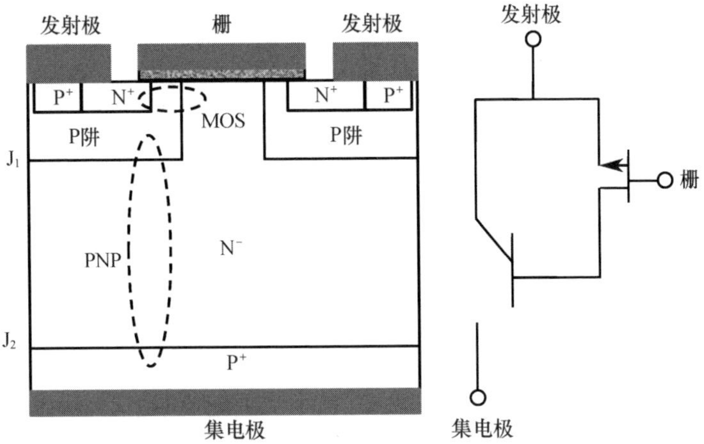

图 3.58　SiC IGBT 结构及等效电路

SiC IGBT 击穿模式分为反向阻断击穿和正向阻断击穿。反向阻断击穿是栅夹断,且 $V_{CE} < 0$,此时 J_2 结承受高压处于反偏状态,耗尽区从 J_2 结向 N^- 漂移区扩展,直到器件漏电大于 $1\mu A/mm$。正向阻断击穿是栅夹断,且 $V_{CE} > 0$,此时 J_1 结承受高压处于反偏状态,耗尽区从 J_1 结向 N^- 漂移区扩展,直到器件漏电大于 $1\mu A/mm$。

SiC IGBT 主要的器件参数包括导通压降、击穿电压、关断时间以及散热等。

(1) 导通压降。IGBT 的导通压降包括:寄生 MOS 压降、N^- 漂移区压降以及 J_2 结压降。在高压 SiC IGBT 电力电子器件设计中,N^- 漂移区导通压降所占比例较大,是导通压降设计的关键。改变导通压降的方法有以下三种:

① 改变少子寿命。长少子寿命可降低导通压降,但严重影响器件的开关速度。在少子寿命设计方面偏向开关速度的优化,目前主流的技术主要包括采用电子辐照和质子辐照的方法来产生故意损伤和复合中心,从而达到减小少子寿命的目的。

② 透明发射极结构。注入效率同样对导通压降和开关速度呈现矛盾关系,注入效率高,导通压降低,但关断时间长。通态工作时 IGBT 的 P^+ 集电极相当于寄生 PNP 的发射极,通过降低 P^+ 浓度或者厚度,可以降低 P^+ 注入 N^- 漂移区的空穴量,降低注入效率。此结构称为“透明发射极”。

③ 非对称漂移区结构。漂移区厚度越厚,击穿电压越高,但是漂移区压降越大,关断时间越长。为了解决这一矛盾关系,在 N^- 漂移区与 P^+ 集电极之间引入 N 缓冲层,可以在保持耐压不变的情况下,减小基区宽度,获得小的漂移区压降和快速关断特性。

（2）击穿电压。SiC IGBT 的击穿包括栅介质提前击穿、元胞边缘击穿以及理想的 J_1/J_2 结击穿。首先分析下理想击穿，以正向阻断击穿为例。SiC IGBT 正向阻断下的漏电与耗尽区扩展如图 3.59 所示。

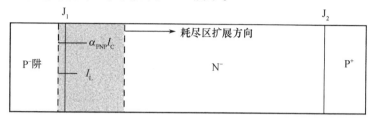

图 3.59　SiC IGBT 正向阻断下的漏电与耗尽区扩展

假设栅介质以及 SiC/SiO₂ 界面质量好，不存在栅栅漏电，则泄漏电流 I_C 由耗尽区产生电流 I_L 和通过 PNP 晶体管增益放大的集电极电流 $\alpha_{PNP}I_C$ 组成，表达式为

$$I_C = \alpha_{PNP}I_C + I_L = I_E \tag{3.109}$$

由式（3.109）可推出

$$I_C = \frac{I_L}{1 - \alpha_{PNP}} \tag{3.110}$$

随着 V_{CE} 的增加，耗尽区宽度不断增加，PNP 基区为耗尽部分不断缩小，则 α_{PNP} 不断增大。由式（3.110）可以看出，随着 α_{PNP} 的增大，泄漏电流急剧增大，当漂移区完全耗尽时，器件击穿。所以，必须保证漂移区不完全耗尽。为了同时保持高耐压与低导通电阻，则需在 N⁻ 漂移区与 P⁺ 集电极之间引入 N 缓冲层，阻挡耗尽区扩展到 P⁺ 集电极。

空间电荷区的产生电流密度为

$$J_L = \frac{qn_iW_D}{\tau_{SC}} \tag{3.111}$$

式中：n_i 为本征载流子浓度；τ_{SC} 为空间电荷产生寿命；W_D 为 N⁻ 漂移区内的耗尽区宽度。

集电极电压为

$$V_C = \frac{qN_DW_D^2}{2\varepsilon_S} \tag{3.112}$$

式中：N_D 为 N⁻ 漂移区掺杂浓度；ε_S 为 N⁻ 漂移区介电常数。

由式（3.111）和式（3.112）可推出

$$J_L = \frac{n_i}{\tau_{SC}}\sqrt{\frac{2\varepsilon_SqV_C}{N_D}} \tag{3.113}$$

　　由式(3.113)可知,空间电荷产生寿命的增加,空间电荷泄漏电流减小,但同时少子寿命增加和扩散长度增加,导致 PNP 的电流增益增大。SiC IGBT 正向阻断下的漏电与耗尽区扩展如图 3.60 所示。

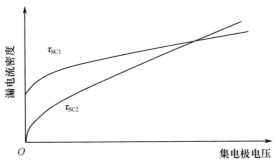

图 3.60　SiC IGBT 正向阻断下的漏电与耗尽区扩展

　　(3) 关断特性。因为 SiC IGBT 常用于控制输送到感性负载的功率,如用于变速电机控制等,所以下面将介绍 SiC IGBT 用于控制感性负载的关断特性。

　　SiC IGBT 在感性负载下集电极电流、电压的关断波形如图 3.61 所示,关断过程分为电压关断和电流关断。

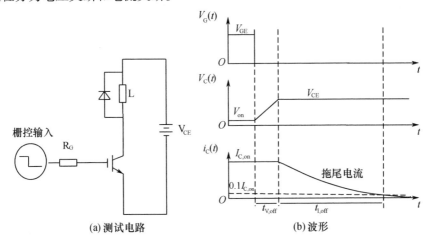

图 3.61　SiC IGBT 接感性负载关断测试电路及关断时的集电极电流、电压波形

　　关断的第一阶段是电压关断,栅偏压降到 0 V,寄生 MOS 通路被夹断,此时的电流由空穴来输运,并有大量的空穴流经 J_1 结处的空间电荷区。空间电荷区随时间不断的扩展,使得更多的电压降到 J_1 结上,集电极和发射极的电压差不断升高,最终到达偏置电压 V_{CE},此过程所用时间为 $t_{V,off}$。

　　空间电荷的扩展距离与偏置电压 V_{CE} 成正比,并且电子的抽取速度与集电极电流密切相关,$t_{V,off}$ 表达式为

$$t_{V,off} = \frac{\varepsilon_s p_0 V_{CE}}{W_N (N_D + p_{SC}) J_{C,on}} \tag{3.114}$$

式中:p_{SC} 为漂移区内空间电荷区域的空穴浓度;p_0 为 J_2 结处的空穴浓度;W_N 为漂移区长度。

关断的第二阶段是电流关断,在该过程中,N^- 漂移区中的大量空穴因被复合而消失。因为耗尽区不能延伸至整个漂移区,并不存在空穴的抽取通道,空穴必须依靠电子-空穴复合消减,所以第二阶段的电流关断时间要大于第一阶段的电压关断时间,是 SiC IGBT 关断时间的主要组成部分。

第二阶段漂移区内空穴连续性方程为

$$\frac{\partial \delta p_N}{\partial t} = -\frac{\partial p_N}{\tau_{HL}} \tag{3.115}$$

式中:δp_N 为 N^- 漂移区过程空穴浓度。

N^- 漂移区处于大注入状态,求解式(3.115)可得

$$\delta p_N(t) \approx p_N(t) = p_0 e^{-\frac{t}{\tau_{HL}}} \tag{3.116}$$

在 P^+ 集电区/N^- 漂移区结两边的自由载流子浓度关系式为

$$\frac{p_C}{p_N(t)} = \frac{n_N(t)}{n_C(0,t)} = e^{qV_C/kT} \tag{3.117}$$

式中:$p_N(t)$、$n_N(t)$ 为 J_2 结处 N^- 漂移区的空穴和电子浓度;$n_C(0,t)$ 为 J_2 结处 P^+ 集电区电子浓度;p_C 为 P^+ 集电区空穴浓度。

P^+ 集电区空穴浓度 p_C 等于集电区掺杂浓度 N_A,以及 N^- 漂移区的空穴和电子浓度相等,则由式(3.116)可推出

$$n_C(0,t) = \frac{[p_N(t)]^2}{N_A} \tag{3.118}$$

小注入状态下,扩散进入 P^+ 集电区的电子为

$$n_C(y,t) = n_C(0,t) e^{-y/L_{nE}} \tag{3.119}$$

式中:L_{nE} 为 P^+ 集电极区域的电子扩散长度。

电子扩散形成的集电极电流为

$$J_C(t) = -qD_{nE} \frac{\partial n_C(y,t)}{\partial y} \bigg|_{y=0} = \frac{qD_{nE}n_C(0,t)}{L_{nE}} \tag{3.120}$$

将式(3.116)和式(3.118)代入式(3.120)可得

$$J_C(t) = \frac{qD_{nE}[p_N(t)]^2}{L_{nE}N_A} = \frac{qD_{nE}p_0^2}{L_{nE}N_A} e^{-2t/\tau_{HL}} = J_{C,on} e^{-2t/\tau_{HL}} \tag{3.121}$$

式(3.121)说明拖尾电流与漂移区内的载流子浓度平方成正比,随着时间的推移成指数衰减。当 $J_{\rm C}(t)$ 衰减到 $0.1J_{\rm C,on}$ 时,电流关断结束,结合式(3.121)推出电流关断时间为

$$\tau_{\rm I,off} = 0.5\tau_{\rm HL}\ln10 = 1.15\tau_{\rm HL} \tag{3.122}$$

由式(3.122)可知,电流关断时间只与漂移区少子寿命有关,与偏置电压和导通电流无关。通过电子辐照和质子辐照的方法产生故意损伤和复合中心,减小少子寿命,缩短关断时间。

(4)散热。2010 年机车中 Si IGBT 模块失效数如图 3.62 所示,7、8 月份 Si IGBT 模块损坏率最大,说明 IGBT 热失效是较严重的问题。虽然,SiC IGBT 比 Si IGBT 散热和耐高温特性均好,但是高的功率密度带来的热失效仍然是十分重要的问题。

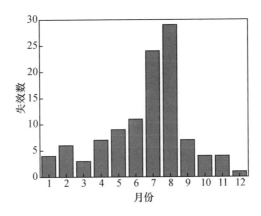

图 3.62　2010 年机车中 Si IGBT 模块失效数

解决散热的方法有减小热来源和加快热源向外部环境的导热。其中减小热来源主要是降低器件的损耗,根据实际应用要求,通过折中优化漂移区厚度、少子寿命、插入 N 缓冲层、引入槽栅结构等,达到总损耗最小。

IGBT 模块结构如图 3.63 所示。加快热源向外部环境的导热的方法主要方法如下:

(1)基板与散热器间均匀涂抹导热脂;

(2)热沉竖放,增大散热面积;

(3)热沉表面应光滑、平整,并进行氧化发黑处理或导电氧化处理,以提高热辐射系数;

(4)对于外壳与散热器之间多点锁紧的 IGBT 模块,各点的锁紧力应均匀,焊点采用高热导率材料,优化焊接工艺以减少空洞的产生;

(5)利用高导热率、与 SiC 热膨胀系数相匹配的直接覆铜基板(DBC)和铝

碳化硅基板(AlSiC)。

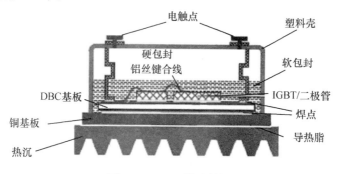

图 3.63　IGBT 模块结构

3.6.2　SiC IGBT 进展

3.6.2.1　减薄 P^+ 集电区

SiC IGBT P^+ 集电区电阻较大,减薄 P^+ 集电区层可有效降低导通电阻。2010 年报道了在独立的 SiC 外延层上的高压 N – IGBT[39],传统的厚 P^+ 衬底被较薄的 P^+ 外延层代替,器件集电极电阻减少了 2 个数量级。在 N^+ SiC 衬底的 Si 面上外延生长较低的底面缺陷的基层和厚 $1\mu m$ 的 N^+ 缓冲层后,继续生长厚 $200\mu m$ 的 N^- 漂移层、厚 $0.2\mu m$ 的 N^+ 缓冲层和厚 $3\mu m$ 的 P^+ 集电极层。然后用磨抛工艺去除衬底、基层、缓冲层和厚 $20\mu m$ 的漂移层,器件在厚 $180\mu m$ 的漂移层上的 C 面制备(图 3.64)。依据厚 $180\mu m$ 的 N^- 漂移层和其掺杂浓度理论,预估该器件具有 20kV 的关断能力。

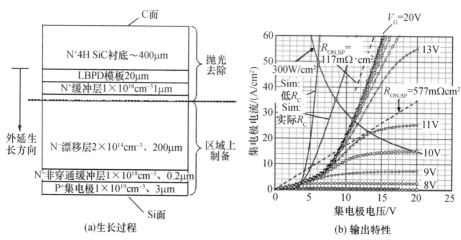

图 3.64　薄 p^+ 集电极层、厚 SiC 外延片反向生长过程及相应的 SiC IGBT 输出特性

3.6.2.2　缓冲层和 JFET 区调制掺杂

为了解决平面栅 SiC P-IGBT 导通电阻高的问题,2007 年 Ryu S 等人引入高于 P^- 漂移区浓度的 P 型缓冲层和 JFET 区 P 型电流分散层,很好地抑制 JFET 效应和分散了通过 BJT 段的电流以增强电导调制,制备出 7kV 4H-SiC P 型 IG-BT,微分比导通电阻下降为 $26m\Omega \cdot cm^2$,如图 3.65 所示。

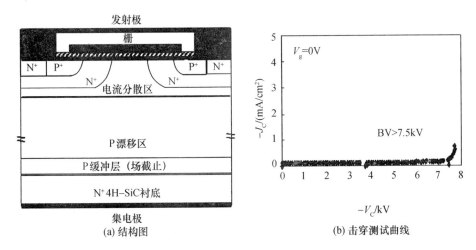

图 3.65　含缓冲层和 JFET 区电流分散层的 SiC P 型
IGBT 结构图及击穿测试曲线

3.6.2.3　场限环

2008 年报道了具有较低导通电阻的 12kV 4H-SiC P 型 IGBT[41],器件有源区面积为 $0.4mm^2$,器件周边由 15 个场限环环绕(图 3.66),有效减少器件周边的电场,关断电压 12kV 时漏电流仅 $10\mu A$,在 -16V 栅偏压和工作电流 100A/cm^2 时的微分比导通电阻下降到 $18\ m\Omega \cdot cm^2$,相应的正向压降为 5.3V。在从关断电压为 1.5kV 到导通电流为 0.5A 的电感特性开关实验中,该器件的开启时间为 40ns,关断时间为 $2.8\mu s$。

3.6.2.4　降低结温的封装技术

对于高压、大电流、高功率 SiC IGBT 模块来说,散热和可靠性是必须解决的关键问题,目前大功率 Si IGBT 模块采用高导热的氮化铝陶瓷覆铜板(图 3.67)。国外常用的氮化铝陶瓷覆铜基板一般采用先将氮化铝陶瓷预氧化,再敷接的工艺来实现,该方法也可应用于 SiC IGBT 模块的封装。

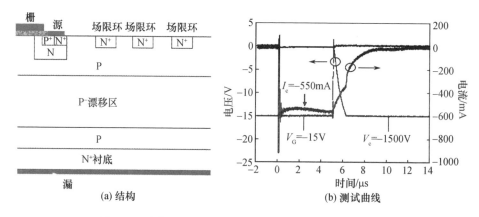

(a) 结构　　　　　(b) 测试曲线

图 3.66　含场限环的 SiC P 型 IGBT 结构及开关测试曲线

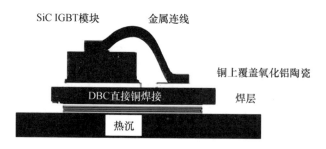

图 3.67　Si IGBT 模块封装结构

3.6.3　SiC IGBT 应用

　　SiC IGBT 主要应用于开关电源中的变流变压模块,如 AC - DC、DC - DC 和 DC - AC 等电路模块,SiC IGBT 作为开关管使用,具有耐高压、大功率、耐高温及较好的开关特性等,是良好的刚性开关器件,可广泛应用于机载、舰载、雷达等随动和定位系统中的侍服电机驱动,机载电源等各种武器电源的电平转换器,以及导弹发射等军事点火系统中的开关控制等军事领域,军事领域应用示例如图 3.68 所示。此外,SiC IGBT 在智能电网、机车中的逆变器,以及变频空调电机驱动中的 AC - DC、DC - DC 电路模块,也有很大的应用前景。

　　2013 年 S. Ryu 等人利用 20kV SiC IGBT 制作了从 1.7 ~ 7kV 的升压电路模块[42],其工作在 5kHz,效率高达 97.8%,如图 3.69 所示。通过 PWM 信号控制 SiC IGBT 的开关,当 SiC IGBT 关断时,能量存储于输出电容 C_{out},当 SiC IGBT 再次开启时,一方面输入电压 V_{in} 为输出电阻 R_L 提供电压;另一方面 C_{out} 存储的能

图 3.68　SiC 功率器件在军事领域应用示例

量也会通过 C_{out}、R_L 回路放电,为 R_L 提供另一部分电压,两个电压相位相同,输出电压大于输入电压。

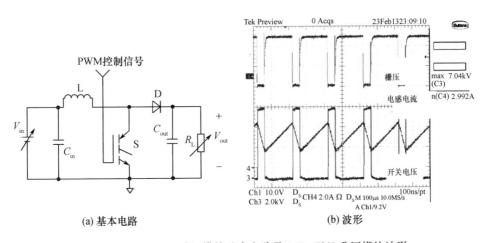

(a) 基本电路　　　　　　　　　　　　　　　(b) 波形

图 3.69　SiC IGBT 升压模块基本电路及 1.7~7kV 升压模块波形

2012 年报道了 15kV SiC IGBT 在无变压器的智能变电站(TIPS)中应用的设计[43],15kV SiC IGBT 用于 TIPS 中的 AC - DC 整流器(图 3.70)对输入的 AC 13.5kV 进行整流,开关频率为 5kHz,整流后的母线 DC 电压为 22.5kV。计算模拟表明,当 TIPS 供给 800kW 功率和 600kW 电抗功率的栅格电网时,其总效率高达 98.43%。

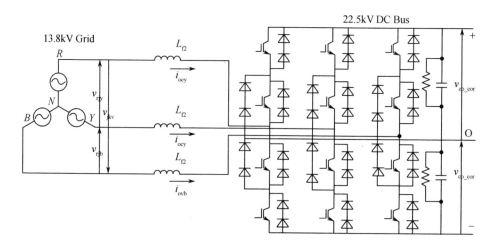

图 3.70　TIPS 中的 AC – DC 整流器电路及主要电路

◣ 3.7　SiC GTO

由于 SiC 材料具有比 Si 和 GaAs 更高的临界击穿电场、高载流子漂移速率和热导率等特点,因此用 SiC 制作的晶闸管具有比 Si 基和 GaAs 基器件有更大的性能优势。高临界击穿电场使得在设计同等性能晶闸管时,SiC 器件可以采用更薄的基区和更高浓度的基区掺杂。这些器件在很高的电流密度下表现出更快的开关速度和很低的局部压降,同时,高热导率可以使 SiC 晶闸管承受更高的工作电流密度。而更大的禁带宽度则会使 SiC 器件在 $10^{16}\,\mathrm{cm^{-3}}$ 掺杂水平时仍具有 1920K 左右(对于 4H – SiC)极高的本征激发温度;禁带宽度大的另一个优点是,在高达约 500K 的工作温度时其漏电流仍然很低。基于上述原因,SiC 晶闸管可以在某些对尺寸、重量和工作温度有严格要求的功率驱动电路(如重型电车和电铁机车)中获得超高压和大电流应用。

第一只 SiC 负阻晶体管在 20 世纪 80 年代后期研制成功,而 6H – SiC 晶闸管和 4H – SiC 晶闸管则在 90 年代初期相继研制成功。近年来对 SiC 晶闸管的主要参数都已经进行了深入的研究。

3.7.1　晶闸管的导通过程

晶闸管的导通过程很大程度上取决于耐压(如击穿电压 V_{b})和基区的宽度。图 3.71 给出了击穿电压 V_{b} 为 400V 的低压 $\mathrm{P^+NP^-N}$ 4H – SiC 晶闸管器件结构。

耐压 $\mathrm{P^-}$ 层厚度为 $4.5\,\mu\mathrm{m}$、受主浓度为 $2.8\times10^{16}\,\mathrm{cm^{-3}}$,N 型基区厚度为 $0.55\,\mu\mathrm{m}$、掺杂浓度 $4.5\times10^{17}\,\mathrm{cm^{-3}}$,器件工作区面积为 $3.6\times10^{-4}\,\mathrm{cm^2}$。器件在

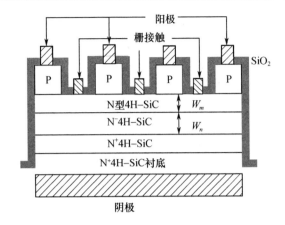

图 3.71　低压 P^+NP^-N 4H – SiC 晶闸管器件结构

3 ~ 200ns 栅脉冲激励下导通,与晶闸管串联的负载电阻 R_L 在 1.1 ~ 50Ω 范围内调整,以获得所需的工作电流密度。

在初始偏置 V_0 整个变化范围内以及电流密度 J 达到 $10^4 A/cm^2$ 之前,导通过程中的电流 I 随时间的变化关系可以用下面的经验公式描述:

$$I(t) = I_{max}[1 - \exp(-t/\tau_r)] \tag{3.123}$$

式中:τ_r 为电流增加时间常数。

然而低压 SiC 晶闸管与 Si 基和 GaAs 晶闸管不同,室温(300K)时,τ_r 并不依赖于初始偏置电压 V_0。通过研究导通电压 V_b 相当的 Si 基和 GaAs 基晶闸管,Si 和 GaAs 晶闸管的电流上升时间常数随 V_0 的增加单调递减,而 SiC 晶闸管的 τ_r 几乎不随 V_0 变化。

一般假设当 V_0 偏置较小(大约为 PN 结导通压降 2 倍)时,晶闸管的导通机制为扩散导通(最小导通电压对于 Si 晶闸管为 2V,对于 GaAs 晶闸管为 3V,对于 SiC 晶闸管为 5V)。对于扩散导通机制,上升时间 τ_r 可以由下式估算:

$$\tau_r = (\theta_1 \theta_2)^{1/2} \tag{3.124}$$

式中

$$\theta_1 = \frac{W_1^2}{2D_2}, \theta_2 = \frac{W_2^2}{2D_1}$$

其中:下标"2"代表厚耐压基区;下标"1"代表薄高掺杂基区;D 为载流子电子或空穴的扩散系数。

对于 SiC 晶闸管,假设低掺杂 P 型基区电子扩散系数为 $10cm^2/s$,高掺杂 N 型基区空穴扩散系数为 $1.5cm^2/s$,估算得到的上升时间常数约为 3ns,因此扩散是低压 SiC 晶闸管导通的主要机制。SiC 晶闸管具有非常小的上升时间得益于非常薄的基区。

低压晶闸管的 τ_r 为 3 ~ 4ns,并且偏置电压 V_0 从 5 ~ 150V 范围内都不受影响。但是对于 700V 的晶闸管,τ_r 对于 V_0 有很强的依赖关系,如图 3.72 所示,这清楚地表明了场发射机制对导通过程的贡献。τ_r 对偏置电压的强烈依赖性表明,场发射是 700V SiC 晶闸管主要的导通机制。

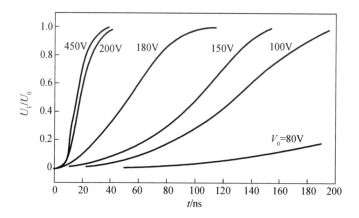

图 3.72 $T=300\mathrm{K}$,不同 V_0 时负载电阻上的压降 V_L 随时间变化关系

3.7.2　关断特性

有三种方法可以使晶闸管关断:①如果减小阴极和阳极上的偏置电压,使得阴极和阳极电流小于保持电流 I_h,那么任何结构的晶闸管都会关断;②在栅关断晶闸管(GTO)中可以通过在栅控电极上(传统的 GTO 模式)施加一个合适的脉冲电流使其关断,;③利用场效应管的低阻抗沟道使晶闸管的栅极和阳极(或阴极)短路,即 FET 控制模式。第二、三种方法是关断晶闸管的最有效、最方便、最快的方法。

首次研究 100V 低压 6H – SiC 晶闸管的传统栅极关断模式中,N 型基区掺杂浓度约为 $3 \times 10^{15}\mathrm{cm}^{-3}$,工作面积为 $3.5 \times 10^{-4}\mathrm{cm}^2$,得到的关断时间小于 100ns,电流密度为 $30\mathrm{A/cm}^2$ 时工作频率高达 600kHz[44]。

Cree 公司制造的阻断电压 2.6kV 4H – SiC 晶闸管的关断特性表现为,在时间 $t=0$ 时,栅极施加负脉冲,经过一定的延迟后晶闸管导通[43]。如图 3.73 所示,开态阴极电流 I_{Con} 由负载阻抗 R_L 和阴极初始偏置电压 V_0 决定。$t=t_1$ 时($t_1=2\mu\mathrm{s}$)时,正的关断脉冲加到了栅极上,经过一定的延迟,晶闸管关断。

由于低压发射极 – 栅极结的漏电流和击穿而使能够被栅极脉冲关断的最大阴极电流较小。有研究者提出了关断 4H – SiC GTO 的另一种方法,即利用 4H – SiC JFET 的低阻沟道使晶闸管的栅极和阴极短路以关断晶闸管(图 3.74),这样可以短路正偏和栅极 – 发射极 NP$^+$ 结,同时使阴极电流通过 JFET 分流。

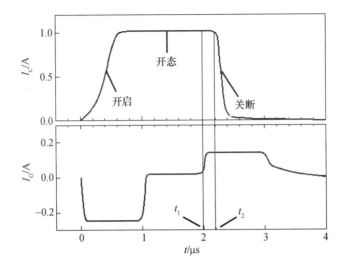

图 3.73　2.6kV4H – SiC 晶闸管的瞬态过程($T = 293\text{K}, R_{\text{L}} = 26\Omega, V_0 = 30\text{V}$)

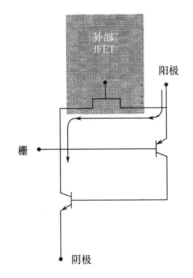

图 3.74　JFET 控制 GTO 关断模式

3.7.3　频率特性

　　高击穿电场使得在 SiC 晶闸管设计中可以采用比额定 Si 和 GaAs 器件更薄、更高掺杂的基区,更薄的基区能使 SiC 晶闸管具有更高的工作频率。然而从实用角度看,高工作频率和高电流密度的结合更重要。

　　研究发现:400V 4H – SiC 晶闸管,当电流密度 $J = 2700$ A/cm² 时工作频率

$f_0 = 1000\text{kHz}, J = 14000\,\text{A/cm}^2$ 时 $f_0 = 500\text{kHz}^{[46]}$;700V SiC 晶闸管,$J = 480\,\text{A/cm}^2$ 时 $f_0 = 1000\text{kHz}, J = 750\,\text{A/cm}^2$ 时 $f_0 = 500\text{kHz}$;额定的 Si 晶闸管,$J = 1500\,\text{A/cm}^2$ 时的最高工作频率为 30kHz,$J = 10^4\,\text{A/cm}^2$ 时最高工作频率只有 5kHz。可以看出,在相同的电流密度下,SiC 晶闸管的工作频率大约比 Si 晶闸管高 2 个数量级。

通常情况下,晶闸管的极限工作频率取决于工作电路及工作模式,在线性调制器的简单电路中,极限工作频率 f_0 主要由关断时间 τ_{off} 决定。实验证明,提高 f_0 的主要障碍是器件的自热效应,寿命 τ 随温度升高而增大,同时 J_0 随温度升高而减小,这两种效应都会导致 τ_{off} 随温度升高而增大。所以,$T = 300\text{K}$ 时优化的晶闸管结构,在相对高温时往往具有过大的 τ_{off} 和过小的 f_0。因此,提高极限工作频率 f_0 的有效方式是减小室温时的载流子寿命 τ,使得在相对高温时获得理想的 τ 值。

3.7.4 临界电荷

临界电荷决定晶闸管的最大电压斜率 $\text{d}V/\text{d}t$、开态的扩散速率、最小栅控电流密度、保持电流以及栅控晶闸管灯丝电流等参数。这个概念统一了众多导通晶闸管的方法,这些方法大致可以分为脉冲方法和直流方法两大类。

导通晶闸管的脉冲方法包括 $\text{d}V/\text{d}t$、短栅脉冲和短光脉冲等。短脉冲是指脉冲周期 t_p 远小于晶闸管的超薄超高掺杂基区中的少子寿命 τ_p。晶闸管导通所需要的最小临界电荷 Q_{cr} 是描述晶闸管灵敏度的特征参数。值得注意的是,流过晶闸管的电流并不能用来测量晶闸管对于脉冲导通方法的灵敏度。例如,当晶闸管最大电流达到与电荷产生无关的不确定值时,晶闸管并不能在具有 δ 函数的电流脉冲的极限情形下导通。换句话说,如果基区产生的电荷小于临界电荷,即使电流很大晶闸管也不能导通。

晶闸管的直流导通方法包括阳极电压或栅电流缓慢(准静态)增加法、恒定阳极电压或栅电压时的温度或光强变化法等。在这些情况下,最小电流是描述晶闸管灵敏度的有效参数;根据导通方法,这一参数既可以是栅极电流也可以是阳极电流。这种情况下,晶闸管中产生的电荷不能作为特征参数,因为在激励电流变化非常慢的极限情形下,这一电荷是不确定的。

临界电荷和晶闸管导通时的面积相关:当晶闸管通过 $\text{d}V/\text{d}t$ 效应导通时可能是整个晶闸管的面积;当晶闸管由于一小束光导通时只有总面积的很小一部分。因此,单位面积的临界电荷是更有用的参数。

然而,在某些情况下临界电荷体密度可以更为有效地用来描述晶闸管的灵敏度。例如,通过栅电流导通晶闸管时会导致薄的高掺杂基区内过剩少子电荷分布不均匀,过剩电荷在栅电极附近有一个最大值,并沿着基区单调递减。因此,当栅电流缓慢增加时,晶闸管就在靠近栅电极的位置导通,这里少子电荷密度最大且等于临界电荷密度。

临界电荷体密度为

$$q_{cr} = \frac{Q_{cr}}{SW_1} \tag{3.125}$$

式中,Q_{cr}为临界电荷;W_1为晶闸管的高掺杂基区厚度。

式(3.125)中只包含薄基区厚度,并非晶闸管基区总厚度,这是因为对于引入每一基区的等量电荷,薄基区中少子电荷的效率更高。

临界电荷体密度为

$$n_{cr} = q_{cr}/q \tag{3.126}$$

式中:q为电子电荷。

临界电荷密度可以很方便地与基区掺杂浓度和少子浓度相比较。对于 Si 晶闸管,临界电荷密度范围从高压功率晶闸管的 $10^{16}\,cm^{-3}$ 下降到使用低 dV/dt 值和低栅控电流专门设计的晶闸管的 $10^{13}\,cm^{-3}$,对于 GaAs 晶闸管,临界电荷密度分布范围相同。

3.7.5　SiC GTO 研究进展与应用

SiC GTO 的发展和 SiC 材料的进步密切相关。在 20 世纪 90 年代后期 SiC 晶片的微管密度大于 10 个/cm^2;到 2005 年 SiC 晶片的微管密度小于 1 个/cm^2;目前已是零微管密度。图 3.75 为 Cree 公司报道的 1999 年、2003 年、2006 年、2008 年、2009 年 GTO 芯片尺寸。在发展初期,GTO 的漂移区厚 50μm,掺杂浓度为 $1 \times 10^{15}\,cm^{-3}$,目前厚度已经大于 100μm,掺杂浓度为 $2 \times 10^{14}\,cm^{-3}$。相应的 GTO 的关断电压,2003 年为 5kV,2007 年为 6kV,2009 年为 9kV。GTO 的载流子寿命从小于 0.5μs 增至 2μs。除了 SiC 材料的发展外,器件结构设计的不断发展在 SiC GTO 的发展过程中也扮演着重要角色。

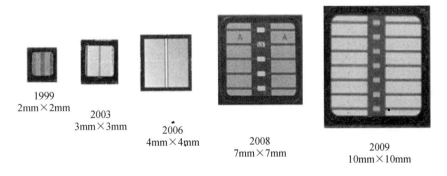

图 3.75　Cree 公司报道近几年内 SiC GTO 芯片尺寸(见彩图)

3.7.5.1 结终端技术

2002 年报道了 3.1kV/100A 的 4H – SiC GTO 模块[47]，由 6 个芯片尺寸 1mm×1mm 的 GTO 并联而成。该器件在 N^+ 型 4H – SiC 衬底上外延生长厚 $1\mu m$ N^+ 的缓冲层（$8\times10^{17}cm^{-3}$），厚 $2\mu m$ 的 P 型层（$7\times10^{17}cm^{-3}$）以改善进入基区的注入效率，如图 3.76 所示。P^- 漂移区厚 $30\mu m$，掺杂浓度为 5×10^{14} cm^{-3}，以支撑在正向偏置关断时的高电压。采用结终端延伸技术以保证高的体击穿条件。器件的关断电压为 3.1kV，漏电小于 $5\mu A$，薄的漂移区导致低的比导通电阻为 $3m\Omega\cdot cm^2$。GTO 模块在 100A 开关，其对应的电流密度为 1670A/ cm^2，阴极电流在 $0.2\mu s$ 内从 100A 降至接近 0。

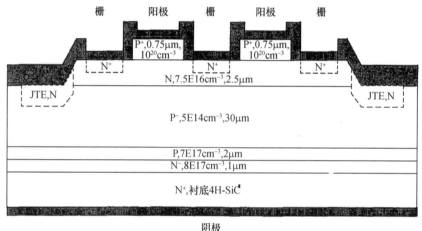

图 3.76 使用 JTE 终端技术的 3.1kV SiC GTO 器件结构

2004 年报道了 12.7kV SiC 共栅关断晶闸管[48]，器件的 P^- 型缓冲层可减少来自发射极的过量载流子注入，在栅极下引入 N^+ 埋层以减少存储时间。SICGT 和 GTO 的不同是，其具有低的关断增益（小于 1）、低的栅寄生电感和除了低存储时间以外的无缓冲关断工作。为达到高的关断电压，器件的 P 基区厚度为 $75\sim120\mu m$，掺杂浓度为（$1\sim2$）$\times10^{14}cm^{-3}$，同时采用长度为 $200\mu m$ 台面结终端延伸技术。芯片尺寸为 1mm×1mm 的 SICGT 在常温关断电压为 12.7kV，漏电为 $2mA/cm^2$，在 250℃高温下，9kV 关断电压时漏电仅为 $1mA/cm^2$，在 100A/ cm^2 工作电流时的导通电压为 6.6V。在从导通电流 1.6A（电流密度为 200A/ cm^2）到关断电压 3kV 的开关实验中，器件的开启和关断时间分别为 $0.22\mu s$ 和 $2.68\mu s$，分别大约是商用 6kV/6kA Si GTO 的 1/50、1/10。由该器件组成的半桥电路结构的逆变器如图 3.77 所示，输出电压和功率分别为 $\pm1.25kV$ 和 0.8kVA。

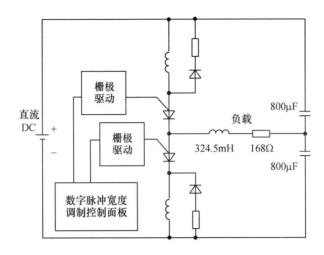

图 3.77　由 SiC GTO 组成半桥电路结构逆变器电路

3.7.5.2　台面多区结终端延伸技术

2009 年报道了芯片尺寸为 1cm×1cm 的 9 kV 超级 SiC GTO[49]，大尺寸 SiC GTO 的发展是基于 SiC 材料的进步和正向压降退化问题的解决。SiC 衬底的较高密度的基矢面位错，在厚外延层生长过程中会导致的复合感生堆叠层错。SF 使 SiC GTO 在正向工作时，正向压降不断增加，并使导通电阻的增加。经多年的努力，在厚外延前的 SiC 衬底上的 BPD < 2/cm²，SiC GTO 的正向压降已达到稳定。超级 SiC GTO 采用对称结构，仅在正向条件下关断。如图 3.78 所示，器件在 N⁺型 4H – SiC 衬底上外延生长厚 1μm 的 N⁺缓冲层（5×10^{18} cm⁻³）、厚 2.5μm 的 P 型层（$2 \times 10^{17} \sim 5 \times 10^{17}$ cm⁻³）以改善进入基区的注入效率。P 漂移区厚度为 90μm、掺杂浓度为 2×10^{14} cm⁻³，N 型基区厚度为 2μm、掺杂浓度为 10^{17} cm⁻³，高掺杂浓度的 P⁺阳极区厚度为 2μm。采用台面多区结终端延伸技术，在选择刻蚀 P⁺区后的 N 型基区上注入形成栅区。该器件在 25℃、工作电流为 100 A 时的正向压降为 3.7V，在 300 A/cm² 高电流密度时的微分导通电阻具有轻微的正温度系数特性，有利于多器件并联工作在脉冲功率应用（10 ～20 kA/cm²）。关断电压 9kV 时的漏电流小于 1μA，并在高温下有特别低的漏电。在开关实验中，器件在栅电流 1.5A 时，导通到 100A 的延时为 120 ns，而关断延时是栅电流、阳极—阴极电流和电压的强函数关系。如图 3.79 所示，器件在脉宽 17.4μs 时的峰值电流可达 12.8kA，预示其具有脉冲功率应用的能力。

3.7.5.3　负斜角终端技术

2011 年报道了关断电压 12kV 的 SiC CTO 和光触发 GTO[50]，在厚外延前的

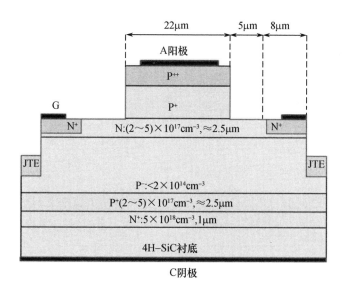

图 3.78 9kV SiC GTO 结构示意图

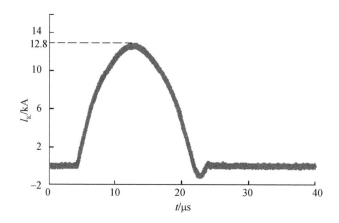

图 3.79 SiC GTO 在脉宽 17.4μs 时峰值电流达 12.8kA

SiC 衬底上的 BPD < 1 个/cm^2,在应力条件(直流电流 50 A),工作 1000 h 后,SiC GTO 的正向压降仍很稳定。12kV 和 9kV 的 SiC GTO 的外延材料结构基本相同,主要是用负斜角终端技术替代了结终端延伸技术,如图 3.80 所示。新技术进一步缓解了器件的台面边缘电场的聚集,其峰值电场由原先的 1.6MV/cm(采用 JTE 技术)降至 1.4MV/cm,相应器件的关断电压也提高了 3.5 ~ 4kV,达到 12kV。芯片尺寸 1cm×1cm 的 GTO 在工作电流 100A 时的正向压降和微分比导通电阻分别为 4V/10.0mΩ · cm^2(25℃)和 3.9V/10.3mΩ · cm^2(175℃)。12kV/100A 光触发 GTO 是在主 GTO 的栅极上并联一个小的光触发导流晶闸管(2.2mm×2.2mm),能提供主 GTO 导通的栅电流。在导通开关实验中,该器件

表现出 70ns 超快的导通时间。高压 12kV 和高电流 100A 相结合,将大大有益于下一代脉冲功率系统的发展。

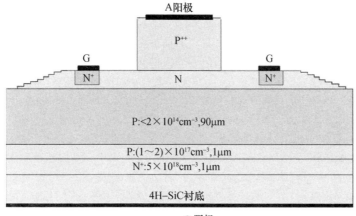

图 3.80　具有负斜角终端技术的 SiC GTO 结构

近年来在 SiC 技术方面取得的成果使 SiC 双极器件的主要参数得到了提高,微管缺陷密度的减小促使 SiC 功率器件的尺寸可以大大增加。

低补偿水平和低施主浓度的 SiC 外延层已经实现,对于厚的 4H – SiC 外延层而言,结构完整性的提高和深能级陷阱密度的降低使得非平衡载流子寿命在室温时可以高达几百纳秒,而在相对高温时仍可高达几微秒,这么高的少子寿命可以使高压双极器件的低掺杂基区在高的正向电流密度仍具有很好的调制作用。

这些成果表明,SiC 器件诸多潜在优势已经得到实验验证。SiC 晶闸管的主要物理特性,如导通和截止过程、稳态伏安特性、频率特性以及临界电荷特性等,都已经得到了成功的解释。

参考文献

[1] Singh R J R Cooper J A, Melloch M R, et al. SiC Power Schottky and pin diodes [J]. IEEE Transactions on Electron Devices, 2002, 49(4): 665 –672.

[2] Dyakonova N V, Ivanov P A, Kozlov V A, et al. Steady – state and transient forward current – voltage characteristics of 4H – silicon carbide 5.5kV diodes at a high and super high current densities [J]. IEEE Transactions on Electron Devices, 1999, 46(11): 2188 –2194.

[3] Ull B A, Das M K, Richmond J T, et al. International Symposium on Power Semiconductor Devices and ICs[C]. New York: Institute of Electrical and Electronic Engineers, 2006.

[4] Asano K, Hayashi T, Saito R, et al. International Symposium on Power Semiconductor Devices and ICs, May 22 –25, 2000 [C]. New York: Institute of Electrical and Electronic En-

gineers, 2000.

[5] Ozpineci B, Chinthavali M S, Kashyap A S, et al. A 55kW three – phase inverter with Si Igbt and SiC Schottky diodes [J]. IEEE Transactions on Industry Applications, 2009, 45(1): 278 – 285.

[6] 刘永,张福海. 晶体管原理 [M]. 北京:国防工业出版社, 2002.

[7] Chang C S, Day D Y. Analytic theory for current – voltage characteristics and field distribution of GaAs MESFETs [J]. IEEE Transactions on Electron Devices, 1989, 36(2): 269 – 280.

[8] Zhu C L, Rusli, Tin C C, Yoon S F, et al. A three – region analytical model for short – channel SiC MESFETs [J]. Microelectron English, 2006, 83(1):96 – 99.

[9] 余振坤,郑新. SiC 宽禁带功率器件在雷达发射机中的应用分析 [J]. 微波学报,2007, 23(3): 61 – 65

[10] Nilsson P A, Saroukhan A M, Svedberg J, et al. Characterization of SiC MESFETs on conducting substrates [J]. Materials Science Forum, 2000, 338 – 342: 1255 – 1258.

[11] Cha H Y, Thomas C I, Koley Q, et al. Reduced trapping effects and improved electrical performance in buried – gate 4H – SiC MESFETs [J]. IEEE Transactions on Electron Device, 2004, 50(7): 1569 – 1574.

[12] Andersson K, Siidow M, Nilsson P, et al. Fabrication and characterization of field – plated buried – gate SiC MESFETs [J]. IEEE Electron Device Letters. 2006, 27(7): 573 – 575.

[13] 柏松,陈刚,吴鹏等. 微波大功率 SiC MESFET 及 MMIC [J]. 中国电子科学研究院学报,2009, 4(2): 137 – 139.

[14] Zhu C L, Rusli C C, Zhao P. Dual – channel 4H – SiC metal semiconductor field effect transistors [J]. Solid – State Electronics, 2007, 51(3): 343 – 346.

[15] Elahipanah H. Record gain at 3.1GHz of 4H – SiC high power RF MESFET [J]. Microelectronics Journal, 2011, 42(2): 299 – 304.

[16] Sriram S, Hagleitner H, Namishia D. High – Gain SiC MESFETs Using Source – Connected Field Plates [J]. IEEE Electron Device Letters, 2009, 30(9): 952 – 953.

[17] Chen Z L, Deng X C, Luo X R, et al. Improved characteristics of 4H – SiC MESFET with multi – recessed drift region [J]. Proceedings of International Workshop of Electron Devices and Semiconductor, 2007:82 – 85.

[18] 陈昊,潘宏菽,杨霏,等. S 波段连续波 SiC 功率 MESFET [J]. 微纳电子技术,2011, 48(3): 155 – 158.

[19] Agarwal A, Callanan R, Das M, et al. European Conference on power electronics and applications[C]. New York: Institute of Electrical and Electronic Engineers, 2009.

[20] Howell R S, Buchoff S, Van C S, et al. Semiconductor device research symposium[C]. New York: Institute of Electrical and Electronic Engineers, 2007.

[21] Song Q W, Zhang Y M, Zhang Y M, et al. 4H – SiC trench gate MOSFETs with field plate termination [J]. Science China (Technological Sciences), 2014, 57(10): 2044 – 2049.

[22] Grider D, Das M, Agarwal A, et al. Electric ship technologies symposium[C]. New York:

Institute of Electrical and Electronic Engineers, 2011.

[23] Bardeen J, Brattain W H. The transistor, a semiconductor triode [J]. Physics Review, 1948, 74: 230.

[24] Shockley W. A unipolar field – effect transistor [J]. Proc. IRE, 1952, 40: 1365.

[25] Masuda T, Fujikawa K, Shibata K, et al. Low on – resistance in 4H – SiC RESURF JFETs fabricated with dry process for implantation metal mask. paper presented at international conference on silicon carbide and related materials 2005, [C]. Pittsburgh, 2005.

[26] Tanaka Y, Yano K, Okamoto M, et a. Paper presented at International conference on silicon carbide and related materials, Sept, 2005 [C]. Pittsburgh: Institute of Electrical and Electronic Engineers, 2005.

[27] Zhao J H, Tone K, LI X, et al. 6 A, 1kv 4H – SiC normally – off trenched – and – implanted vertical JFETs [J]. Materials Science Forum, 2004, 457 – 460: 1213 – 1216

[28] Hanna E, Chang H R, Radun A V, et al. Static and dynamic characterization of 20 A, 600 V SiC MOS – enhanced JFET [J]. Materials Science Forum, 2004, 457 – 460: 1389 – 1392

[29] Friedrichs P, Mitlehner H, Schomer R, et al. Optimization of vertical silicon carbide field effect transistors towards a cost attractive SiC power switch [J]. Material Science Forum, 2004, 457 – 460: 1201 – 1204

[30] Friedrichs P. Mrs proceedings, presented at the MRS spring meeting, 2004[C]. Cambridge: Cambridge University Press, 2004.

[31] Yu Lc, Sheng K. Breaking the theoretical limit of SiC unipolar power device—a simulation study [J]. Solid – State Electronics, 2006, 50(6): 1062 – 1072.

[32] Huang Q, Zhang B. The future of bipolar power transistors [J]. IEEE Transactions Electron Devices, 2001, 48(11): 2535 – 2543.

[33] Gao Y, Huang A Q, Agarwal AK, et al. Industrial electronics society, 2005 IECON 2005 31st annual conference of IEEE, [C]. New York: Institute of Electrical and Electronic Engineers, 2005.

[34] Balachandran S, Li C, Losee PA, et al. International power semiconductor devices and IC's [C]. New York: Institute of Electrical and Electronic Engineers, 2007.

[35] Elahipanah H, Salemi A, Zetterling C M et al. 5.8kV implantation – free 4H – SiC BJT with multiple – shallow – trench junction termination extension [J]. IEEE Electron Device Letters, 2015, 36(2): 168 – 170.

[36] Tournier D, Bevilacqua P, Brosselard P, et al. Proceedings of the IEEE international integrated power electronics systems conference[C]. Nuremberg: Institute of Electrical and Electronic Engineers, 2010.

[37] Hensel A, Wilhelm C, Kranzer D. Proceedings of the IEEE power electronics and application conference[C]. Birmingham: Institute of Electrical and Electronic Engineers, 2011.

[38] Peftitsis D, Rabkowski J, Tolstoy G, et al. Proceedings of the IEEE power electronics and application conference[C]. Birmingham: Institute of Electrical and Electronic Engineers,

2011.

[39] Wang X, Cooper J A. High − voltage n − channel IGBTs on free − standing 4H − SiC epilayers [J]. IEEE Transactions on Electron Devices, 2010, 57(2): 511 −515.

[40] Zhang Q, Jonas C, Callanan R, et al. International symposium on power semiconductor devices and ICs[C]. New York: Institute of Electrical and Electronic Engineers, 2007.

[41] Zhang Q, Das M, Sumakeris J, et al. 12kV p − channel IGBTs with low on − resistance in 4H − SiC [J]. IEEE Electron Device Letters, 2008, 29(9):1027 − 1029.

[42] Ryu S, Capell C, Jonas C, et al. Wide bandgap power devices and applications[C]. New York: Institute of Electrical and Electronic Engineers, 2014.

[43] Hatua K, Dutta S, Tripathi A, et al. Energy conversion congress and exposition [C]. New York: Institute of Electrical and Electronic Engineers, 2011.

[44] Xie K, Zhao J H, Flemish J R, et al. A high − current and high − temperature 6H − SiC thyristors [J]. IEEE Transactions on Electron Device, 1996, 17:142 − 144.

[45] Agarwal A K, Ivanov P A, Levinshtein M E, et al. Turn − off performance of a 2. 6 kV 4H − SiC asymmetrical GTO thyristor [J]. Semiconductor Science Technology, 2001, 16(4): 260 − 262.

[46] Levinshtein M E, Palmour J W, Rumyantsev S L, et al. Frequency properties of 4H − SiC thyristors at high current density [J]. Semiconductor Science Technology, 1999, 14(2): 207 − 209.

[47] Van Campen S, Ezis A, Zingaro J, et al. Proceedings of the IEEE international high performance devices conference [C] . Newark: Institute of Electrical and Electronic Engineers, 2002.

[48] Sugawara Y, Takayama D, Asano K, et al. Proceedings of the IEEE international power semiconductor devices and ICs symposium[C]. Kitakyushu: Institute of Electrical and Electronic Engineers, 2004.

[49] Agarwal A, Capell C, Zhang Q, et al. Proceedings of the IEEE international pulsed power conference[C]. Washington: Institute of Electrical and Electronic Engineers, 2009.

[50] Zhang Q, Agarwal A, Capell C, et al. Proceedings of the IEEE international pulsed power conference[C]. Chicago: Institute of Electrical and Electronic Engineers, 2011.

第 **4** 章
氮化镓微波功率器件与电路

传统的氮化镓(GaN)基异质结材料具有很强的压电极化和自发极化效应,在未掺杂的情况下就能够在异质界面处形成具有高电子迁移率和高浓度的二维电子气,正是二维电子气沟道的高导通能力和 GaN 材料的高耐压特性为 GaN HEMT 器件在微波功率领域的应用提供了材料基础,同时为 GaN MMIC 功率放大器在高频大功率方面的应用奠定了基础。本章针对 GaN 微波功率器件与电路,重点介绍了 D 模 GaN HEMT、GaN MMIC、E 模 GaN HEMT、N 面 GaN HEMT 和 GaN 功率开关器件与微功率变换等几类 GaN 微波功率器件和相关电路,具体讨论了器件与电路的工作原理、关键工艺、相关进展及其应用等。

◣ 4.1 GaN HEMT

由于 GaN 基异质结材料有着大的禁带宽度以及高的沟道电子迁移率和高的电子浓度,因此 GaN HEMT 器件在高频、大功率方面有着重要的应用前景。本节主要针对 GaN HEMT 器件,重点阐述 GaN HEMT 器件工作原理、器件性能表征技术、关键技术指标以及器件的研究进展。

4.1.1 GaN HEMT 器件工作原理

AlGaN/GaN HEMT 器件是 GaN 模块、单片模拟电路的核心,器件的性能、稳定性和可靠性直接影响模块、单片模拟电路的设计与性能。图 4.1 为 AlGaN/GaN HEMT 器件结构。常规的 AlGaN/GaN HEMT 器件中由于异质结材料存在很强的压电极化和自发极化,在非故意掺杂的情况下能够在异质界面处形成高密度和高电子迁移率的二维电子气,正是二维电子气沟道的高导电能力和氮化物材料的高击穿特性为 GaN HEMT 器件在高频、高温、大功率等应用方面提供了材料基础。二维电子气中的电子是 AlGaN/GaN HEMT 器件沟道传输的主要载流子,器件在正常开态下沟道中就存在压电和自发极化引入的二维电子气,因此,传统的 AlGaN/GaN HEMT 器件是常开型器件(D – Mode)。如图 4.1 所示,

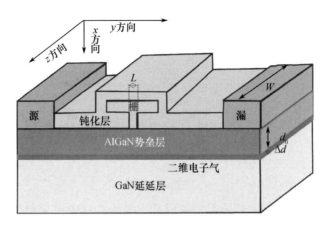

图 4.1　AlGaN/GaN HEMT 器件结构（见彩图）

器件的源极和漏极与 AlGaN/GaN 异质结材料中的沟道二维电子气衔接形成欧姆接触,增加漏端电压 V_{DS} 形成沟道横向电场,在横向电场的作用下电子横向输运形成输出电流 I_{DS};肖特基势垒栅极利用栅偏压 V_{GS} 控制栅下沟道电子浓度,实现对沟道的开启和关闭。

　　图 4.2 为 AlGaN/GaN HEMT 器件的输出特性曲线,器件的工作范围可分为:① 截止区,当器件的栅极电压 V_{GS} 小于阈值电压 V_{th} 时,沟道 2DEG 被耗尽,此时器件的漏极电流 I_D 将非常小,器件处于截止状态;② 线性区,当固定栅极偏置电压 V_G,且大于阈值电压 V_{th} 的情况下,器件沟道处于导通状态,源漏电压 V_{DS} 较小时,器件的开态电阻 R_{on} 近似保持不变,器件的漏源电流 I_{DS} 正比于漏源偏置电压 V_{DS},器件工作于线性区;③ 饱和区,在线性区基础上,当漏极电压 V_{DS} 持续增加,直到达到夹断电压 V_{Dsat} 时,靠近漏极的栅电极下的电压差小于阈值电

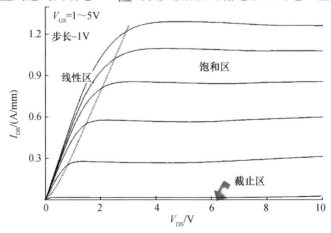

图 4.2　AlGaN/GaN HEMT 器件的输出特性曲线

压,此处沟道电子将被耗尽,漏极电压超过夹断电压 V_{Dsat} 后,漏极的电流量基本上维持不变,器件工作于饱和区。

　　肖特基栅可利用栅偏压调制 AlGaN 势垒层的电场和应变的变化,从而调控栅金属下沟道 2DEG 的电荷密度,不同栅偏压下沟道 2DEG 的电荷密度 n_{2D} 可通过栅源间的电容电压曲线积分得到,即

$$n_{2D} = \int_{V_{th}}^{V} \frac{CdV}{Sq} \tag{4.1}$$

式中:C 为栅源间的电容;S 为肖特基栅的面积;q 为单位电子电荷量;V_{th} 为阈值电压;V 为栅偏压。

　　由高斯定理可得

$$\varepsilon_0 \varepsilon_r \cdot E = q n_{2D} \tag{4.2}$$

式中:ε_0 为真空介电常数;ε_r 为 AlGaN 势垒层相对介电常数;E 为 2DEG 的纵向场强。

　　由式(4.2)可得

$$\frac{\varepsilon_0 \varepsilon_r}{d_0 + \Delta d} \cdot [V_G - V_{th} - V_{DS}(y)] = q n_{2D}(y) \tag{4.3}$$

式中:d_0 为 AlGaN 势垒层的厚度;Δd 为 2DEG 有效厚度;$V_{DS}(y)$ 为 y 处的横向电压;$n_{2D}(y)$ 为 y 处的 2DEG 的面密度。

　　沿 y 方向,沟道单位长度的电阻为

$$dR = \frac{dy}{n_{2D}(y)q\mu W} \tag{4.4}$$

式中:W 为栅宽;μ 为电子迁移率。

　　对于长沟道 GaN HEMT 器件而言,有

$$dV_{DS} = I_D \cdot dR = I_D \cdot \frac{dy}{n_{2D}(y)q\mu W} \tag{4.5}$$

式(4.3)和式(4.5)联立可得

$$I_D dy = \mu WC \cdot [V_G - V_{th} - V_{DS}(y)]dV_{DS}$$

　　上式两边积分可得

$$I_D = \frac{\mu WC}{L} \cdot (V_G - V_{th}) \cdot V_{DS} - \frac{1}{2}V_{DS}^2 \cdot \frac{\mu WC}{L}$$

　　漏端电流 I_D 在 $V_G - V_{th} = V_{DS}$ 时为最大值:

$$I_D = \frac{1}{2} \frac{\mu WC}{L} \cdot (V_G - V_{th})^2$$

　　以上为低场下的计算过程,当器件的横向电场非常强时,载流子将以饱和漂移速率 v_{sat} 运动,此时

$$I_D = v_{sat} WC \cdot (V_G - V_{th})$$

器件的本征跨导可以通过对漏端电流求微分得到：

$$g_{\mathrm{m}} = \frac{\partial I_{\mathrm{D}}}{\partial V_{\mathrm{G}}} = \frac{\mu W C}{L} \cdot (V_{\mathrm{G}} - V_{\mathrm{th}})$$

长沟道器件线性区跨导为

$$g_{\mathrm{m}} = \frac{\mu W C}{L} \cdot V_{\mathrm{DS}}$$

短沟道器件跨导为

$$g_{\mathrm{m}} = v_{\mathrm{sat}} W C$$

若考虑器件的寄生电阻，则实际跨导为

$$g_{\mathrm{mi}} = \frac{g_{\mathrm{m}}}{1 + g_{\mathrm{m}} R_{\mathrm{S}} + (R_{\mathrm{S}} + R_{\mathrm{D}})/R_{\mathrm{DS}}}$$

式中：R_{S}、R_{D} 分别为源和漏端的接触电阻和相应的外沟道电阻之和；R_{DS} 为沟道电阻。

以上简化模型主要是从工作原理角度给出了 GaN HEMT 器件中电流输运的物理过程，意义明确，但并不精确。这里仅采用了线性电荷控制模型，更精确的模型需要考虑非线性的栅偏置控制模型以及器件的亚阈值特性。分析具体器件时需同时考虑电场分布、极化效应、缺陷、栅漏电以及自热效应等问题的影响。

4.1.2　GaN HEMT 器件的性能表征

4.1.2.1　直流特性

GaN HEMT 器件直流特性的表征主要包括输出特性、转移特性、栅漏电特性以及击穿特性等。器件的输出特性曲线主要分析器件的转折电压（又称膝电压）、输出饱和电流密度和夹断等特性，测试方法一般为源极接地，漏极的偏压以一定的步长从 0 开始测试到饱和区，同时栅偏压从阈值电压以下开始按一定步长逐渐增大，主要测试不同栅偏压下漏源电流随漏偏压的变化情况。器件的转移特性曲线主要分析器件的跨导、输出饱和电流密度、阈值电压以及夹断下的漏电等特性，测试方法一般为源极接地，在固定的漏极偏压下（高于转折电压），栅极电压从阈值电压以下开始按一定步长逐渐增大，测试至正向偏压，主要测试漏源电流和跨导随栅偏压的变化情况。栅漏电特性主要分析栅极的漏电特性，测试方法一般为源极接地，漏极浮空，栅极电压从阈值电压以下开始按一定步长逐渐增大，测试至正向偏压，主要测试栅极漏电流随栅偏压的变化情况。击穿特性的表征分为两端击穿和三端击穿两种。两端击穿主要是指栅电极的反向击穿特性，测试方法一般为源极接地，漏极浮空，栅极电压从 0 开始按一定步长逐渐反向增大，此时反向栅漏电会持续增大，当反向偏压的绝对值大于阈值电压时，反向栅漏电几乎不随栅偏压变化，持续增大反向栅偏压，但栅漏电突然增大时的反向栅偏压即为栅击穿电压,该击穿一般是损伤性击穿。

　　三端击穿的测试方法一般为源极接地,栅极偏压的绝对值大于阈值电压,漏极电压从 0 开始按一定步长逐渐增大,此时漏极电流会缓慢增大,当漏极偏压增大到一定程度时,漏极漏电会突然增大(图 4.3),此时的电压定义为器件的击穿电压(V_{bk})。

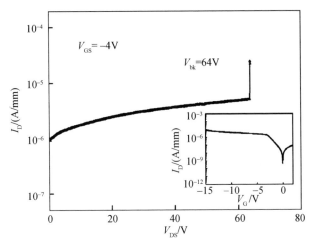

图 4.3　AlGaN/GaN HEMT 器件三端击穿曲线

4.1.2.2　小信号特性分析

　　AlGaN/GaN HEMT 器件的等效电路模型如 4.4 所示。图中, R_g 、 R_s 、 R_d 、 R_{gs} 、 R_{gd} 和 R_{ds} 分别为器件的栅电阻、源电阻、漏电阻、栅源之间的电阻、栅漏之间的电阻及漏源间的电阻; L_g 、 L_d 和 L_s 分别为栅极、漏极和源极的寄生电感; C_{gs} 、 C_{gd} 和 C_{ds} 分别为栅极 – 源极间、栅极 – 漏极间以及漏极 – 源极间的本征电容; g_m 为交流跨导。利用该模型可以很容易得到器件的截止频率 f_T 和最高振荡频率 f_{max} 。截止频率 f_T 定义为器件电流增益 h_{21} 变为 1 时的工作频率。由等效电路,电流增益 h_{21} 为 1 时,可得

$$f_T = \frac{g_m}{2\pi(C_{gs} + C_{gd})}$$

　　 f_T 的物理意义是在栅下输运载流子所用的时间对应的频率。对于短沟道器件,载流子以饱和漂移速率运动。因此,短沟道器件的截止频率可以表示为

$$f_T = \frac{v_{sat}}{2\pi L_g}$$

　　最高振荡频率 f_{max} 定义为器件功率增益变为 1 时的工作频率。 f_{max} 由 MAG =1 推得,其中 MAG(最大可用功率)是在输入、输出阻抗匹配的情况下获

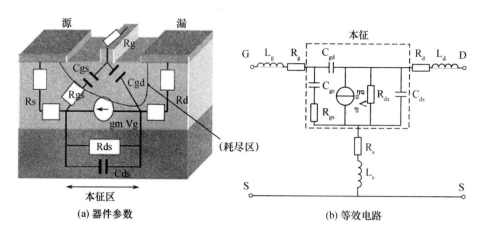

(a) 器件参数　　　　　　　　　(b) 等效电路

图 4.4　AlGaN/GaN HEMT 的等效电路模型 (见彩图)

得的最大功率。

$$f_{\max} = \frac{f_{\mathrm{T}}}{2\sqrt{(R_{\mathrm{g}} + R_{\mathrm{s}} + R_{\mathrm{gs}})/R_{\mathrm{ds}} + 2\pi f_{\mathrm{T}} R_{\mathrm{g}} C_{\mathrm{gd}}}}$$

可见,要想提高截止频率,需要减小栅长。而要提高最高振荡频率,必须尽量减小器件的寄生参数(R_{g}、R_{gs}和R_{gd}),并且抑制短沟道效应

对于正弦波形,根据最大输出电压和电流摆幅可得到最大输出功率为

$$P_{\mathrm{om}} = \frac{1}{8} I_{\mathrm{Dmax}} (BV_{\mathrm{DS}} - V_{\mathrm{Dsat}})$$

输出功率的单位常采用 mW 和 dBm,以单位为 mW 的功率数值代入$10\log P_{\mathrm{out}}$可得到采用 dBm 单位的功率值。要得到大的输出功率,不仅要求器件输出饱和电流大,而且需要尽可能提高器件的击穿电压和降低转折电压。

功率性能的另外两个参数为功率增益 G 和功率附加效率(PAE)。功率增益 G 定义为输出功率和输入功率的比值:

$$G = P_{\mathrm{out}}/P_{\mathrm{in}}$$

其单位通常采用 dB。增益通常随着输入信号的增大而压缩(减小),若在较大的输入功率信号范围内增益变化小,则可认为器件的线性度较高,输出信号中的谐波分量较小。

功率附加效率定义为

$$\mathrm{PAE} = (P_{\mathrm{out}} - P_{\mathrm{in}})/P_{\mathrm{DC}}$$

功率附加效率实际为输出功率与输入功率之差和直流电源功耗 P_{DC} 的比值,是对直流功率转化为交流输出功率的效率衡量方式。通常,随着输入功率的增大,PAE 和输出功率逐渐增大,PAE 先达到饱和,随后开始下降,输出功率随后达到饱和。

4.1.3　GaN HEMT 器件关键技术

图 4.5 为 AGaN/GaN HEMT 器件制备工艺流程,主要包括以下步骤:

(1) 材料清洗:主要是去除材料表面的油脂以及氧化物等。

(2) 台面隔离:主要是通过离子注入技术或者刻蚀工艺将单个器件隔离开,形成孤立的有源岛。

(3) 欧姆接触工艺:沉积欧姆接触金属并进行高温合金形成的漏源金属电极。

(4) 栅工艺:通过电子束曝光技术结合剥离工艺在漏源金属之间形成肖特基栅,肖特基金属一般采用 Ni/Au 或 Pt/Au。

(5) 钝化工艺:采用等离子体增强化学气相沉积设备等在器件表面钝化 SiN、Al_2O_3 或其他高介电常数介质等,一方面防止栅金属的氧化,减小器件退化,另一方面抑制器件的电流崩塌效应,改善器件性能。

(6) 场板技术:主要提升器件的击穿特性。

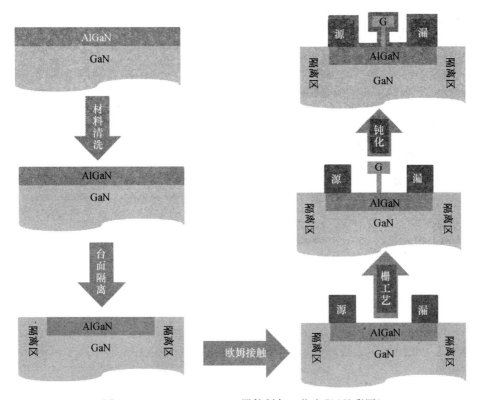

图 4.5　AlGaN/GaN HEMT 器件制备工艺流程(见彩图)

（7）空气桥:连接分离的单栅指器件,形成多栅指器件。

以上 GaN HEMT 器件的加工工艺较为简单,主要是针对单栅指器件或者双栅指器件。

4.1.3.1　材料清洗

材料清洗是 GaN HEMT 器件的第一步工艺,也是整个工艺过程中非常重要的组成部分,材料表面的洁净程度对后续金属沉积或介质的着附力以及最终器件的电特性有着重要的影响。未经清洗的 AlGaN/GaN 材料表面主要存在无机、有机的污染物以及氧化层。表面的有机物主要是通过丙酮、异丙醇和乙醇等去除,无机物和氧化层主要通过 NH_4OH、$NaOH$、HF 以及 HCl 等去除。去除表面污物的过程中结合超声清洗效果会更加显著。虽然这些清洗剂不能完全保证 AlGaN/GaN 材料表面达到原子级的清洁程度,却能够有效去除表面的玷污和氧化层。

此外,在完成光刻显影之后、蒸发漏源欧姆接触金属和栅金属前对材料进行相应的氧化物处理,能有效降低欧姆接触电阻值,改善栅的肖特基特性。

4.1.3.2　台面隔离

单片电路通常由多个 GaN HEMT 器件组合而成,器件之间需要隔离,目的是阻断单个器件与器件之间载流子的流动,保证栅对沟道的调控能力。单个器件位于隔离区域围成的有源隔离岛(台面)中。

由于氮化物的键合能较大,GaN 的键合能为 8.92eV/原子,AlN 的键能为 11.52eV/原子,室温下使用传统的酸性和碱性腐蚀液无法对其进行腐蚀。采用紫外线照射在 KOH 和 HCl 腐蚀液中腐蚀可以获得腐蚀速率高、各向异性、表面光滑的腐蚀效果,但湿法腐蚀的可控性差,且腐蚀效果对腐蚀液的浓度非常敏感,对材料性能的影响较大。因此,尽管湿法腐蚀具有损伤小、设备简单、操作方便、毒性小等优点,但不适用于 GaN HEMT 器件的台面隔离。GaN HEMT 器件台面隔离通常采用两种方法:一种是采用离子注入形成高阻区,实现器件台面隔离;另一种是通过台面干法刻蚀工艺实现台面与台面间电流的阻断。无论采用哪种方式,都要求各个分离器件之间沟道完全阻断,形成良好的隔离岛区域。

离子注入工艺采用的离子种类较多,如 He^+、B^+、N^+、P^+、He^+ 和 Ar^+ 等,离子注入所形成高阻区的热稳定性好,但可能会引起较大的表面损伤,在实际操作过程中需要综合考虑离子种类、注入剂量和能量等。离子注入的最大优点是能够形成平整化的隔离岛,这在纳米栅工艺中非常重要。

台面干法刻蚀工艺通常采用反应离子刻蚀(Reactive Ion Etching,RIE)、感应耦合等离子体(Inductive Coupled Plasma,ICP)和电子回旋共振等离子体(Electron Cyclotron Resonance Plasma,ECR)等。干法刻蚀过程中存在复杂的化学刻蚀过程和物理溅射过程。化学刻蚀过程是活性粒子与被刻蚀物质表面发生化学反应。物理溅射过程是高能离子对被刻蚀物质表面进行轰击导致表面材料溅射。在干法刻蚀工艺中，所发生的物理轰击作用不等同于溅射刻蚀中的纯物理过程，它具有打断原子之间的化学键、增加附着性、加速反应物的脱附、促进被刻蚀物质表面的化学反应以及加速附着在被刻蚀物质表面的非挥发性产物的脱附等作用。离子轰击具有一定的能量，会对被刻蚀物质造成损伤。因此如何选择合适的刻蚀工艺参数，使之既具有一定的刻蚀速率，又能减小刻蚀对 AlGaN/GaN 材料质量造成的损伤，是制造高性能器件的关键。此外，台面侧壁的陡直度对器件性能也有影响，刻蚀系统中有很多参数影响刻蚀的效果，如腔体压强、等离子体的刻蚀功率、驱动离子的射频（RF）功率、工艺气体种类以及流量等。干法刻蚀技术具有各向异性、对不同材料选择比差别较大、均匀性与重复性好、易于实现自动连续生产等优点。

4.1.3.3　欧姆接触工艺

在 GaN HEMT 器件的制造工艺过程中，源漏欧姆接触工艺是关键技术之一，欧姆接触主要形成 GaN HEMT 器件中的源极和漏极，欧姆接触电阻的大小和表面边缘形貌直接影响器件漏源输出电流、转折电压和跨导等电学特性，并进一步影响器件的频率和功率性能。

1）欧姆接触性能的表征方法——线性传输模型（TLM）

通常采用比接触电阻率 ρ_C 和接触电阻 R_C 来评价欧姆接触性能的好坏，比接触电阻率和接触电阻主要采用线性传输模型来提取表征。该方法需要制备特定的测试图形。

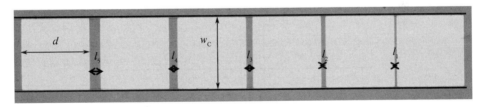

图 4.6　TLM 测试图形

TLM 的测试图形是在有源台面上制备呈线性排列的一系列长为 W_C、宽为 d 的矩形金属电极，每两个相邻的电极之间的距离 l 呈一定步长增大，如图 4.6 所示。如果金属电极区的方块电阻远小于 GaN 材料的方块电阻，那么每两个电极之间的总电阻 R_T 主要是由两部分组成：

$$R_T = 2R_C + l\frac{R_{SH}}{W_C}$$

式中：R_{SH} 为 GaN 材料的方块电阻；l 为两个相邻电极间的距离。

通过 TLM 相关理论推导计算，如果定义传输长度

$$L_T = \sqrt{\rho_C / R_{SH}}$$

则可得

$$R_C = \frac{R_{SH} \cdot L_T}{W_C} \cdot \coth \frac{d}{L_T}$$

当 $d \gg L_T$ 时，则有

$$R_T = 2\frac{R_{SH} \cdot L_T}{W_C} + \frac{R_{SH}}{W_C} \cdot l$$

如图 4.7 所示，分别测量不同间距的金属电极之间的电阻 R_T，可以得到 R_T 与间距 l 的关系曲线，图中直线的斜率为 R_{SH}/W_C，直线与纵坐标的截距为 $2R_C$。由直线的斜率可以得到材料的方块电阻，由传输长度定义可以求出比接触电阻率：

$$\rho_C = R_{SH}L_T^2$$

TLM 方法计算得到的比接触电阻率通常采用的单位为 $\Omega \cdot cm^2$，接触电阻的单位通常为 $\Omega \cdot mm$。需要注意的是，当比接触电阻率小于或者接近 1×10^{-7} $\Omega \cdot cm^2$ 时，TLM 的测试方法就不够准确，这时需要考虑金属区域的电阻，而 TLM 方法无法计算得到。

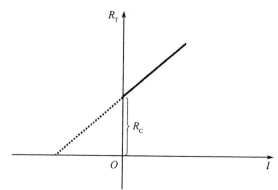

图 4.7　不同间距的总电阻与间距的关系曲线

2）欧姆接触制备方法

（1）Ti/Al/Metal/Au 传统欧姆接触。GaN HEMT 器件源漏欧姆接触工艺广泛采用真空蒸发、溅射沉积等方法在 GaN 基异质结材料表面堆叠钛/铝/耐熔金属/金（Ti/Al/Metal/Au）多层金属体系，然后高温合金形成欧姆接触。在高温退火过程中，金属与氮化物发生反应，生成氮化钛（TiN）和铝钛氮（AlTi$_2$N），从而获得了低的欧姆接触电阻率，同时 Ti 和 Al 之间也形成了 TiAl$_3$ 金相的钛铝合金，

进一步降低了欧姆接触电阻率。只采用 Ti/Al 两层金属形成的欧姆接触在高温、大功率下工作时稳定性不好,很容易在高温过程中氧化,氧化后在 Al 层上形成高阻的 Al_2O_3 帽层,因此常在 Al 金属之上覆盖一层高温耐熔金属,阻挡 Al 金属在合金过程的外溢。耐熔金属广泛采用钛(Ti)、镍(Ni)、铂(Pt)和钼(Mo)等金属,这层金属常称为"阻挡层"。为了后续键合、电镀等工艺的兼容,也为了进一步降低金属电阻,常在最表面覆盖一层金(Au)。耐熔金属的另一个作用是防止 Au 向 GaN 表面的扩散。对于广泛采用的 Ti/Al/Metal/Au 多层金属体系,其金属比例、金属层厚度、合金温度和时间等对欧姆接触影响很大,退火温度过高过低、时间过长过短都会大大影响欧姆接触的性能。目前,文献报道基本都是采用 Ti/Al/Ni/Au、Ti/Al/Pt/Au 和 Ti/Al/Ti/Au 等,其合金温度一般高达 700～950℃ 甚至更高。从现有结果来看,传统 Ti/Al/Metal/Au 金属体系形成的欧姆接触电阻在 $0.3～1.5\Omega \cdot mm$ 之间,受金属比例、金属层厚度、合金温度和时间影响较大。此外,合金后的表面形貌和边缘整齐度并不理想,有待改进。

(2) 欧姆区域浅刻蚀。通过在欧姆接触区域对 AlGaN 势垒层进行浅刻蚀,可以减小势垒层的 Al 组分以及厚度对欧姆接触的影响,更利于高温合金中金属与沟道二维电子的衔接。通过调节刻蚀深度、金属比例、金属层厚度及合金温度等可以有效地降低欧姆接触电阻如图 4.8 所示,据文献报道,该方法可实现欧姆接触电阻 $0.15\Omega \cdot mm$。

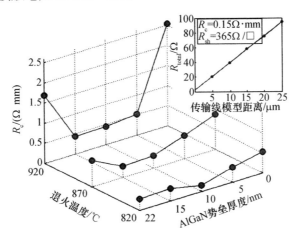

图 4.8　刻蚀深度、退火温度和接触电阻的关系曲线

此外,还有采用在源漏欧姆区域进行 Si 离子注入,然后高温激活,再采用传统的 Ti/Al/Metal/Au 金属体系。但该方法不利于制备小漏源间距的 HEMT 器件,因为离子注入过程中 Si 离子会产生横向扩散。另外,还有采用 N^+ GaN 帽层

等调节能带结构,降低表面势能来实现良好的欧姆接触。

(3) 再生长 N^+ 型 GaN 非合金欧姆接触的制备工艺。以上介绍的欧姆接触制备工艺都需采用高温合金的办法来实现良好的欧姆接触,虽然通过一定的条件可以对欧姆接触的形貌进行优化和改进,降低粗糙度,但是由于退火温度一般在 700℃ 以上,低熔点的 Al 不可避免地会溢出,从而造成表面凹凸不平和边缘整齐度较差。随着 GaN HEMT 器件频率特性的提升,对器件尺寸提出了更高的要求。尤其是当源漏间距较小时($<2\mu m$),对栅光刻的套刻精度提出了更高的要求;如果出现稍微的套刻偏差,会对器件的高频特性产生巨大的影响。此外,漏源间距过小也很难实现纳米 T 型栅。

目前,通过源漏欧姆区挖槽后,再二次外延重掺杂的 N^+ 型 GaN 技术可以实现非合金的欧姆接触电阻,同时可有效降低欧姆接触电阻。

再生长 N^+ 型 GaN 欧姆接触的简易制备流程(图 4.9):首先将 AlGaN/GaN 异质结材料清洗干净利用等离子体增强化学气相沉积设备在 AlGaN/GaN 异质结材料表面生长一层 SiO_2 介质层;而后利用光刻技术将漏源区域曝光显影,通过反应离子刻蚀设备刻蚀表面的 SiO_2 介质层,随后采用电感耦合等离子体刻蚀设备刻蚀 AlGaN/GaN 材料至异质界面以下;采用金属有机化学气相沉积设备或分子束外延设备外延生长重掺杂 N + – GaN 材料;通过化学腐蚀剥离,去除表面 SiO_2 层,仅留下漏源区域的 N + – GaN 材料;最后采用光刻和电子束蒸发剥离工艺,在漏源区域蒸发漏源欧姆接触金属,最终实现非合金的再生长 N + – GaN 欧姆接触。

再生长 N^+ – GaN 非合金欧姆接触主要有三个方面的优势:一是实现了非合金的欧姆接触,欧姆接触表面和边缘光滑整齐,利用栅工艺,可以实现栅与漏源金属的自对准制备,同时消除由于高温合金带来的表面翘曲;二是再生长 N^+ – GaN 欧姆接触间的有效距离是再生长 N^+ – GaN 间的距离,漏源金属的间距可以略大于该距离,进一步利于栅工艺的实现;三是可实现低的欧姆接触电阻(目前国际上采用该方法可实现 $0.1\Omega \cdot mm$ 的欧姆接触电阻)。

4.1.3.4 栅工艺

随着 GaN 基 HEMT 器件在高频大功率方面的发展,器件的栅长尺度正在往亚微米乃至纳米级发展。纳米栅工艺成为一种非常重要的技术,直接影响着器件的频率和功率性能。随着栅长减小,栅电阻增大,栅电阻带来的微波损耗严重影响了器件的增益。因此,当栅长缩减至 $0.5\mu m$ 以下时需要在栅金属的顶部构造一个大的金属栅帽,也就是要制备 T 型栅。纳米 T 型栅中栅长大小、栅根高度以及栅帽大小是影响器件性能的重要参数。栅长大小决定了 HEMT 器件的频率、噪声等特性,栅长越小,器件的电流截止频率 f_T 和功率增益截止频率 f_{max} 越

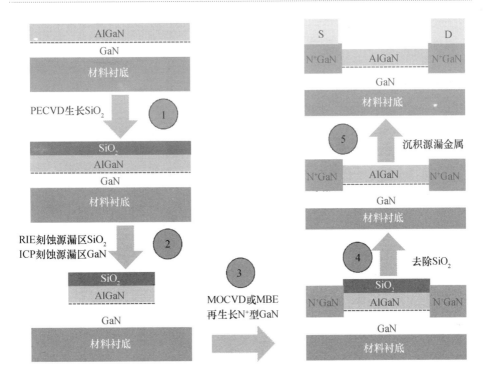

图 4.9　再生长 N^+ 型 GaN 欧姆接触的简易制备流程(见彩图)

高,器件噪声系数也越小。此外,栅根越高,栅帽越小,器件寄生电容越小,f_T 和 f_{max} 也越高,然而栅帽过小会影响栅电阻。器件设计过程中需要综合考虑这几个参数。

当栅长为亚微米级乃至纳米级时,传统的接触光刻工艺方法已很难实现这样的精度,就需要采用电子束直写曝光方式来进行纳米栅工艺的制备。电子束直写曝光技术可以完成 $0.1\mu m$ 以下的超微细加工,甚至可以实现数十纳米线条的曝光。电子束曝光原理是利用具有一定能量的电子与光刻胶碰撞发生化学反应完成曝光。它的优点是曝光精度高,无掩模,可及时对曝光精度进行调整。但由于曝光过程中会发生电子散射,产生邻近效应,使所形成的光刻图形发生畸变,影响图形的完好率和图形的光刻精度。

邻近效应的机理是在电子束对光刻胶的曝光过程中,聚焦电子束的能量不能完全聚焦在所设计的位置,电子束在光刻胶和衬底中发生散射,使得电子束偏离原有入射方向,于是不想曝光的区域被意外曝光,而有的设计曝光区域没有得到充分曝光,显影后实际得到的图形与所设计的图形有差异。电子束在光刻胶和衬底中由于散射其运动轨迹发生了变化。电子束散射可以按照其散射方向和聚焦电子束的入射方向分为前散射和背散射(图 4.10)。散射方向和聚焦电子束的入射方向之间的夹角小于90°的散射是前散射,散射方向和聚焦电子束的入射方向之间的夹角大于90°的散射是背散射。前散射电子的散射方向与聚焦电子束的入射方向基本一致,它直接导致了聚焦电子束的束斑面积比入射时有所增加,扩大了设计图形的曝光尺寸。较大的背散射角度导致背散射影响范围也较大,一般情况能扩散到微米级的区域,同时背散射电子大部分来自衬底中,加上其很大的散射角度,对光刻胶会产生范围更广的意外曝光。正是由于这些散射效应引起的意外曝光,其实际的曝光区域与所设计的曝光区域产生差别,经过显影后所获得的实际图形与设计图形也产生了差异,这种现象就称为邻近效应。

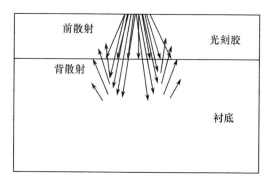

图4.10　邻近效应中的前散射和背散射

　　人们无法对电子束在光刻胶和衬底中的散射路线进行干涉,因此邻近效应无法彻底消除。但在实际过程中,可通过一些方法对邻近效应进行补偿,从而达到修正邻近效应的目的。较为常见的 T 型栅工艺多采用聚甲基丙烯酸甲酯/共聚甲醛/聚甲基丙烯酸甲酯三层光刻胶(图4.11),可以通过曝光剂量控制方法和图形几何尺寸校正法来减小临近效应,即根据栅根和栅帽的设计而采用不同的剂量进行曝光,以控制光刻胶的曝光剂量,使其满足恰当的显影水平,实现邻近效应的修正。图形几何尺寸校正法则不需要改变电子束光刻机的扫描频率,只要通过束能、束斑大小、光刻胶厚度、光刻胶性质等曝光显影的物理参数和设计版图即可达到修正后的设计图形。图形几何尺寸校正法适合于大多数电子束光刻机,对硬件的需求较少,它避免了众多物理参数的修正和复杂的硬件条件,同时易于与计算机接口,这令它成为邻近效应校正最有效且应用范围最广的方法。但该方法也无法很有效地抑制邻近效应,尤其是当栅长尺寸为 100nm 以下时。

　　另一种较为常见的纳米 T 型栅的制备工艺采用两次曝光两次显影的技术(图4.12),有效地抑制了临近效应。这种方法同样采用 PMMA/Copolymer/PM-MA 三层光刻胶,首先进行栅帽的曝光,而后进行第一层显影,通过调节曝光剂

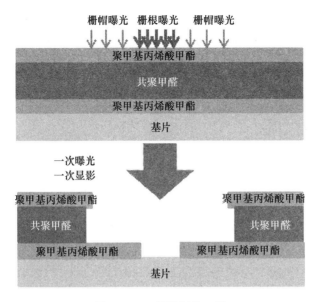

图 4.11　三层胶制备 T 栅

量和显影时间,使得显影终止于底层的 PMMA 光刻胶,而后进行栅根的曝光,最后进行第二次栅根的显影。通过两次曝光、两次显影,变相地减薄了实际曝光的光刻胶厚度,有效地抑制了曝光过程中的前散射和背散射。这种方法更容易实现 100nm 以下的纳米 T 型栅。

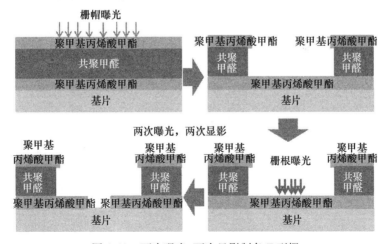

图 4.12　两次曝光、两次显影制备 T 型栅

4.1.3.5　钝化工艺

对于未钝化的 GaN HEMT 器件,电流崩塌效应(图 4.13)将严重影响着器件的性能。电流崩塌现象有多种不同的英文描述方式,如 Current slump、Current collapse、RF dispersion、Current dispersion 等。根据电流崩塌产生的条件不同,电流崩塌现象有两种不同的描述方式:一种是当 AlGaN/GaN HEMT 源漏电压较高时,器件的输出电流大大减小;另一种是直流输出电流与射频输出电流存在很大的偏差。除了以上两种条件,栅延迟、漏延迟和应力之下的电流也会出现崩塌现象。崩塌现象的产生主要是因为在 AlGaN/GaN HEMT 的表面和界面中存在着陷阱,使得输出漏电流下降、膝点电压上升,进而输出功率下降。

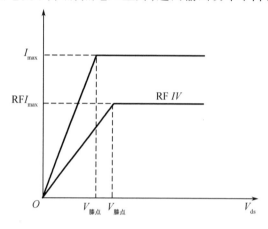

图 4.13   电流崩塌效应

有效抑制电流崩塌现象常用的方法是表面钝化。常采用等离子体增强化学气相沉积设备在 AlGaN/GaN HEMT 器件表面利用 SiN_X、SiO_2 等介质层进行钝化。近年来,也有采用原子层沉积设备在 AlGaN/GaN HEMT 器件表面淀积 AlN、SiN、高介电常数介质以及复合介质等进行钝化。

PECVD 法是 20 世纪 70 年代末期发展起来的镀膜技术,它是射频辉光放电等离子体和化学气相沉积的综合应用。在沉积反应空间中导入等离子体,等离子体在电场作用下吸附在衬底上并且发生化学反应,从而能够在更低的温度下生成新的介质薄膜;同时沉积反应中可能形成的副产物从衬底上解吸出来,随主气体由真空泵抽出系统。其中,激发的活性物由等离子体中的低速电子与气体分子撞击产生。该方法具有的优点是:生长设备简单且工艺重复性好;沉积温度较低(一般小于 400℃),台阶覆盖性能好;薄膜结构致密,缺陷密度低;等等。

影响 SiN_X 和 SiO_2 薄膜特性的沉积工艺参数主要有沉积温度、射频功率、腔室压强、沉积时间、反应气体流量配比等。由于 AlGaN/GaN 表面和势垒层应力对沟道电荷有较大影响,在器件钝化过程中射频功率过高、气流过大等均会导致器件性能的降低;但射频功率降低会导致 SiN_X 和 SiO_2 薄膜的致密性变差,从而影响器件的击穿特性。此外,SiN_X 和 SiO_2 薄膜的厚度会对器件的射频特性产生影响,厚度过大会增大栅漏间以及栅源间的寄生电容,降低器件的频率特性。在设计器件时,需综合考虑沉积温度、射频功率、腔室压强、沉积时间、反应气体流量配比以及薄膜厚度等问题。

4.1.3.6 场板技术

对 GaN HEMT 器件而言,击穿电压是一个很重要的性能指标,与功率的输出有密切关系,因此提高击穿电压是提高功率器件输出功率、增大功率密度的重要措施。场板结构(图 4.14)最早应用于 GaAs 器件,是用新增加的栅场板来改变栅极边缘耗尽层边界的弯曲程度,改变耗尽层中电场分布,以达到提高击穿电压的目的。场板通常指与器件电极形成连接的金属板。对于 GaN HEMT 器件而言,采用场板结构能大幅度提高器件击穿电压,又能在一定程度上抑制电流崩塌,从而提高器件功率密度、功率附加效率。另外,场板结构在工艺上容易实现,只需再增加一块金属场板。

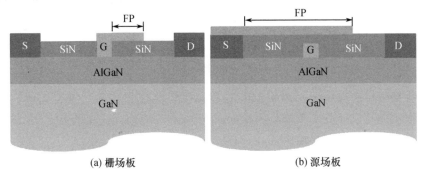

图 4.14 场板结构

场板按照连接方式有栅场板、源场板、漏场板以及组合类型。栅场板在栅柄位置开孔与栅相连,可降低栅极漏测边缘的强电场,但会增大栅漏电容,对器件频率和功率增益有不利的影响。栅场板通常采用均匀场板结构,即场板下方钝化层厚度均匀;但如果采用台阶场板(或多层场板),即场板下方钝化层厚度呈台阶式分布,可进一步提升器件的击穿特性。场板边缘附近电场分布存在一个峰值,增加场板的层次性,例如采用台阶场板和多层场板,可以增加较低电场峰值的数量,优化参数使各个电场峰值大小相近,则击穿电压随电场峰值数目的增多而增大。当台阶的层数趋于无穷大时,台阶场板成为斜坡场板,源漏之间的势垒层内电场分布曲线平直,击穿电压最大。通过刻蚀工艺形成台阶状钝化层,在钝化层上淀积金属层即形成台阶状场板结构。

源场板(漏场板)是场板通过不同的布线方式与源区(漏区)连接,源场板在比栅极高度还厚的介质层上延伸到栅漏之间来减小栅漏测的强电场,但会增大源漏电容,其负面影响小于栅场板。为了尽可能降低寄生电容,通常采用在介质上直接布线或者采用空气桥,尽可能避免大面积连线导致的寄生电容增大的问题。

双场板结构(图 4.15)是源场板与漏场板的结合,即该结构含有源终端场板和漏终端场板两种场板,源终端场板离漏极很近,势垒层空间电荷区与漏极相连,在耗尽层边界处电场不为 0。加入漏终端场板可以减小漏极边缘电场峰值,引入了另一个较低的电场峰值,提高了击穿电压。

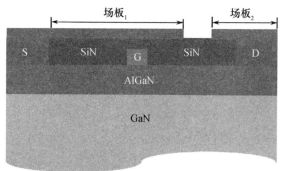

图 4.15　双场板结构

将场板结构应用于 GaN HEMT 功率器件已经成为趋势。GaN HEMT 器件中场板结构的设计需要考虑场板长度、场板与器件之间介质层的厚度、介质的种类等。需要综合考虑优化设计,以确保场板可以有效地调节器件沟道电场分布,同时尽量减小其对器件寄生电容的影响,获得更好的器件性能。

4.1.3.7　空气桥

截止频率主要由器件的栅极长度决定,栅长越短,截止频率越高,但栅条的电阻也越大;同时,器件的功率密度是一定的,要增大单管的功率,就必须增大栅宽。减小栅条长度同时增加栅宽度,必然导致栅条的电阻急剧的增加,降低器件的最大振荡频率,影响器件的功率放大能力。因而必须把器件制成多栅结构,在器件制作的过程中使用独立的源端或者漏端,再将这些独立的源端或者漏端相互连接起来,形成统一的源端或漏端,因此,器件的制备必须引入空气桥结构。

目前,GaN HEMT 微波大功率器件中空气桥的结构主要有平行栅结构和鱼骨栅结构(图 4.16),这两种结构有着各自的特点。平行栅结构的特点是:空气桥引入的寄生电容比较小,有利提高器件的截止频率和最大振荡频率;但该结构在各个漏端收集的信号相位相差较大,器件的工作在大功率下散热性能较差,降低了器件的效率和功率增益。鱼骨型栅结构能有效地解决平行栅结构中的相移问题,在鱼骨结构的两边漏端收集的信号相位差较小,器件两边散热,散热性能更好,其功率、附加效率、增益和功率密度更大;器件寄生电容较大,降低了器件的截止频率和最大振荡频率。

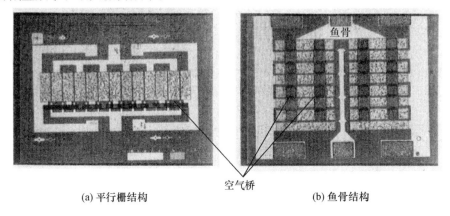

(a) 平行栅结构　　　　　　　空气桥　　　　　　(b) 鱼骨结构

图 4.16　空气桥结构

空气桥制备过程(图 4.17)：首先利用光刻技术将需要连接的金属电极(桥墩)区域曝光显影；然后利用电子束蒸发或磁控溅射方法在表面生长一层"金属生长层"，该层主要是为后续金属电镀作为种子层；再次利用光刻技术将桥面区域曝光显影；而后电镀金形成桥面；接着通过曝光显影去除上层光刻胶，腐蚀去掉"金属生长层"；最后去除底层光刻胶形成空气桥。要求底层光刻胶具有一定厚度才能保证桥的高度，从而减小寄生电容；但是桥高度较大就会使桥面金属的强度减小。

4.1.4　国内外 D 模 HEMT 器件进展

GaN 材料的生长最早可以追溯到 1932 年，Johnson 等人首次合成了 GaN 材料。1938 年，Juza 和 HaHn 用 NH_3 制成了 GaN 的针状物和片晶。由于其晶体获得很困难，在很长的时间内 GaN 的研究一直没有得到很大的发展。20 世纪 90 年代以后，随着缓冲层技术的采用和 P 型掺杂技术的突破，人们又开始广泛的研究 GaN 材料。1992 年，Khan 等人首次采用 MOCVD 制成 AlGaN/GaN 异质结二维电子气材料。第一支 AlGaN/GaN HEMT 诞生于 1993 年，由美国 APA 光学公司的 Khan 等人完成，但是仅仅报道了其直流特性，电流密度和跨导分别为 60mA/mm、27mS/mm，没有微波性能报道。1994 年，首次报道了该研究组制作的栅长 0.25μm 的 GaN HEMT 器件的交流频率特性：截止频率为 11GHz，最高振荡频率为 14GHz。1996 年，Wu 等人报道了第一只具有微波功率输出的 AlGaN/GaN HEMT 器件，器件在 2GHz 下的输出功率密度为 1.1W/mm。此后，许多研究团队纷纷投入到该领域，使器件的性能指标日新月异。

随着材料生长技术的成熟和工艺技术的提高，GaN HEMT 的频率也在不断提高，提高器件频率的技术途径主要包括：引入背势垒结构及采用高 Al 组分的

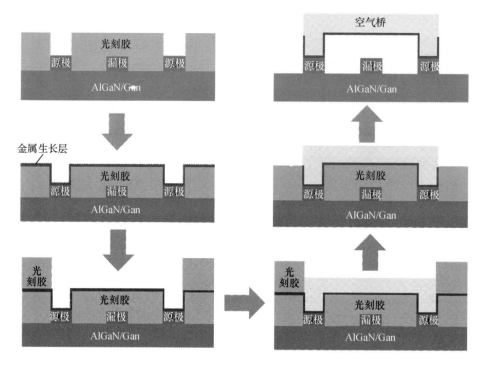

图 4.17　空气桥制备过程

薄势垒技术、槽栅技术、源漏再生长欧姆接触技术等。

4.1.4.1　背势垒结构

在 GaN 缓冲层上先生长 1 nm $In_{0.1}Ga_{0.9}N$ 夹层，再生长 11 nm GaN 沟道层和 13 nm $Al_{0.32}Ga_{0.68}N$ 势垒层，GaN/InGaN 异质界面构成一个背势垒，增强了沟道夹断时的量子限制，在不过分减小栅长的情况下，利用极化效应来提高 GaN 缓冲层的能带高度，增加了对 2DEG 的限制，从而提高了栅极对沟道的控制能力和输出电阻 R_{ds}，改善了器件的频率性能。在栅长为 100 nm 的条件下，器件的电流增益截止频率 $f_T = 153$ GHz，最高振荡频率 $f_{max} = 198$ GHz。具有背势垒结构的 GaN HEMT 如图 4.18 所示。器件的 $f_T \times L_g$ 达到 15.3 GHz·m[1]。2011 年，T. Palacios 等人将背势垒结构引入到 InAlN/GaN HEMT 中，并在栅金属蒸发之前进行表面氧处理，最终获得截止频率为 300GHz 的器件。

4.1.4.2　高 Al 组分的薄势垒技术

2006 年，M. Higashiwaki 等人利用极短栅长 L_g（最小栅长为 30nm）以及高 Al 组分（0.4），极薄的 AlGaN 势垒层厚度（8nm），另外采用 cat - CVD 技术生长

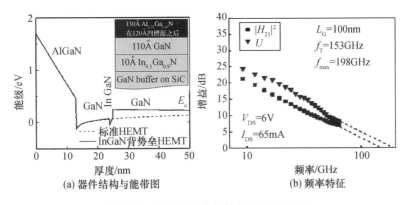

图 4.18　具有背势垒结构的 GaN HEMT

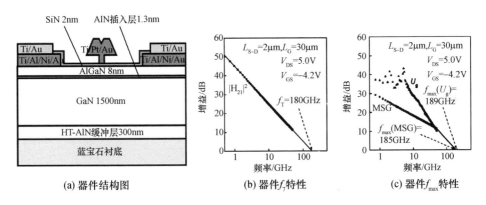

图 4.19　高 Al 组分的薄势垒的 AlGaN/GaN HEMT 的频率特性

厚 2nm 的 SiN 作为钝化层和栅介质层(图 4.20),Al 组分的提高可以在相对较薄的势垒层厚度下仍然能够获得较高的二维电子气浓度,而势垒层厚度的减小有利于抑制短沟道效应,从而获得良好的频率特性,器件的截止频率和最高振荡频率分达 180GHz、189Hz。2009 年,该小组利用相同技术在 SiC 衬底上研制的 T 型栅 AlGaN/GaN HEMT,使器件的截止频率和最高振荡频率分别提高到了 190GHz、251GHz。[2]

4.1.4.3　槽栅技术

在 2010 年,麻省理工学院报道的 AlGaN/GaN HEMT 器件的最高振荡频率达到 300GHz。其中:栅结构采用了低损伤的凹栅结构,被认为能减小短沟道效应;源和栅之间的距离较小,约 0.3μm(图 4.20),这样可以减少 R_{gs},因为 R_{gs} 正比于栅源电容 C_{gs} 的充放电时间。源和漏的欧姆接触也采用凹陷式,使合金更接近导电沟道,有效地减小欧姆接触电阻。源漏之间的距离仅为 1.1μm,这有助于减小 R_{ds}。虽然该器件的栅长为 60nm,不是最短的,仍然取得了迄今为止栅

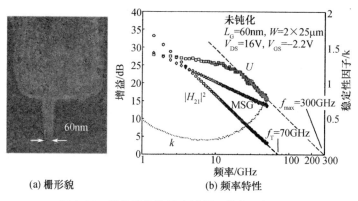

(a) 栅形貌　　　　　　　　(b) 频率特性

图 4.20　凹槽欧姆接触和槽栅工艺的器件特性

长 60nm 的 AlGaN/GaN HEMT 最高的振荡频率。

　　2010 年,麻省理工学院采用槽栅技术(图 4.21),源漏采用先刻蚀然后蒸发 Si/Ge/Ti/Al/Ni/Au,欧姆接触从 0.47Ω·mm 降到 0.21Ω·mm,栅结构先采取浅刻蚀技术将势垒层厚度减小至 17nm,蒸发栅之前对槽表面进行氧处理,蒸发金属之后采用选择腐蚀金属的办法,最终器件的栅长可以达到 55nm,器件的截止频率达到 225GHz,这也是目前 55nm 栅 AlGaN/GaN HEMT 报道的最高值。[3]

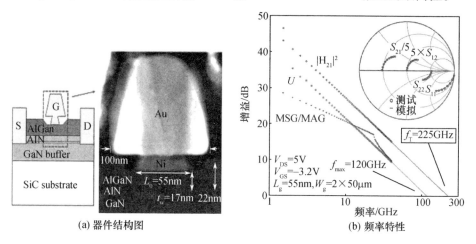

(a) 器件结构图　　　　　　　　(b) 频率特性

图 4.21　高截止频率槽栅结构 AlGaN/GaN HEMT

4.1.4.4　源漏再生长欧姆接触技术

　　GaN HEMT 工作在更高频率,需要进一步减小源漏间距和降低欧姆接触,而小的源漏间距将增加电子束光刻的套刻难度,源漏二次外延技术可以有效地解决这个技术问题。2010 年在 IEDM 会议的报道中,HRL 的 K. Shinohara 使用 MBE 再生长 n^+ GaN 欧姆接触技术降低欧姆接触电阻,实现了栅长 40nm 的

AlN/GaN/AlGaN 双异质结 HEMT 器件,器件的 $f_T = 220\text{GHz}$,$f_{max} = 400\text{GHz}$,器件的示意如图 4.22(a)所示。在 2011 年的 IEDM 会议上,该小组通过改进材料生长结构,源漏间距缩小至 100nm,最小栅长减小到 20nm,将最大截止频率分别提高到 310GHz(耗尽型)和 343GHz(增强型)。2012 年 IEDM 会议 HRL 利用源漏刻蚀再生长 n^+ GaN 技术结合重掺杂 3D–2D 技术代替之前的 2D–2D 技术,有效降低源端寄生电阻,将器件的 f_{max} 提高到 518GHz。2013 年的报道中,HRL 在之前的工艺基础上进行优化,使栅的位置偏向源极一侧,将 f_T 提高到了 454GHz,采用自对准栅工艺,将 f_{max} 提高到 554GHz,这也是目前报道的 GaN 基 HEMT 的最高振荡频率的最大值。[4]

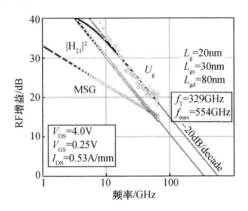

图 4.22　源漏区域再生长技术及频率特性

在微波功率领域,GaN HEMT 也取得了长足的发展。初期的器件受制于电流崩塌效应,其交流输出功率远远小于理论值,但是随着材料技术的日渐成熟以及工艺的不断改进,器件的输出功率报道也是日新月异(表 4.1)。

表 4.1　GaN HEMT 输出功率密度

年份	测试频率/GHz	测试电压/V	输出功率/(W/mm)	功率附加效率
1996 年	2	—	1.1	—
2000 年	4	25	4	41
	4	120	32.3	54
2005 年	30	28	6.9	—
	35	—	3.3	—
	40	—	10	—
2006 年	4	135	41.4	60
	4	48	11.1	63
2007 年	10	48	11.2	58

与砷化镓化合物和硅材料相比,GaN 材料更耐辐射损伤。然而,来自陆地和空间辐射的损害可以并且确实影响 GaN HEMT 的性能。电子器件的损坏可以由天然存在的中子、质子、重离子、电子和 X 射线光子引起。辐射对电子器件的影响通常有总电离剂量效应、剂量率效应、位移损伤效应和单粒子事件效应。位移损伤效应是指当入射能量粒子例如中子或质子与晶格原子的核碰撞,当入射粒子具有足够的能量时,原子可以从晶格位移。对于 GaN HEMT,位移损伤效应的影响较大。被移位的晶格原子形成稳定的缺陷或陷阱,导致材料中载流子浓度和迁移率的变化,从而导致器件阈值电压漂移,跨导降低和漏极饱和电流的减小等器件性能的退化。

GaN HEMT 器件显示出强的抗辐射性能主要归因于两个方面:一方面是 GaN 材料本身具有大量先天缺陷,更多的辐照引入的缺陷也没有影响,但由于 GaN 技术正在迅速改善,材料的缺陷变得更少,因而有可能随着材料的改进辐射响应变得更加敏感;另一方面是 GaN 缓冲层辐照后载流子的去除效应,使得其能带结构发生变化,这种情形下,辐照相当于引入了背势垒,沟道背势垒高度增加,导致沟道电子的局域性增强,有利于器件的性能提高,从而补偿了辐照带来的负面影响。

4.2　GaN MMIC

归因于高击穿电场、高电子饱和漂移速度和较高的热导率等特点,GaN 器件在高频、高速以及高功率等应用领域优势大于 InP、GaAs 等材料器件。随着器件特性的提升,GaN MMIC 也得以应用推广,主要应用于功率放大器、低噪声功率放大器、开关、振荡器,其中又以微波大功率、高效率、宽带的 MMIC 功率放大器为主。本节主要介绍 GaN MMIC 功率放大器电路设计原理、关键制备工艺以及国内外的相关进展等。

4.2.1　MMIC 功率放大器电路设计

4.2.1.1　MMIC 功率放大器的技术参数

设计 MMIC 功率放大器的目的是在给定的输出功率下获得最大的功率增益和效率。MMIC 功率放大器性能的优劣可以依据输出功率、带宽、效率、增益、稳定性和驻波比等技术指标来评价。

1)输出功率

输出功率定义为功率放大器驱动给负载的带内信号功率,即

$$P_{out} = \frac{V_{out}^2}{2R_L}$$

式中：V_{out} 为输出信号的电压摆幅；R_L 为负载阻抗（通常为 50Ω）。

采用分贝表示时，有

$$P_{out}(dBm) = 10\log\frac{P_{out}}{1mW}$$

2）工作带宽

工作带宽是指放大器应满足全部指标的连续工作频率上限与频率下限之差。依据工作带宽将带宽小于 20% 频程带宽的功率放大器称为窄带放大器，将工作带宽大于 20% 频程带宽的功率放大器称为宽带放大器。

3）效率

一般依据漏极效率（DE）和功率附加效率（PAE）评估效率，计算公式为

$$DE = \frac{P_{out}}{P_{DC}} \times 100\%$$

$$PAE = \frac{P_{out} - P_{in}}{P_{DC}} \times 100\%$$

式中：P_{out} 为输出功率；P_{in} 为输入功率；P_{DC} 为直流功率。

功率附加效率应用更为广泛，提高功率附加效率的重要途径之一是通过改善偏置点来降低晶体管偏置状态下的电流。

4）增益

增益值和增益平坦度是表征功率放大器特性的重要指标。增益为功率放大器输出功率与输入功率的比值。常使用的增益有三种：① 实际功率增益 G_P，表示传送给负载的功率 P_L 与传送到网络输入端的功率 P_{in} 之比；② 资用功率增益 G_a，表示网络输出端口的资用功率 P_{avn} 和信号源的资用功率 P_{avs} 之比；③ 转换功率增益，表示电路中实际传送到负载的功率 P_L 和信号源的资用功率 P_{avs} 的比。双共轭匹配网络中，三者相等。

增益平坦度表征在一定频率范围内增益变化的大小。在宽带功率放大器设计中需要同时关心增益和增益平坦度。

5）稳定性

相对于小信号放大器稳定性表征，功率放大器的稳定性表征相对复杂，不但要考虑到小信号工作时的稳定性指标，还要考虑不同模式下的电路稳定性以及不同功率下器件等效电路元件参数变化引起的各稳定性指标变化。

6）驻波比

放大器设计通常用于 50Ω 系统中，输入输出驻波比表示了放大器和系统的匹配程度，这一指标影响到功率放大器在应用中的实际性能。在驻波状态下，传输线上存在着方向相反的两列行波，传输线的电压就是这两列行波电压的叠加。当方向相反的两列行波相位相同时，叠加后的电压值最大，形成驻波波腹，记为

$V_{\max}$；当方向相反的两列行波相位也相反时，叠加后的电压值最小，形成驻波波节，记为 $V_{\min}$。电压驻波比(VSWR)定义为

$$VSWR = \frac{V_{\max}}{V_{\min}}$$

如果使用反射系数表示驻波，则有

$$VSWR = \frac{1 + |\varGamma|}{1 - |\varGamma|}$$

大的驻波比往往是由于驻波反射过大造成的，输入匹配或者输出匹配偏离驻波比最佳的共轭匹配状态是主要原因。驻波比过大会引起电路功率的降低以及稳定性的恶化。

4.2.1.2 功率放大器的工作状态

MMIC 功率放大器常见的工作状态分别是 A 类、B 类、AB 类、C 类，它们以静态工作点的位置进行区分，不同工作状态对应的静态工作点位置(图 4.23)，工作状态不同 MMIC 功率放大器其导通状态和效率也不相同。

A 类工作状态：功率放大器在信号周期内始终存在工作电流，即导通角为 $360°$。静态工作点位于 $I_D - V_D$ 曲线的中心位置附近(图 4.24)。仅从失真的角度来看，可认为它是一种良好的线性放大器。但是 A 类功率放大器在没有信号输入的情况下，晶体管漏极电流很大，直流功率均以热能的形式散发掉，因此效率不高，而且稳定性也容易受到热的影响而恶化。

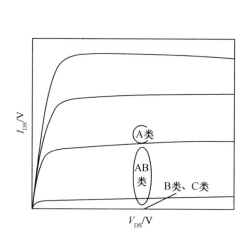

图 4.23　不同工作状态对应的
静态工作点的位置

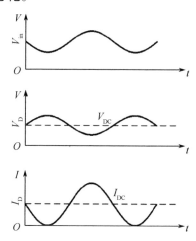

图 4.24　A 类放大器的时域波形

B 类工作状态：器件静态偏置点在阈值电压处，功率放大器在信号周期只有半个周期存在工作电流，即导通角为 $180°$(图 4.25)，B 类放大器的优点是效率

高,缺点是会产生失真。

AB 类工作状态:AB 类功率放大器界于 A 类和 B 类之间,导通时间大于信号的半个周期而小于一个周期,导通角略大于 180°。AB 类放大器效率比 A 类放大器高,因此获得了极为广泛的应用。

C 类工作状态:在信号周期内存在工作电流的时间不到半个周期,即导通角小于 180°(图 4.26)。器件静态偏置点的栅压在夹断电压之下。C 类功放的优点是效率非常的高,尺寸紧凑,输出功率高,可达几千瓦,工作温度比 B 类要低,可靠性高,在要求失真不严的系统中得到了广泛的应用。

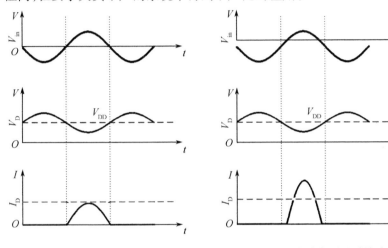

图 4.25 B 类放大器的时域波形　　　图 4.26 C 类放大器的时域波形

A 类、AB 类、B 类、C 类放大器的理论效率及导通角见表 4.2 所列,考虑到 HEMT 器件多在 AB 类工作状态下取得高的增益(Maximun Available Gain, MAG),GaN MMIC 功率放大器多选定工作在 AB 类状态。

表 4.2 放大器的导通角与理论效率

放大器类型	导通角/(°)	理论效率/%
A	360	50
AB	180 ~ 360	50 ~ 78.5
B	180	78.5
C	0 ~ 180	78.5 ~ 100

除了上述四种 GaN MMIC 功率放大器之外,GaN MMIC 功率放大器还存在 D 类、E 类、F 类三种形式,这些功率放大器也称为开关功率放大器。这些功率放大器通过自身的特定负载网络控制漏极电压和电流波形,使其不重叠,这些功率放大器理论上效率甚至可以达到 100%。

D 类功率放大器:一般由两个工作方式如一对极性开关的晶体管组成,其漏压均为方波,通过谐振在工作频率的 LC 网络,使输出电压的波形调整为正弦波(图 4.27)。

E 类功率放大器:晶体管工作在开关状态,电流和电压都是半个正弦波,相位相差 180° 使得输出波形共轭。E 类功率放大器的输出波形与输入波形之间存在一个相位延时(图 4.28)。

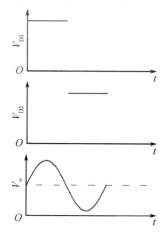

图 4.27 D 类放大器的时域波形

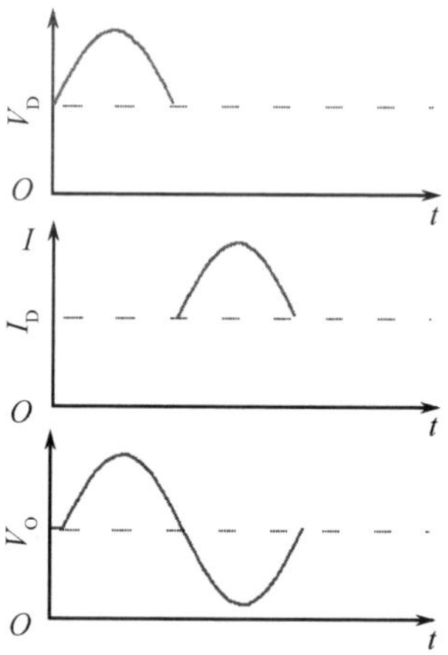

图 4.28 E 类功率放大器的时域波形

F 类功率放大器:晶体管工作在开关状态,电流输出波形为半个正弦波,电压输出波形为正弦波,如图 4.29 所示。

4.2.1.3 功率合成方法

功率合成通常有两种电路结构,分别为器件级功率合成和电路级功率合成。在多管并联中,GaN HEMT 器件的漏极和栅极分别连接在一起,外加输入和输出匹配网络。这种功率合成法比较简单,但缺点也很明显:一是要求每一个 GaN HEMT 器件在所需的频带内性能必须一致,否则会因各管输出电流不同而降低输出功率;二是电路可靠性差,若其中有一个管子损坏,就会引起整个放大器损坏;三是由于多个管子并联降低了放大器的输入和输出阻抗,而在输出功率一定的情况下,输出阻抗越低,电流越大,导致电路中的欧姆损耗增加,因此并联晶体管的数量越多,并联效率越低。

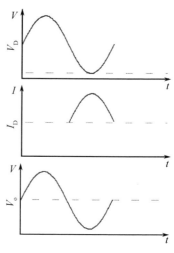

图 4.29 F 类功率放大器的时域波形

将多路功率放大器并联是获得大功率的可靠方法,图 4.30 为多路功率放大器合成框图。利用这种功率合成电路,若其中一路放大器损坏,只减小总的输出功率,并不导致其他放大器损坏。在功率合成器完全理想的情况下,总输出功率等于并联各路末级功率放大器输出功率之和。

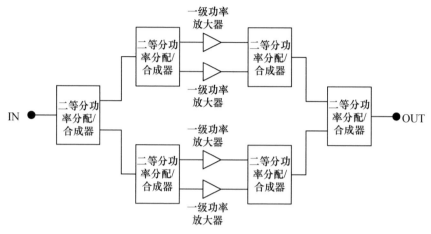

图 4.30　多路功率放大器合成框图

采用多路功率放大器并联,须设计一分二的功率分配/合成器。在单片集成电路中,芯片面积是要着重考虑的问题。常用的威尔金斯功率分配/合成电路拓扑结构如图 4.31 所示。

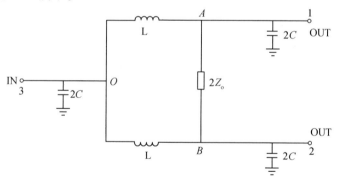

图 4.31　威尔金斯功率分配/合成电路

电感和电容分别为

$$L = \frac{z_o}{2\pi f}$$

$$C = \frac{1}{2\pi f z_o}$$

对功率分配/合成器要求,当端口 1、2 接匹配负载时,输入端口 3 无反射,端口 1、2 输出功率按一定比例分配,并且端口 1、2 之间互相隔离。为了满足输入端口 3 无反射条件,必须使端口 1、2 接匹配负载后,经阻抗变换反映到端口 1 的并联导纳 Y_1 满足

$$2Y_1 = \frac{1}{Z_0}$$

即 $Z_1 = Z_2$。

由图 4.31 可以看出,由于 1、2 两路对称,所以微波功率等分输出,相位相同。为了使端口 1、2 之间相互隔离,需要在 A、B 两点接入电阻 R,这样当信号从 3 端口输入时,A、B 两点等电位,因此没有电流通过,相当于 R 不起作用,而当 A、B 两点电位不一样时,假如有信号由端口 1 输入,它就分为两路(AB、AOB)到达端口 2。如果适当选择 R 的值,可使此两路信号相互抵消,使得端口 1、2 达到隔离。在实际电路中,两臂为 $\lambda/4$ 传输线,特性阻抗为 $2^{1/2}Z_0$,隔离电阻为 $2Z_0$。

威尔金斯功率分配/合成电路的优点是电路合成效率较高、插入损耗低、隔离度好。但是对于一分四或者一分八的电路需要通过一级威尔金斯网络实现一分二,再通过二级和三级威尔金斯网络实现二分四以及四分八,这在一定程度上会增加芯片的面积。

4.2.1.4　偏置电路

当功率放大器的工作状态确定时,需要确定合适的偏置网络为晶体管提供合适的静态工作点。偏置网络的作用除设定电路的直流工作状态外,还应通过高频扼流圈或微带短接线以及隔直电容实现直流偏置与射频偏置的信号隔离。偏置网络的基本形式有 8 种(图 4.32):

(1)电感偏置扼流:电感作为偏置扼流,输入和输入端的隔直电容阻挡偏置电路影响,去耦电容防止射频信号泄漏到功率提供端,电感可起到匹配网络的作用。

(2)高阻值电阻隔离:栅极漏极均通过电阻偏置,适用于低噪声放大器和高功率放大器。漏极偏置电阻过大时会增加功率耗散。偏置网络是匹配网络的一部分,可以增加电路的稳定性。

(3)自偏置:自偏置技术允许整个电路以单电源供电,栅极利用电感或者高阻值电阻直流到地,电阻可以提供自动瞬态保护。源极加正电势,通过去耦电容到地以防止射频泄漏。单电源供电使用方便,但是不能控制栅偏,直流损耗也会增加。

(4)微带短截线:偏置网络为微带短截线,可作为匹配网络的一部分。

(5)源偏置:增益高,功率低,效率低。

(6)有源负载:有源负载相当于一个大电阻并联一个小电容,整体电路紧

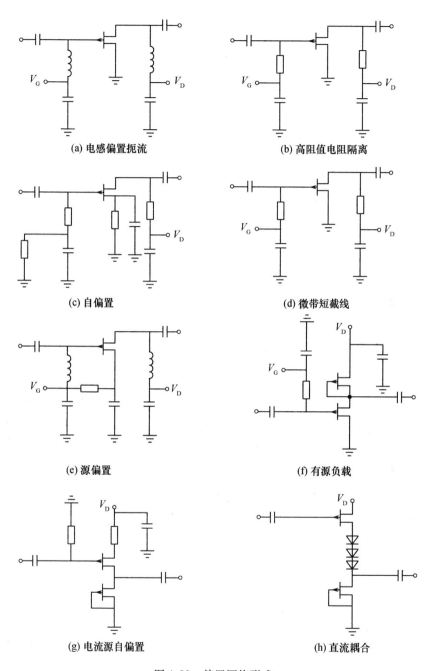

(a) 电感偏置扼流　　　　　　　　(b) 高阻值电阻隔离

(c) 自偏置　　　　　　　　　　　(d) 微带短截线

(e) 源偏置　　　　　　　　　　　(f) 有源负载

(g) 电流源自偏置　　　　　　　　(h) 直流耦合

图 4.32　偏置网络形式

凑,适合高封装密度和直流耦合放大器,但是由于工作在饱和漏电流条件下,因此增益无法达到最高。

（7）电流源自偏置：栅段电压为 0，源端通过直流源 FET 的 V_D 得到正直流偏置。因此栅源电压为负。

（8）直流耦合：利用二极管压降使第一级输出电压作为第二级的输入电压，主要应用在直流耦合放大器设计中。

在高频功率放大器的设计中，任何在源端增加元器件的方法都极容易造成电路的自激，因此自偏置、源偏置、有源负载、电流源自偏置以及直流耦合很难适用于高频功率放大器的设计。由于微带线短截线加工难度比电阻和电感更容易，且可以通过改变短截线的形状压缩 MMIC 芯片的面积，因此常采用微带短截线作为 HEMT 器件的直流偏置网络。

4.2.1.5　射频电路的阻抗匹配

匹配是指通过耦合器或耦合网络连接信号源电路和负载电阻，使电路间的传输功率达到最大。在放大器的设计中，阻抗匹配非常重要，因为只有匹配后才能够实现从信号源到负载的最大功率传输。

根据最大功率传输定理，当电路中源阻抗已知而负载阻抗未确定时，设定负载阻抗为源阻抗 Z_S 的复共轭时，传输到负载的功率最大。负载为 Z_L 时功率放大器功率传输电路如图 4.33 所示。

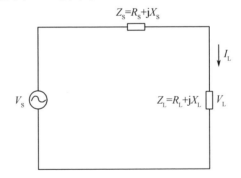

图 4.33　负载为 Z_L 时功率放大器功率传输电路

V_S 为信号源，源阻抗为 Z_S，负载阻抗为 Z_L 时负载上获得的平均功率为

$$V_L = Z_L I_L$$

$$I_L = \frac{v_S}{z_S + z_L}$$

$$P_{av} = \frac{1}{2} R_e(V_L I_L^*) = \frac{1}{2} R_e(Z_L |I_L|^2) = |V_S|^2 \frac{R_e(z_L)}{2|z_S + z_L|^2}$$

将相量形式的源电压 $\dot{V}_S$、源阻抗 $\dot{Z}_S$、负载阻抗 $\dot{Z}_L$ 代入上式，可得

$$P_{\mathrm{av}} = |V_{\mathrm{S}}|^2 = \frac{R_{\mathrm{L}}}{2\left[\,(R_{\mathrm{S}} + R_{\mathrm{L}})^2 + (K_{\mathrm{S}} + K_{\mathrm{L}})^2\,\right]}$$

平均功率最大时满足

$$\frac{\partial P_{\mathrm{av}}}{\partial X_{\mathrm{L}}} = 0$$

解得

$$X_{\mathrm{L}} = -X_{\mathrm{S}}$$

此时

$$P_{\mathrm{av}} = |V_{\mathrm{S}}|^2 \frac{R_{\mathrm{L}}}{2(R_{\mathrm{S}} + R_{\mathrm{L}})^2}$$

P_{av} 在最大值处应满足对 R_{L} 的偏微分等于 0,即

$$\frac{\partial P_{\mathrm{av}}}{\partial R_{\mathrm{L}}} = 0$$

解得

$$R_{\mathrm{L}} = R_{\mathrm{S}}$$

从而得到当 $Z_{\mathrm{L}} = Z_{\mathrm{S}}^*$ 时最大传输功率为

$$P_{\mathrm{av}} = \frac{|V_{\mathrm{S}}|^2}{8R_{\mathrm{S}}^2}$$

　　上述证明是最大功率传输定理。通过该定理,可以对 MMIC 功率放大器中匹配过程进行如下阐述:让包括匹配网络在内的总负载输入阻抗在理论上等于电路特性阻抗。也就是给负载 Z_{L} 添加一个匹配网络,使包括网络在内的总输入阻抗位于史密斯圆图的中心处,以实现 50Ω 标准阻抗与晶体管输入阻抗以及输出阻抗之间的匹配。MMIC 匹配网络一般由微带传输线、螺旋电感、MIM 电容、NiCr 电阻等构成。L 型网络、T 型网络、π 型网络是最基本的 3 种匹配网络类型。图 4.34(a)为 L 型匹配网络的电路结构,由于电路结构中的元件既可以是电容也可以是电感,因此 L 型匹配网络共有 8 种匹配形式选取。L 型匹配网络的特点是结构最简单,品质因子低,工作带宽大。图 4.34(b)与图 4.34(c)分别是 T 型匹配网络和 π 型匹配网络,使用元器件同样为电容或电感。T 型匹配网络和 π 型匹配网络能够实现高的 Q 值,有利于抑制输出信号中的有害谐波。

　　对 W 波段功率放大器而言,微带线不再是理想传输线;具有适当特性阻抗的微带线可以作为串联传输线、开路短截线以及或者短路短截线,一个串联微带线连接一条短路或者开路短截线得到 L 形网络,可以将 50Ω 电阻变换到任何阻抗数值,将微带线设计进匹配网络。此电路拓扑可以将功率放大器的阻抗匹配网络、偏置电路网络、功率合成网络、信号传输线等设计为一个整体。在减小器件尺寸的同时达到最优设计。确定晶体管阻抗主要方法如下:

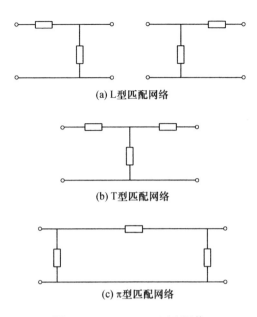

(a) L型匹配网络

(b) T型匹配网络

(c) π型匹配网络

图 4.34　GaN MMIC 匹配网络

（1）动态阻抗法:原理是测出晶体管在实际工作的条件下的动态输入阻抗 Z_{in} 和动态输出阻抗 Z_{out}。依据大信号工作状态下的动态输入、输入阻抗进行输入阻抗和输出阻抗的匹配。

（2）负载牵引法:通过改变功率放大器输出端口的匹配负载,直接对不同负载下的增益和输出功率进行测量。通过这些测试数据确定功率放大器阻抗的方法称为负载牵引法。

（3）非线性分析法:非线性分析法利用大信号 S 参数进行功率放大器设计,使用方便,可以对功率增益、稳定性的分析和增益、平坦度进行设计。由于大信号 S 参数的测量比较困难,通常采用大电流直流拟合法来测量大信号 S 参数。表 4.3 列出了阻抗提取方法的比较。由于输出功率越大的功率晶体管的输入阻抗和输出阻抗越低,因此大功率下动态阻抗法不容易得到准确的阻抗数值。负载牵引法需要有专业的测量负载牵引设备,设备的价格以及操作难度都会随工作波段的提高而提高。非线性分析法基于电流直流测量拟合大信号 S 参数,因此准确性方面稍欠,但是通过流片结果进行模型的验证与调整可以提高设计的精度。

表 4.3　阻抗提取方法比较

设计方法	准确性	难易性	可设计的放大器指标
动态阻抗法	较准确	较难	功率
负载牵引法	最准确	最难	功率、增益、效率
非线性分析法	较准确	最易	功率、增益、效率、稳定性、平坦度等

4.2.1.6 MMIC 功率放大器的设计流程

MMIC 功率放大器的设计过程(图 4.35)如下:

(1)选取合适器件,确定功率放大器的工作状态。

(2)通过测量及建模过程,确定器件的阻抗参数或者模型参数,根据功率指标确定功率放大器的电路形式与器件尺寸。

(3)依据功率放大器的稳定性要求、最大输出功率要求、增益要求以及设计指标中的其他要求(如容噪要求、驻波要求等),进行匹配网络的设计。匹配网络除包括微带阻抗变换线之外,还应包括偏置网络与功率合成网络。

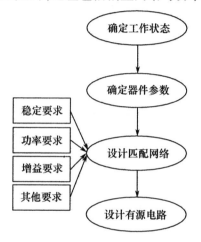

图 4.35 MMIC 功率放大器的设计过程

(4)通过电路优化设计有源电路,设计中包括原理图仿真和电磁仿真两部分,在设计中需要完成对版图调整以减小面积。

4.2.2 MMIC 功率放大器电路制备的关键工艺

图 4.36 为 GaN MMIC 单片工艺的主要流程。其中台面隔离、欧姆接触、栅工艺、空气桥以及表面钝化工艺与 GaN HEMT 器件的制备工艺基本相同,这里主要介绍电容制备、电阻制备、背面减薄和刻蚀通孔等工艺。

4.2.2.1 电阻制备

GaN MMIC 中的电阻是匹配网络中的重要元件。电阻影响电路的噪声特性,目前常使用的电阻材料为镍铬和氮化钽等,一般采用磁控溅射或电子束蒸发技术结合剥离工艺实现。电阻的致密性影响着电阻的稳定性,磁控溅射较电子束蒸发技术制备的薄膜较为致密,较多地采用磁控溅射。此外,为了保障电阻的

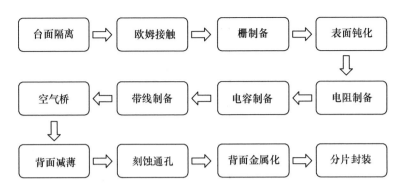

图 4.36　GaN MMIC 单片工艺的主要流程

可靠性，一般会在表面钝化一层介质层进行保护。

4.2.2.2　电容制备

　　GaN MMIC 中的电容起旁路、隔离以及匹配等作用。电容的制备目前广泛采用 PECVD 沉积介质层，而后采用刻蚀技术实现。图 4.37 为 GaN MMIC 电容制备流程。首先采用 PECVD 在表面沉积介质层，该介质层一般采用 SiN、SiO₂或两者的复合介质，生长温度一般为 300℃ 左右，而后利用光刻技术用光刻胶保护电容区域，采用反应离子刻蚀或感应耦合等离子体设备刻蚀电容以外的区域，最

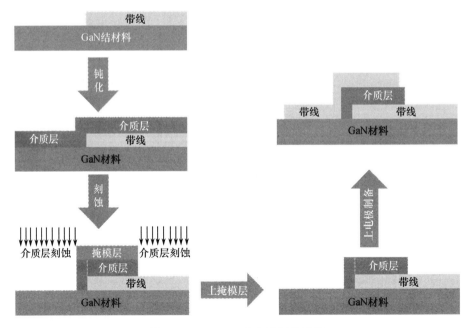

图 4.37　GaN MMIC 电容制备流程

后去除表面光刻胶掩膜层后采用蒸发剥离工艺制备上电极。电容与介质层的厚度和面积满足以下公式：

$$C = \frac{S\varepsilon\varepsilon_0}{d}$$

式中：ε_0 为真空介电常数；ε 为介质层的介电常数。

4.2.2.3　背面减薄

为降低匹配电路的损耗，需要对 MMIC 单片进行背面减薄。减薄厚度一般越薄越好，但随着厚度的减小，工程上实现的难度越大，要克服 SiC 衬底的应力问题。减薄的质量与表面粗糙度与磨抛机的转速、磨料供给速度、研磨压力和磨抛时间等工艺条件有关，需优化条件实现应力的良好控制。

衬底表面粗糙度和研磨盘转速的关系如图 4.38 所示，随着转速的增加，表面粗糙度下降。总体上，粗糙度值在(485 ± 80)nm 的范围内变化，维持在相同的数量级上。实际操作中发现，由于颗粒度大，碳化硼在研磨剂中的分散性很差。这样转速较低时，磨料在盘面上分布不均匀，容易产生较深的划痕，表面粗糙度较大。提高转速后，磨料在盘上的均匀性提高，粗糙度随之降低。随着转速的增大，去除速率呈明显的上升趋势。研磨的去除速率与单位时间内衬底与盘上的磨料作相对切削运动的次数有关。转速上升后，磨料颗粒运动加快，研磨去除速率也就相应地上升。去除速率的提高可缩短研磨时间，在允许的情况下，应适当地提高研磨盘转速。

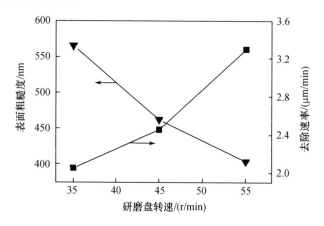

图 4.38　衬底表面粗糙度及去除速率和研磨盘转速的关系

衬底表面粗糙度与研磨压力的关系如图 4.39 所示。由图可以看出，随着压力的增加，表面粗糙度近似呈线性下降趋势。总体上，粗糙度值在(455 ± 40)nm的范围内变化，维持在相同的数量级上。由于碳化硼颗粒度较大，且有一定的分

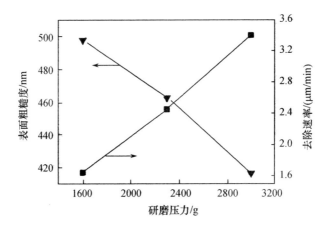

图 4.39　表面粗糙度及去除速率和研磨压力的关系

布,在压力较小时,衬底主要与较大的颗粒相接触,这样作用在这些颗粒上的压力大,划痕相应的较深。而且这些较大颗粒间有一定的间距,造成粗糙度较高。当增大压力后,磨料层受到挤压,较小的颗粒也能与衬底面相接触,尽管较大颗粒切入衬底内的深度增大,但较小的颗粒可以对较大颗粒的划痕起到整平作用,而且颗粒间距减小,因此从整体上来说,粗糙度会降低。随着压力的增大,去除速率呈近似线性上升趋势。当增大压力后,较大颗粒切入衬底内的深度增大,切削能力上升,而且颗粒间距减小,实际参与研磨的颗粒数增多,因此去除速率会增大。如果压力过大,磨料颗粒可能会被挤碎,研磨速率反而会下降。因此,应在适当的范围内增大研磨压力。

此外,磨料的颗粒度也影响研磨速率和表面粗糙度。用 600 目碳化硼磨料研磨后,经测量发现其去除速率为 0.346 μm/min,表面粗糙度为 60.45 nm,而相同条件下使用 240 目磨料时,去除速率为 3.4 mm/min,表面粗糙度为 416.21 nm,可见去除速率和表面粗糙度都有了数量级上的变化。这可以解释为磨料颗粒的切削深度有了数量级上的变化。因此,磨料的颗粒度是影响去除速率和表面粗糙度的决定性因素,而转速和压力的影响,只能使去除速率和表面粗糙度在同一个数量级内变化。在进行背面减薄时,为了缩短时间,应首先用颗粒度较大的磨料。在外延片的厚度接近目标厚度时,再换用颗粒度较小的磨料,将背面损伤层的厚度降到抛光操作允许的程度。

抛光时表面粗糙度和抛光时间的关系如图 4.40 所示,抛光开始时,减薄留下的表面损伤层中较大的起伏在抛光液和抛光垫的联合作用下迅速去除,因而粗糙度迅速下降,随着抛光的进行,外延片表面的起伏逐渐和软质抛光垫相贴合,粗糙度下降的速度变缓,最后,表面粗糙度达到一个稳定值。因此,应将抛光时间控制在刚好能使外延片背面达到最低粗糙度为止。

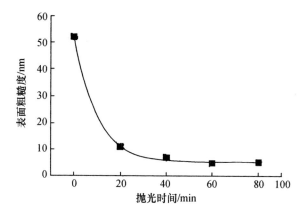

图 4.40　抛光时表面粗糙度和抛光时间的关系

4.2.2.4　刻蚀通孔

低频工作时,微波电路常采用键合引线接地,其产生的寄生电感不足以影响电路性能,但达到微波、毫米波波段工作时,这种方法将产生相当大的接地电感,对电路高频特性产生不良影响。背面通孔在接地灵活性和减少接地电感方面比其他方法更具优越性,低阻抗的背面通孔接地技术能够有效解决上述的问题。此外,背面通孔刻蚀还可以有效地改善单片电路的散热问题。

考虑到散热和晶体质量等问题,目前 GaN MMIC 使用的 GaN 材料多为 SiC 衬底。通孔刻蚀主要是刻蚀衬底 SiC 材料和 GaN 材料,而当前 SiC 刻蚀面临两个难点:一是提高刻蚀速率的问题,刻蚀速率直接影响着刻蚀效率和发散热问题;另一个是增加刻蚀选择比的问题。目前通用的刻蚀气体体系有 SF_6 基和 Cl_2 基两种。由于使用 Cl_2/Ar 刻蚀 SiC,刻蚀产物主要是 $SiCl_4$ 和 CCl_4,而使用 SF_6/O_2 刻蚀 SiC,主要是 F 和 Si 原子的反应,刻蚀产物主要是 SiF_4,刻蚀产物 SiF_4 比 $SiCl_4$ 和 CCl_4 更易挥发,并且由于刻蚀气体中 O_2 的加入,使得 C 原子和 O 结合生成 CO,CO_2 等易挥发物,所以在 SiC 的深度刻蚀中,一般选用 SF_6/O_2。刻蚀掩膜一般选用 SiO_2,金属铝(Al)和镍(Ni)等,具体刻蚀中需考虑掩膜对 SiC 刻蚀的选择比大小。

如图 4.41 所示,在背面减薄之后清洗样品,而后通过双面曝光技术实现刻蚀掩膜图形,采用 RIE 或 ICP 进行通孔刻蚀,最后去除刻蚀掩膜。刻蚀速率和刻蚀选择比与 RIE 和 ICP 功率源的大小、刻蚀气体的种类、气体流量和反应室压强等有直接的关系。

图 4.42 为气体配比和刻蚀速率关系,在 SF_6 基刻蚀气体中加入体积分数小于 20% 的 O_2 有助于提高刻蚀速率,但超过一定比例反而会减小刻蚀速率。这是因为用纯 SF_6 气体刻蚀 SiC,除了形成含 Si 的刻蚀产物 SiF_4 外,还有含 C 的刻蚀

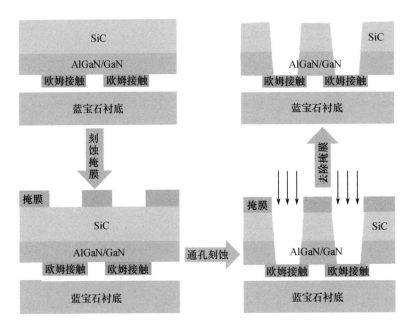

图 4.41 通孔刻蚀

最终产物 CF_4，而加入一定量的 O_2，含 C 的刻蚀最终产物是 CO、CO_2 和 COF_2，相比 CF4 而言，它们更容易挥发，所以相应地提高了刻蚀速率。但是当加入过多的 O_2 时，可能会形成 S 基化合物的淀积，阻止了刻蚀中化学反应的进一步进行，从而降低了 SiC 的刻蚀速率。

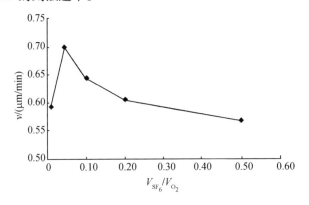

图 4.42 气体配比和刻蚀速率关系

图 4.43 为反应室压力和刻蚀速率的关系，在保持其他刻蚀条件不变的情况下，减小反应室压力 p，发现刻蚀速率有明显提高，但是相应的刻蚀选择比有一定程度降低，这是由于 SF_6 对 SiC 的刻蚀主要是活性 F 原子和 Si 的化学反应形成的。当反应室压力增大时，由于原子之间碰撞产生的能量损失会减小活性离

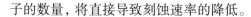

子的数量，将直接导致刻蚀速率的降低。

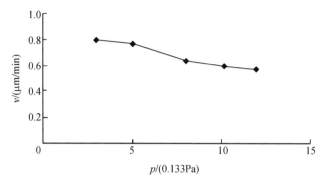

图 4.43　反应室压力和刻蚀速率的关系

4.2.3　国内外 GaN MMIC 研究进展

采用传统的混合微波集成电路(HMIC)技术在 K 波段以上的波段很难实现出色的性能，此时 MMIC 技术对发展对系统的贡献尤为重要。国际上 2000 年首次报道 GaN MMIC 功率放大器，Cree 公司的 S. T. Sheppard 等人在 SiC 衬底上外延高阻 GaN buffer 层以及 AlGaN 势垒层以及 cap 层，通过氯基 RIE 台面刻蚀实现器件间隔离，采用 Ti/Si/Ni 在 900℃氮气氛围下退火 30s 实现合金欧姆接触，使用标准的 T 形栅工艺、金空气桥工艺、100μm SiC 衬底减薄工艺、标准的通孔工艺和背面金属化工艺、击穿电压为 150V 的电容工艺等，实现了第一个 GaN MMIC 功率放大器。该 MMIC 功率放大器工作于 X 波段，工作电压为 40V，在 9GHz 的峰值功率大于 20W，增益为 14.1dB。自此以后十多年的发展中，GaN MMIC 功率放大器的进展主要体现在频率提高、效率增加、带宽改善以及功率提升方面。[5]

4.2.3.1　高频 GaN MMIC 技术进展

GaN MMIC 功率放大器的工作频率已经最高可以达到了 G 波段(140 ~ 220GHz)。

GaN MMIC 功率放大器频率特性的提高得益于晶体管频率特性的改善，通过减小栅长、薄势垒以及欧姆接触再生长等工艺方法将 GaN MMIC 功率放大器的工作频率可以扩展到 W 波段。工作频率的再一次突破是由于新兴 AlN/GaN HFETs 技术的日趋成熟。由于 2 ~ 3nm 的 AlN 势垒层足以在 HEMT 材料中形成非常高的二维电子气浓度，这使得栅长为 40nm 时 AlN/GaN HEMT 依然能够有良好的微波特性，$f_T = 200\text{GHz}$，$f_{max} = 400\text{GHz}$，击穿电压大于 40V，在漏偏压为 10V 的时，G 波段 GaN MMIC 功率放大器在 180 ~ 200GHz 频率下具有 4.5dB 的增益,输出功率密度为296mW/mm。这一结果是 InP HEMT 功率放大器在 G 波段功率密度的 3 倍以上。[6]

4.2.3.2　高效率 GaN MMIC 技术进展

功率放大器的效率对系统的散热问题至关重要,尽管 GaN 材料及 SiC 衬底具有不错的散热特性,但是由于 GaN MMIC 功率放大器需要散发的热量数倍于 GaAs MMIC,因此高效率 GaN MMIC 放大器的研发一直是 GaN 研究的关键。开关类功率放大器为这一问题的解决提供了一条途径。E 类功率放大器,3.4GHz 下饱和输出功率大于 20W 功率密度为 4W/mm,漏效率可以达 66%。[7]

4.2.3.3　宽带 GaN MMIC 功率放大器技术进展

数字通信和电子对抗对功率放大器芯片的工作带宽有着严格的要求,通常使用的宽带阻抗匹配方法有其带宽极限,描述为 Bode - Fano 极限,可以写为

$$B_W \leq \frac{1}{2R_p C_p \ln|1/\varGamma|} = \frac{4.343}{R_p C_p R_L}(\text{dB})$$

非均衡分布式功率放大器的应用可以极大地改善这一问题。2012 年报道的采用电阻谐波负载的 10 倍程宽带功率放大器正是应用了这一技术。

芯片的工作带宽为 2～20GHz。在工作频率内,晶体管 3dB 压缩点处的最大功率为 21.6W,最小功率为 9.9W,平均功率为 16.0W;最大增益为 11.1dB,最小增益为 8.0dB,平均增益为 9.7dB。[8]

4.2.3.4　GaN MMIC 大功率合成技术

在高频范围内,晶体管的尺寸减小,为实现高输出功率,必须进行功率合成。除传统的威尔金斯功率分配器,射频巴伦以及朗格耦合器也应用于实现多路功率的合成。2013 年,采用巴伦合成技术研制 Ka 波段 GaN MMIC 功率放大器输出功率提高到了 11W。

2013 年,Quistar 公司采用朗格耦合器,将 W 波段 GaN MMIC 功率放大器的饱和输出功率提高到 3.2W,实现高输出功率的同时,芯片的工作带宽也得到了很大拓展。

4.2.4　GaN MMIC 应用

GaN 基 MMIC 由于能够满足系统对高工作频率、高输出功率和高工作温度的要求,成为近年来研究的热点。X 波段及 X 波段以下的 GaN MMIC 大量地出现在军用和民用领域中。

X 波段相控阵雷达有很广泛的军事应用需求,包括先进战斗机在内的飞行

器都需要相控阵雷达。相控阵雷达系统中最重要的组成部分是收发模块,一个系统中需要 1000 个以上的收发模块,因此收发模块是构成相控阵雷达的最大成本。而 X 波段相控阵雷达收发模块是由 X 波段 MMIC 功率放大器组成的。而 X 波段 GaN MMIC 由于单位面积输出功率大而备受青睐。

在民用移动通信领域中,2GHz 波段的 GaN MMIC 广泛用于 WCDMA 和 LTE 等制式的信号处理。未来在 4G 时代占据重要地位的正交频分复用(OFDM)技术也将大量用到 GaN MMIC 放大器。

国际上主流的 X 波段及以下的 GaN MMIC 供应商和制造商包括 Cree、TriQuint 等公司。其中 Cree 公司的技术实力最强,产品特性最优。Cree 公司的 X 波段及以下的 GaN MMIC 产品的简要介绍,见表 4.4。

表 4.4　X 波段及以下的 GaN MMIC 产品

产品型号	工作频率/GHz	输出功率/W	功率增益/dB	功率附加效率/%
CGHV14500	0.8 ~ 1.6	500	17	67
CGH31240	2.7 ~ 3.1	240	12	60
CGH35240	3.1 ~ 3.5	240	11.6	57
CGHV96100F2	7.9 ~ 9.6	100	10	45
CMPA801B025F	8.0 ~ 11.0	25	16	36

未来的军用相控阵雷达有更小体积、更大功率和效率的需求,因此要求 GaN MMIC 功率放大器面积更小、输出功率更高、效率更高。

近年来,随着移动通信技术的飞速发展,面向下一代移动通信系统的研究已经广泛地开展起来,目的是为了实现更高的数据传输速率及系统容量,从而更好地满足用户对宽带 IP 多媒体数据业务的需求。而为了支持现代无线通信系统的高信息传输速率,越来越多地采用非恒包络调制和频分复用方式,使得如 WCDMA 和 OFDM 之类的无线发射信号具有高峰值平均功率比,这就要求 GaN MMIC 功放具有较宽线性区,因此线性化 GaN MMIC 功率放大器显得特别重要。

4.3　E 模 GaN HEMT

由于 AlGaN/GaN 异质结存在 $10^{13} cm^{-2}$ 的高浓度二维电子气,因此 AlGaN/GaN HEMT 一般是耗尽型(D 模),要实现 E 模器件首先要开发增强型(E 模)GaN HEMT 工艺。目前实现增强型 GaN 基 HEMT 的技术包括栅挖槽、F 等离子体处理、P 型 AlGaN 帽层等技术,E 模 GaN HEMT 器件的应用方向包括 GaN 数字电路、GaN 电力电子器件和 GaN 混合集成电路等。GaN 增强型器件在数字电路中大规模应用需要集成成百上千的晶体管,因此要求很高的工艺成品率以及器件性能均一性,特别是阈值电压的均匀性以及多层互连工艺的高成品率。

4.3.1 E模器件基本原理

AlGaN/GaN HEMT 器件研究工作遇到了很多问题,其中之一是常规工艺制作的 AlGaN/GaN HEMT 均为 D 模(阈值电压 $V_{th}<0V$),难以实现 E/D 模器件兼容工艺。纯 D 模 HEMT 器件组成的电路比 D/E 模 HEMT 电路设计要复杂得多,增加电路的成本和设计难度。E 模 GaN HEMT 是高速开关、高温 GaN 集成电路、射频集成电路(RFIC)和微波单片集成电路的一个重要组成部分。从应用的角度来说,E 模 HEMT 有着 D 模 HEMT 更多的优势。在微波功率放大器和低噪声功率放大器领域,E 模 HEMT 不需要负电极电压,降低了电路的复杂性和成本;在高功率开关领域,E 模 HEMT 能够提高电路安全性;在数字高速电路应用领域,GaN 由于缺少 P 沟道器件,无法形成低功耗的互补逻辑,E 模 HEMT 能够缓解缺少 P 沟道的问题,实现简化的电路结构。

AlGaN/GaN HEMT 器件的阈值电压为

$$V_{th} = \frac{\varPhi_B}{e} - \frac{d\sigma}{\varepsilon} - \frac{\Delta E_c}{e} + \frac{E_{f0}}{e} - \frac{e}{\varepsilon}\int\int_0^d\int_0^x N_{Si}(x)\,dx - \frac{edN_{st}}{\varepsilon} - \frac{eN_b}{C_b}$$

式中:$\varPhi_B$ 为金属—半导体肖特基势垒高度;σ 为 AlGaN/GaN 界面处的极化电荷;d 为 AlGaN 势垒层厚度;$N_{Si}(x)$ 为 AlGaN 势垒层 Si 的掺杂浓度;ΔE_c 为 AlGaN/GaN 异质结导带差;E_{f0} 为 GaN 沟道本征费米和导带边缘差值;ε 为 AlGaN 介电常数;N_{st} 为单位面积表面缺陷的净电荷数目;C_b 为单位面积有效缓冲层沟道的电容。

上式最后两项描述表面缺陷和缓冲层缺陷的作用。为了提高器件的阈值电压实现增强型工作,需要对器件从以下几方面进行改进:增大器件栅极与 AlGaN 的肖特基势垒高度;降低 AlGaN/GaN 界面的极化诱导电荷;减小栅极到沟道的距离;降低 AlGaN/GaN 异质结的导带差;降低 AlGaN 势垒层的掺杂浓度。

4.3.2 国内外E模GaN HEMT器件进展

传统的 AlGaN/GaN 异质结在形成后会在异质结界面产生大量的 2DEG,形成导电沟道,所以在不加电时器件处于导通状态,在栅极加负偏压时器件才能处于关断状态,因而传统器件都为 D 模器件,需要采用一些新的结构来实现增强型器件。现有的增强型器件的实现有以下几种方式。

4.3.2.1 利用功函数工程实现增强型HEMT

采用高功函数金属(如 Al 和 Pt 等)作栅极,可以有效提高金属—半导体接

触的功函数差 Φ_B,,从而提高阈值电压。AlGaN 大量表面态使得半导体表面费米能级被钳制在界面态附近,金属—半导体势垒高度不再由金属半导体之间的功函数差决定,因此,使金属与不含表面态的绝缘层接触或降低 AlGaN 表面态密度能够有助于提高金属—半导体的势垒,提高阈值电压。图 4.44 给出了 Al 和 Ni 两种不同功函数栅金属对 HEMT 能带结构的影响,Al 和 Ni 两种栅金属功函数有 0.9eV 差别,导致 Al/Au 栅金属 GaN HEMT 阈值电压向正向有 0.9V 的移动,最终导致原子层沉积(ALD)生长 Al_2O_3/AlGaN 界面费米能级向正向移动。

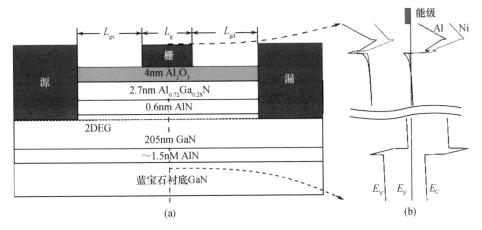

图 4.44　采用不同功函数栅金属 AlGaN/AlN/GaN HEMT 结构和能带

采用 MBE 在 AlGaN 表面生长 3nm Al 层,氧化表面 Al 层后形成 10nm Al_2O_3/AlGaN 宽禁带能量窗口,制作的绝缘栅 HEMT 实现阈值电压 – 0.3V。2010 年,在 AlGaN 表面采用 ALD 沉积 4nm Al_2O_3,既避免了金属与 AlGaN 的直接接触又降低了栅极与沟道的距离,该方法增加了栅极对于沟道的控制,使阈值电压达到 – 0.13V。避免金属与 AlGaN 表面直接接触,也可以使用 HfO_2 作为绝缘层。

4.3.2.2　GaN 非极化面生长减少沟道极化电荷

常规 AlGaN/GaN 异质结都是生长在极化的(0001)C 面,在非故意掺杂条件下沟道中就存在高浓度 2DEG,这使得器件具有负阈值电压。生长不含极化电荷 AlGaN/GaN 异质结材料是提高阈值电压的一个有效方法。AlGaN/GaN 材料非极化面的极化电场并不垂直于平面,采用非极化面生长的 AlGaN/GaN 材料可以降低界面处极化诱导电荷的影响,这样只需要改变 AlGaN 中杂质的掺杂浓度就可以控制 AlGaN/GaN HEMT 的阈值电压。

4.3.2.3　降低栅极到沟道距离

1）薄势垒结构

国际上第一支 GaN 基增强型 HEMT 器件是采用薄势垒结构实现的[9]。薄势垒材料结构如图 4.45 所示,采用较薄(10nm)的势垒层材料,同时通过栅金属对沟道的耗尽作用实现增强。但是由于势垒层较薄,沟道载流子浓度较低,器件的饱和电流较小,最大跨导仅为 23mS/mm,且阈值电压也很小,为 +0.05V。另一种方法是采用薄势垒 10nm 厚 AlGaN 垫垒层异质结及 Ni/Pt/Au 作栅金属研制增强型器件,器件栅长为 120nm,阈值电压为 0,最大跨导为 230mS/mm,f_T = 58GHz,f_{max} = 109GHz。薄势垒结构增强型器件阈值电压较低,且由于势垒层较薄,沟道载流子浓度较低,器件的饱和电流较小。

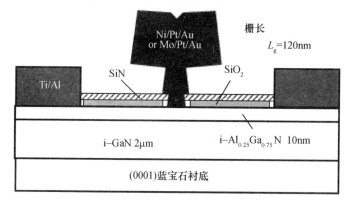

图 4.45　薄势垒结构增强型器件

2）刻蚀槽栅结构

采用刻槽栅结构可实现增强型器件,如图 4.46 所示,将栅下 AlGaN 势垒层刻薄,当势垒层薄到一定程度时,栅下载流子被栅金属耗尽,实现 E 模器件;通过理论计算发现,当 AlGaN 势垒层厚度小于 8nm 时,阈值电压为正。由于刻槽栅只将栅下区域势垒层减薄,栅以外的有源区势垒层厚度不变,沟道载流子浓度很大,所以器件的饱和电流及跨导比薄势垒结构 E 模器件有所提高。采用未掺杂的 AlGaN 隔离层及槽栅刻蚀结构在 SiC 衬底的异质结上研制栅宽为 1μm E 模器件,器件阈值电压为 +0.47V,饱和电流为 455mA/mm,最大跨导为 310mS/mm。槽栅结构的器件特性较薄势垒结构有所提高,但是在生产过程中,E 模器件阈值电压和 AlGaN 势垒层厚度密切相关,准确控制刻蚀深度是实现工艺重复性和器件均一性的关键。

近年来槽栅结构得到进一步优化。在 Si 衬底上采用 PNT 结构(图 4.47)、$Al_{0.07}GaN$ 背势垒 MIS 结构和刻槽栅法相结合研制增强型器件,器件栅长为

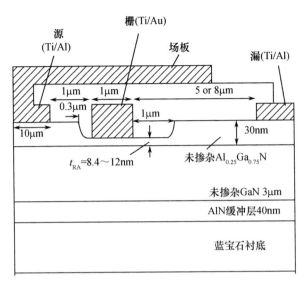

图 4.46　源场板槽栅结构器件

$1\mu m$, 栅漏间距为 $15\mu m$, 阈值电压为 $+1.5V$, 饱和电流为 $240mA/mm$, 击穿电压大于 $1000V$, 器件导通电阻为 $20\Omega\cdot mm$。在 Si 衬底上采用双栅结构研制 MIS 增强型器件, 短栅控制阈值电压, 长栅增大器件电流, 器件阈值电压为 $+2.9V$, 饱和电流为 $434mA/mm$, 击穿电压为 $634V$[10]。槽栅 MIS 结构增强型器件阈值电压较高, 击穿电压也较高, 在高压开关中有较大的潜力。

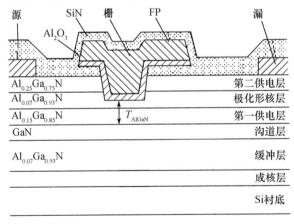

图 4.47　PNT 结构器件

4.3.2.4　通过降低 AlGaN/GaN 异质结的导带差 ΔE_C 实现增强型工作

降低 AlGaN/GaN 导带差可以提高阈值电压, 通常降低 AlGaN 中的 Al 组分,可以降低 AlGaN/GaN 的导带差;但这种方法会极大地降低沟道中二维电子气浓度,影响器件的功率特性。近年来研究发现,生长 InGaN 盖帽层和生长 p-GaN 盖帽层可以减少 AlGaN 一侧的导带弯曲度,降低栅极下方沟道的二维电子气浓度,实现增强型工作。

1) InGaN 盖帽层

在没有 InGaN 盖帽层的情况下,二维电子气形成于 AlGaN/GaN 界面处;AlGaN 上生长 InGaN 盖帽层后,InGaN 的极化诱导电场方向与 AlGaN 方向相反,因此生长 InGaN 盖帽层的 AlGaN/GaN HEMT 整体的极化诱导电场会发生降低。InGaN 盖帽层能够提高 AlGaN/GaN 界面处的导带,耗尽沟道中的二维电子气,实现器件的增强型工作。制作 AlGaN/GaN HEMT 时,刻蚀掉栅极与源漏之间通道区域的 InGaN 盖帽层,只保留栅极下方的 InGaN 盖帽层将降低器件源端寄生电阻,提高器件的跨导和频率性能。在 N 型 $Al_{0.25}Ga_{0.75}N/i-GaN$ 异质结上生长厚 5nm 的 $In_{0.2}Ga_{0.8}N$ 盖帽层,制作成栅长 1.9μm 的 AlGaN/GaN HEMT,如图 4.48 所示,实现器件的阈值电压为 0.4V,跨导为 85mS/mm;刻蚀掉沟道 InGaN 盖帽层后,跨导提高到 130mS/mm。生长 p-InGaN 盖帽层可进一步提高了 AlGaN/GaN 界面的导带,降低了沟道中的二维电子气浓度,阈值电压高于 3.5V。

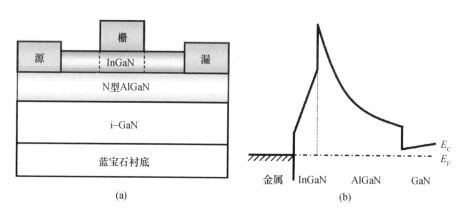

图 4.48 InGaN 盖帽层实现增强型器件和能带

2) P 型 GaN 盖帽层

在 AlGaN 势垒层上生长 P 型 GaN 盖帽层能够有效地降低 AlGaN 一侧的势垒高度(图 4.49);由于 P 型 GaN 盖帽层与 AlGaN 势垒层的导带差,使得 AlGaN/GaN 界面处的导带提高到费米能级上方,极大地降低了沟道处的二维电子气浓度。在器件制作中,刻蚀掉部分的 P 型 GaN,只保留栅极下方的 P 型 GaN 盖帽层,这样只降低栅极下方沟道的二维电子气分布,不影响沟道中其他区域二维电子气浓度,能够极大地提高器件阈值电压。通过在 $Al_{0.15}Ga_{0.85}N/GaN$ 生长 110nm 的 P 型 GaN 盖帽层,可实现阈值电压 +0.55V 的 E 模器件。[11]

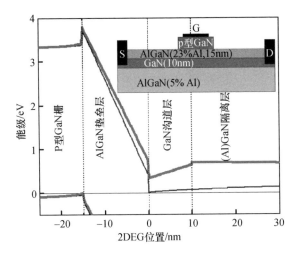

图 4.49　P 型 GaN 盖帽层的 AlGaN/GaN HEMT

4.3.2.5　PN 结结构

利用 PN 结的耗尽作用使沟道载流子耗尽,可实现 E 模 GaN HEMT 器件,结构如图 4.50 所示。采用栅上 PN 结结构研制 GaN 基增强型器件,源漏间距为 10μm,阈值电压约为 0V,最大饱和电流为 40mA/mm,最大跨导为 10mS/mm。采用 PN 结结构制备 E 模 GaN 器件[12],N 型 AlGaN 中 Al 组分为 15%,厚度为 25nm,P 型 AlGaN 中 Al 组分为 15%,厚度为 100nm,器件栅长为 2μm,栅漏间距为 7.5μm;器件阈值电压为 1V,最大饱和电流为 200mA/mm,最大跨导为 70mS/mm,击穿电压为 800V。这种结构的器件击穿电压较高,但是由于沟道和栅金属距离较远,所以器件跨导及饱和电流较小。

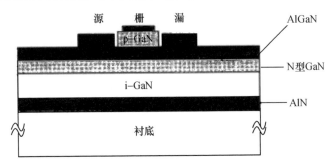

图 4.50　PN 结结构增强型器件

4.3.2.6 氟(F)等离子体处理

F 等离子体处理增强型器件是通过在栅下注入 F 离子,由于 F 离子具有很强的负电性,将栅下的二维电子气耗尽实现的,其结构如图 4.51 所示。F 离子主要位于 AlGaN 势垒层,F 表现出强负电性,耗尽了栅下沟道中二维电子气,当器件加正栅压时,缓冲层的电子被推到沟道处,器件沟道导通。2005 年,首次采用 F 等离子体处理的方式实现了 E 模器件[13],其阈值电压为 0.9V,最大饱和电流为 350mA/mm,最大跨导为 180mS/mm。F 离子注入工艺容易实现,且可重复性高,通过改变 F 等离子体处理条件可调控器件阈值电压。中国电子科技集团公司第 13 研究所采用 F 等离子体处理的方法及电子束直写工艺研制栅长 0.35μm 的 SiC 衬底增强型器件[14],器件阈值电压为 0.2V,饱和电流为 700mA/mm,18GHz 频率下,最大输出功率密度为 3.65W/mm,增益为 11.6dB,功率附加效率为 42%。

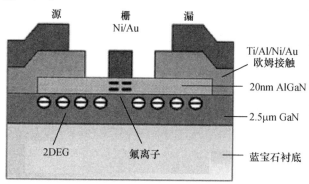

图 4.51 F 等离子体处理增强型器件

4.3.2.7 非 AlGaN 势垒层

采用 InAlGaN(厚 7nm)/GaN 异质结研制增强型器件,器件栅长为 2μm,源漏间距为 9μm,器件阈值电压为 0.57V,最大饱和电流为 252mA/mm,最大跨导为 175mS/mm,源漏电压可加到 40V。采用厚 2nm 的 InAlN/AlN 势垒层异质结,利用 GaN 帽层对沟道电子的调控作用研制增强型器件,结构如图 4.52 所示。栅宽 0.5μm 的器件阈值电压为 0.7V,最大饱和电流为 800mA/mm,最大跨导为 400mS/mm,f_T = 33.7GHz,器件击穿电压为 40V。利用 Si_3N_4 对 AlN(厚 2.5nm)/GaN 异质结沟道二维电子气的调控作用研制增强型器件,器件栅长为 100~180nm,器件阈值电压为 0.14~0.55V,最大饱和电流为 0.7~0.92A/mm,最大跨导为 362~400mS/mm,f_T = 87GHz,f_{max} = 149GHz。3 英寸(1 英寸 = 2.54cm)SiC 衬底上 MBE 生长 GaN/AlN/GaN/$Al_{0.08}$GaN 异质结,利用 Si_3N_4 对

AlN/GaN 异质结沟道二维电子气的调制作用,选择性刻蚀栅下 Si_3N_4 钝化层实现增强型器件。栅长为 80nm 的器件阈值电压为 0.21V,最大跨导为 700mS/mm,最大饱和电流为 920mA/mm。InAlN 及 AlN 等薄势垒材料研制的增强型器件电流及跨导很大,频率特性较好;但是器件的栅漏电较大,需进一步研究提高器件击穿电压的方法。

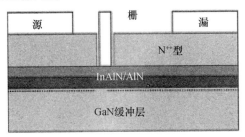

图 4.52　InAlN 增强型器件

4.3.3　E 模 GaN 器件应用

随着 GaN 基增强型器件的发展,GaN 基 E/D – mode 数字电路应运而生。GaN 器件由于具有的宽禁带特性,能够在更高的温度、更高的工作电压下工作,所以 GaN 基的超高速数模混合信号电路相对于其他材料有着更特殊的应用领域,如宇航、功率电子器件、高速采样保持等。

4.3.3.1　反相器和环形振荡器

一般采用直接耦合场效应晶体管逻辑(DCFL)搭建数字电路的基本单元反相器。反相器由一个耗尽型器件和一个增强型器件组成(图 4.53)。耗尽型器件的漏极接高电平 V_{DD};增强型器件的漏极和耗尽型器件的源极以及栅极相连,作为输出端;增强型器件的源极接地;增强型器件的栅极为反相器的输入端。当输入信号为低电平时,增强型器件关断,而耗尽型器件为常开,输出信号为高;当输入信号为高电平时,增强型器件导通,耗尽型器件也导通,通过设计耗尽型器件和增强型器件的电阻比对输出电压进行调控。耗尽型器件的电阻应远大于增强型器件的电阻,这样输入信号为高电平时,输出为低电平,实现反相器功能。

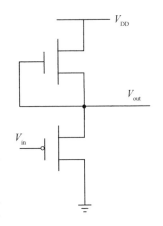

图 4.53　直接耦合场效应晶体管逻辑反相器

1996 年,Khan 等人在制备第一支 GaN 基增强型器件时,便利用掺杂浓度对阈值电压的调制作用在同一圆片上制备增强型和耗尽型器件,并将增强型器件和耗尽型器件集成了世界上第一支 GaN 基反相器。2005 年,采用槽栅刻蚀技术制备增强型器件,并将耗尽型器件和增强型器件集成并制备了反相器,器件槽栅长 $0.15\mu m$,器件阈值电压为 $0.5V$,最大跨导为 $400mS/mm$,最大饱和电流为 $0.9A/mm$。在高电平为 $1V$ 时,高、低噪声容限分别为 $0.38V$ 和 $0.22V$。2005 年,将 F 等离子体处理增强型器件和常规耗尽型器件集成在同一圆片上制备了 E/D 模反相器,反相器高低噪声容限分别为 $0.51V$、$0.21V$。2007 年,蔡勇等人采用 F 等离子体处理制备 MIS 结构增强型器件,栅介质为 15nm 的 Si_3N_4,并将增强型器件和耗尽型器件集成并制得 E/D 模反相器。增强型器件阈值电压为 $2V$,最大饱和电流为 $420mA/mm$,最大跨导为 $125mS/mm$,反相器高、低噪声容限分别为 $2V$、$2.1V$。

信号经过奇数个反相器后输出为输入的反相,经过偶数个反向器后输出等于输入,所以将奇数反相器相连并将输出反馈到输入,由于信号循环一圈需要一定时间,所以输出端信号便时高时低形成脉冲信号。给环振加上电压,环振便自动输出脉冲信号。因为信号经过一个循环后发生转变,所以环振的周期即为信号传输两个循环的时间,将环振的周期除以 2 倍的环振级数便得到了反相器的延时,即

$$\tau_{pd} = \frac{1}{2nf}$$

2013 年,TriQuint 报道了栅下凹槽技术实现 $f_T/f_{max} > 300GHz$ 的 InAlN/GaN HEMT,栅长为 27nm,E 模器件 $f_T/f_{max} = 348/302GHz$,D 模器件 $f_T/f_{max} = 340/301GHz$。采用此工艺制备了 501 级环形振荡器,包括 1003 个晶体管,时钟频率为 248MHz,延迟为 4.02ps/级(图 4.54)。

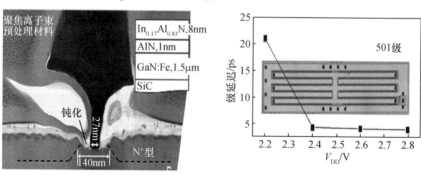

图 4.54　TriQuint 报道的 InAlN/GaN 高频器件和环形振荡器

4.3.3.2　功率变换器

　　21 世纪初,美国国防先进研究计划局(DARPA)启动了宽禁带半导体技术

计划（WBGSTI），包括 Phase Ⅰ 和 Phase Ⅱ 两个阶段，Phase Ⅰ 为射频/微波/毫米波应用宽禁带技术（RFWBGS），Phase Ⅱ 为高功率电子器件应用宽禁带技术（HPE）。DARPA – WBGSTI 计划成为加速和改善 GaN 宽禁带材料与器件特性的重要"催化剂"，并极大地推动了宽禁带半导体技术的发展。它同时在全球范围内引发了激烈的竞争，欧洲和日本也迅速开展了宽禁带半导体技术的研究，硅基 GaN 功率半导体是宽禁带功率半导体器件的研究热点，其中增强型器件是功率半导体的重要分支，除美国 IR 公司和 EPC 公司在 6 英寸硅基衬底上发展 GaN 功率半导体器件，推出 GaN DC – DC 电路和 100V、200V GaN 功率开关器件外，国际上包括 GE、三星、东芝等众多企业也在发展硅基上的 GaN 功率半导体器件，IMEC 已经在 8 英寸硅片上生长出适合于电子器件的 GaN 薄膜。2012 年三星公司推出耐压 1640V、比导通电阻 2.9m$\Omega \cdot$ cm^{2}的 P 型 GaN/AlGaN /GaN HEMT，如图 4.55 所示。

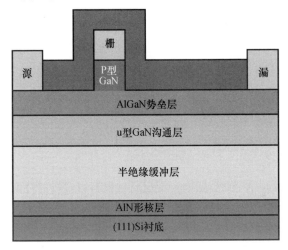

图 4.55　三星公司推出的 P 型 GaN/AlGaN/GaN HEMT

但是，GaN 增强型器件和电路也有着面临工程化应用而需要亟待解决的问题：过高的饱和膝点电压使得电路工作点的建立需要较高的电源电压，增加了芯片整体功耗；工艺集成度限制了芯片复杂度无法实现功能复杂电路；FET 器件固有的工艺离散使得大规模数字电路很难实现高精度等。以上问题都需要在后期结合工程需要逐步解决。

4.4　N 极性 GaN HEMT

长期以来人们对 Ga 极性 GaN 材料及器件进行了广泛深入的研究，而对 N 极性 GaN 材料与器件因其制备困难关注较少，自到近年来随着 N 极性 GaN 外延材料生长瓶颈的突破,研究者才开始将注意力转移到 N 极性材料与器件上,促使其发展迅速并成为一个研究热点。

N 极性 GaN 材料与 Ga 极性 GaN 的极性相反,也表现出了一些差异性特征,如材料难以制备,制备出的 N 极性 GaN 材料表面形貌不如传统的 Ga 极性 GaN 材料平滑等,且 N 极性 GaN 表面较活泼,更易受到外界及高温工艺条件的影响,对应用产生了一定的影响,这也是 N 极性 GaN 材料与器件长久以来不受关注的原因。但随着薄膜生长技术及制作工艺水平的提升,N 极性 GaN 材料质量逐渐得到了改善。

N 极性 GaN 基器件与 Ga 极性 GaN 器件相比由于极性相反呈现出了更有特点的一面,主要体现在:较低的欧姆接触电阻,更好的 2DEG 限阈性,对短沟道效应更强的抑制能力等。此外,N 极性 GaN 基 HMET 可以灵活地缩小栅与沟道的距离并提高频率特性;且通过适当增加帽层,还可以实现增强型器件。

本节首先分析了 N 极性 GaN 材料的生长及 N 极性 GaN 基 HEMT 器件结构的进展和发展趋势,指出 N 极性 GaN 材料与 HEMT 器件随着材料生长及器件制作工艺水平的逐步提高,性能有了很大的提升,结合 N 极性 GaN 基 HEMT 在接触电阻、2DEG 限阈性等方面表现出的独特性质,使 N 极性 GaN 成为高频、大功率微波器件一个新的研究领域。

4.4.1　N 极性 GaN HEMT 原理

4.4.1.1　N 极性 GaN 材料特性分析

GaN 是一种 III - V 族化合物半导体,一般有纤锌矿和闪锌矿两种晶体结构,但最常用且最稳定的是纤锌矿结构。在 GaN 晶体 c 轴方向上存在很大的自发极化场,其原因是晶体中的正负电荷沿着 c 轴不是中心对称的。在 N 与 Ga 键合中,共价键电子更偏向于 N 原子,使 N 对 Ga 而言显负电性,而 Ga 对于 N 原子显正电性,从而形成了电矩,这些电矩叠加,形成了高达 MV·cm^{-1} 级的自发极化 P_{sp} 场。P_{sp} 的方向是 N→Ga,而将 Ga→N 的方向人为定义为(0001)方向并规定为正方向,故 P_{sp} 为负值。$Al_xGa_{1-x}N$ 中的自发极化为

$$P_{sp}(x) = 0.052x - 0.029(C/m^2)$$

当两种晶格长度不同的材料结合在一起时,由于晶格不匹配及界面处的应变会形成压电极化 P_{pe} 场,即 P_{pe} 源于晶格不匹配的应力。这种应力会打破原子间的键合与对称性,从而形成高的压电极化效应。自发极化和压电极化相叠加,可以产生高达 10^{13} cm^{-2} 的束缚面电荷,而束缚面电荷会感应出 2DEG 或二维空穴气(2DHG)。$Al_xGa_{1-x}N/GaN$ 异质结中压电极化为

$$P_{pe}(x) = 2\frac{a(x)-a_0}{a_0}\left(e_{31}(x) - e_{33}(x)\frac{C_{13}(x)}{C_{33}(x)}\right)$$

式中：$e_{31}(x)$、$e_{33}(x)$ 为压电系数；a_0、$a(x)$ 分别为 GaN 和 AlGaN 的晶格系数；$C_{13}(x)$、$C_{33}(x)$ 为弹性模量。其对应的计算式为

$$e_{31}(x) = -0.11x - 0.49(\text{C/m}^2)，e_{33}(x) = -0.73x + 0.73(\text{C/m}^2)$$

$$a(x) = 10^{-10} \times (-0.077x + 3.189)(\text{m})$$

$$C_{13}(x) = 5x + 103(\text{GPa})，C_{33}(x) = -32x + 405(\text{GPa})$$

对压电极化而言：若应力为拉应力，则压电极化为负且与自发极化方向相同；若应力为压应力，则压电极化为正并与自发极化方向相反。

自发极化和压电极化会受到晶体极性的影响。晶体极性是纤锌矿 GaN 材料非常重要的一个特征，GaN 在沿着晶轴的两个相反方向上展现出两种不同的原子排列顺序，即在不同的方向上原子排列顺序不同，从而对应着不同的极性。沿着 [0001] 方向生长的 GaN 为 Ga 极性，而沿着相反方向生长的 GaN 为 N 极性，具体结构如图 4.56 所示。极性不同，材料会有差异，基于材料的器件性能也会有所区别。若材料从 Ga 极性变成 N 极性，则压电极化和自发极化正、负极性都会发生改变，这样对应着 Ga 极性和 N 极性的应变及无应变的 AlGaN/GaN 和 GaN/AlGaN 异质结，结合自发极化和压电极化的大小与方向，就会得到 2DEG 的位置、束缚面电荷密度及 2DEG 面载流子浓度等参数。极性还能影响 GaN 薄膜的光特性（如光致发光谱），也可以影响器件的电特性，（如 2DEG 的位置、面密度等），同样会对器件的欧姆接触和肖特基接触产生一定的影响。

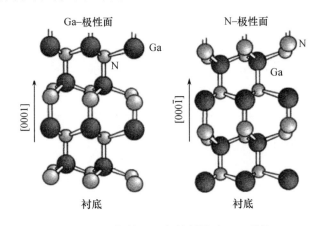

图 4.56　Ga 极性和 N 极性纤锌矿 GaN 结构

GaN 材料极性需要实验来验证。确定 GaN 极性的方法有化学蚀刻、透射电子显微镜（TEM）、会聚束电子衍射（CBED）、高能电子衍射（RHEED）等。此外，也可以使用 $C - V$ 测量来确定 2DEG 的位置，并借此判断薄膜为哪一种极性。一般来说，Ga 极性的 2DEG 存在于 AlGaN/GaN 界面的 GaN 中，而 N 极性的 2DEG 存在于 GaN/AlGaN 界面的 GaN 中。其中，以 N 极性 GaN 材料为基础生长的

HEMT 为 N 极性 HEMT,反之为 Ga 极性 HEMT。

4.4.1.2 N 极性 GaN 器件特性分析

GaN 基 HEMT 器件性能提升很快,但其在高频情况下的性能与预期有一定差距,原因是:①通过减小栅长 L_g 可以提高器件工作频率特性,但当 L_g 为 50 ~ 100nm 时,若 AlGaN 势垒层厚度超过 10 ~ 20nm,短沟道效应影响会加剧,为此需减薄势垒层,但这样会导致漏电变大;②随着 HEMT 器件尺寸的缩小,寄生参量影响变大,限制了系统性能;③在 AlGaN/GaN 中,欧姆接触制作在 AlGaN 势垒层上,由于 AlGaN 与 GaN 的导带不连续性(ΔE_c)较大,很难实现小的欧姆接触。而 N 极性 GaN 基 HEMT 恰可以弥补上述不足。

N 极性 GaN 基 HEMT 可以看成是 Ga 极性 HEMT 结构的直接反转,且 2DEG 在 AlGaN 背势垒层上面的 GaN 帽层中。N 极性 GaN HEMT 除了在高频、大功率微波晶体管方面具有类似 Ga 极性 HEMT 的优势外,由于极性与 Ga 极性 HEMT 相反,还存在一些天然优势:①AlGaN 层作为天然背势垒,能够进一步提高 2DEG 的限域性;②N 极性 HEMT 的欧姆接触可以直接淀积在较窄禁带的 GaN 上,从而减小了导带不连续性(ΔE_c),降低了势垒高度,这为实现较小欧姆接触提供了条件;③栅金属也可以直接淀积在 GaN 沟道层上,这样栅金属与沟道层形成金半接触,促使栅控能力变大,且 AlGaN 作为天然背势垒,不用像 Ga 极性 HEMT 那样考虑势垒层厚度问题,可以将 GaN 沟道层做得更薄,在进一步提高 2DEG 的约束能力的同时使 2DEG 沟道变得更窄,也会促使栅更容易控制 2DEG,这都进一步减小了短沟道效应;④N 极性 GaN 与 Ga 极性 GaN 极性相反,若在 GaN 上面再淀积一层 AlGaN,可以消耗 GaN 沟道层中的 2DEG,很容易实现增强型器件;⑤N 极性 GaN 材料表面活泼,故也适于制作传感器。

4.4.2 N 极性 GaN 材料生长

Ga 极性 GaN 基 HEMT 材料生长及工艺技术已经非常成熟,而 N 极性 GaN 基 HEMT 在国际上直到近年来才受到关注,但发展态势较好。现阶段 N 极性 GaN 材料一般使用蓝宝石或 SiC 作为衬底,采用 MOCVD 或 MBE 来生长。采用 MBE 工艺生长的 N 极性 GaN 基材料质量较好,而在前期研究中采用 MOCVD 生长的材料问题较多,如生长过程中干扰因素影响较 MBE 生长方式严重,生长出的材料形貌较差等不足,但随着研究的深入,这些问题也逐渐得到了解决。

为了制备 N 极性材料,对外延出的材料的极性进行控制就成为研究的一个难题。现阶段低造价、半绝缘的 GaN 同质衬底难以制备,故一般采用异质衬底。

C 面(0001)蓝宝石衬底与 GaN 晶格失配较大,化学特性不同,且热传导性较差,但因其造价相对较低而被研究者所广泛使用。研究认为极性与蓝宝石的表面或初始生长条件有关。在外延 GaN 之前先用 NH_3 对衬底进行氮化,这样会在蓝宝石上形成一层 AlN,使外延出的 GaN 为 N 极性。若不进行氮化则为 Ga 极性,M. Sumiya 等人采用 MOCVD 在蓝宝石衬底上生长了 GaN 薄膜并验证了这一点。GaN 和 AlN 缓冲层的生长条件也会决定 GaN 的极性,R. Katayana 等人采用 MBE 通过改变缓冲层条件在蓝宝石衬底上实现了 N 极性和 Ga 极性 GaN 外延,若对蓝宝石衬底先进行低温氮化,则外延的薄膜为 N 极性;若对衬底进行高温氮化后再生长一层 AlN 缓冲层,则外延材料为 Ga 极性。其中外延生长 V 族、Ⅲ 族元素比率、外延薄膜厚度、外延生长温度等条件都会对 GaN 薄膜质量产生影响。

$$Al_2O_3 + 2NH_3 \xrightarrow{\text{高温}} 2AlN + 3H_2O \uparrow$$

为了提高 N 极性 GaN 薄膜材料的形貌及质量,以蓝宝石为衬底时一般使其偏 a 面一定斜切角度,若采用这种斜切结构衬底会形成错落有致的沿 $<11\bar{2}0>$ 方向的多原子台阶,图4.57 给出了偏 a 面蓝宝石衬底沿 $<11\bar{2}0>$ 方向的 N 极性 HEMT 上多原子台阶 AFM 图像。台阶边缘能量较低,可以作为成核点来为后续薄膜生长提供支撑。其中台阶宽度会随着斜切角度的增大而减小,从而导致台阶密度变大且成核点变多,最终会加速成核岛的生长。同时由于多原子台阶的一致性也提高了成核岛的同一性,这会为后续成核岛合并及生长较好形貌的薄膜奠定基础。此外,由于 N 极性 GaN 薄膜表面 Ga 原子迁移能力较差,当表面成核岛密度较小时,不能进行有效合并,这样也会降低薄膜质量并使表面容易出现六方形凸起;而采用斜切衬底后,Ga 原子迁移能力得到了提高,再结合台阶引起的成核岛密度变大,使成核岛合并变得更加容易且高效,这样会大大降低材料缺陷,抑制六方形凸起的形成,且随着斜切角度的变大线位错密度会逐渐变小,从而可以获得高质量的 N 极性 GaN 薄膜。对于斜切方向也可以偏 m 面,有研究者对偏 a 面和 m 面进行了对比研究,结果表明偏 m 面比偏 a 面表面形貌略好,如图 4.58 所示,而对于蓝宝石衬底的斜切角度一般选择 4°。多原子台阶也会影响电子迁移率,使 N 极性 GaN HEMT 迁移率表现出各向异性。AlN 插入层的影响会在后面进行分析,现只讨论没有 AlN 插入层时的参数变化情况。可以看出,霍尔测量迁移率 μ_{Hall} 居中,2DEG 沟道方向平行于多原子台阶时其迁移率 $\mu_{\text{TLM-//}}$ 要高于垂直于多原子台阶时的迁移率 $\mu_{\text{TLM-}\perp}$,如图 4.59 所示,而这主要是由界面粗糙度散射造成的。当 2DEG 迁移率提高时会引起方阻变小。

SiC 以晶格失配小(3.4%)及热导率高等优势成为比蓝宝石更为合适的

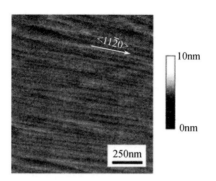

图 4.57　偏 a 面蓝宝石衬底沿 < 11$\bar{2}$0 > 方向的 N 极性 HEMT 上多原子台阶 AFM 图像

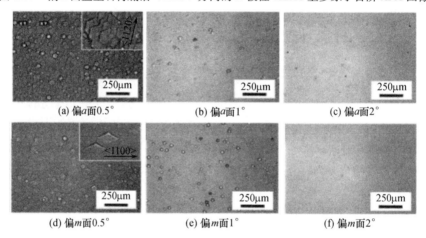

(a) 偏a面0.5°　　　(b) 偏a面1°　　　(c) 偏a面2°

(d) 偏m面0.5°　　　(e) 偏m面1°　　　(f) 偏m面2°

图 4.58　(0001)蓝宝石衬底上偏 a 面 0.5°、1°和 2°及偏 m 面 0.5°、1°和 2°GaN 薄膜

GaN 外延衬底。一般认为,生长在 SiC 衬底上的 GaN 薄膜极性取决于 SiC 是 C 极性还是 Si 极性,若是在 C 极性 SiC 上外延 GaN HEMT,则为 N 极性,反之则为 Ga 极性,可以看出其极性控制较为简单。与蓝宝石衬底类似,当 C 极性 SiC 衬底偏 a 面或 m 面 4°时,采用 MOCVD 工艺也会得到形貌较好的外延结构。

KELLER. S 采用 MOCVD 方法在蓝宝石衬底的(0001)、偏 a 面 4°方向上生长了 N 极性 GaN 基 HEMT,形成了光滑的表面,欧姆接触电阻为 0.4Ωmm。由于沿 < 11$\bar{2}$0 > 方向的多原子台阶的存在,沟道方向平行于该台阶时的 2DEG 方阻要比垂直于台阶时的低 25%,使电子迁移率表现出了各向异性。M. H. 使用 C 极性 6H – SiC 衬底,在 720℃环境下,采用等离子—辅助分子束外延(PAMBE) 工艺,制备了栅长 L_g = 0.7μm、结构为 AlGaN/GaN/AlN/GaN/AlGaN/GaN 的 N 极性 HEMT。GaN 缓冲层可以减小线位错密度;AlGaN 背势垒层进行 Si 掺杂(1 ×10^{13}cm^{-2})来为 GaN 沟道层的 2DEG 提供电子;GaN 隔离层可以减小由 AlGaN

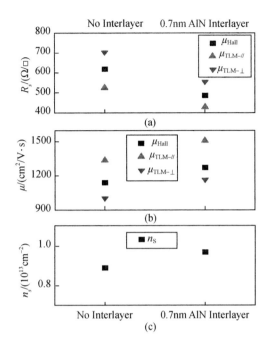

图 4.59　带有 AlN 插入层及无 AlN 插入层的 N 极性 HEMT 2DEG 浓度、迁移率及方阻

背势垒层引起的合金无序散射的影响；AlN 插入层以其大的极化场及导带不连续性为 2DEG 提供更高的限阈作用，使电子迁移率提高了 20%，具体原因会在后面进行分析。D. F. 在 n 型 C 极性 4 - H SiC 衬底上偏 m 面 4°方向上采用 MOCVD 工艺制作了 N 极性 HEMT，异质结面电荷密度和迁移率分别达到了 $6.6 \times 10^{12} cm^{-2}$ 和 $1370 cm^2/(V \cdot s)$。欧姆接触采用 Ti/Al/Ni/Au(20nm/100nm/10nm/50nm)，在 N_2 中 870℃退火 30s，形成了 $0.4\Omega \cdot mm$ 的接触电阻。在制作欧姆接触时，使漏电流平行于台阶，即尽可能减小方阻。用 Ni/Au(30nm/250nm)制作 $L_g = 0.7\mu m$ 的栅，去嵌后截止频率 f_T 为 17GHz，最高振荡频率 f_{max} 33GHz。J. W. 采用层转移技术在 Si(111)面上的 Ga 极性 AlGaN/GaN 外延移去 Si 衬底来得到 N 极性 AlGaN/GaN 异质结，其迁移率为 $1670 cm^2/(V \cdot s)$，面电荷密度 $n_s = 1.6 \times 10^{13} cm^{-2}$，方阻为 $240\Omega/\square$。中国电子科技集团公司第 13 研究所采用 MOVCD 方法在 SiC 衬底上制备了 N 极性 GaN 材料[15]，表面平整光亮。采用原子力显微镜、双晶 XRD 进行了表征。AFM 测试 $2\mu m \times 2\mu m$ 下粗糙度(R_{MS}) = 0.788nm，XRD 测试(002)半高宽为 477″，(102)半高宽为 220″。表现出了极好的材料特性。图 4.60 给出了显微镜下样品表面形貌及 $2\mu m \times 2\mu m$ 下 AFM 形貌。

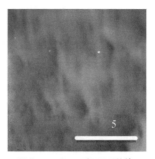

(a) 显微镜下样品表面形貌　　　(b) $2\mu m \times 2\mu m$ 下 AFM 形貌

图 4.60　显微镜下样品表面形貌及 $2\mu m \times 2\mu m$ 下 AFM 形貌

4.4.3　国内外 N 极性面 GaN 器件进展

4.4.3.1　传统结构 N 极性面 GaN HEMT

当采用不同的外延结构,N 极性 GaN 基 HEMT 会表现出不同的特性。为了提高 HEMT 的性能,减小崩塌和泄漏,提高击穿电压,研究者结合传统的 Ga 极性 GaN 基 HEMT 技术提出了许多新结构及工艺路线,进一步优化了 N 极性 GaN 基 HEMT。基本的 N 极性 GaN 基 GaN/AlGaN/GaN HEMT 结构如图 4.61 所示。最上层的是未故意掺杂 GaN 帽层,AlGaN 层为隔离层,掺 Si 的 AlGaN 层为背势垒层,可以为 2DEG 提供电子,同时使 GaN 沟道层中的 2DEG 不受环境及后续工艺干扰,保持 2DEG 的稳定性。最下面的 UID GaN 层为缓冲层。但该 HEMT 结构电流崩塌和栅漏电较大,图 4.62 给出了该结构下能够体现电流崩塌的直流及脉冲 $I-V$ 测试对比曲线,可以看出,电流崩塌较为严重。

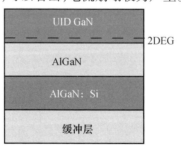

图 4.61　N 极性 GaN 基 GaN/AlGaN/GaN HEMT 结构

4.4.3.2　掺 Si 的 AlGaN 背势垒层及帽层结构

为了提高器件性能,研究者对掺 Si 的 AlGaN 背势垒层及帽层进行了改进,

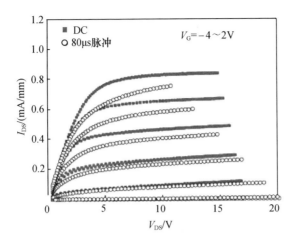

图 4.62　N 极性 GaN/AlGaN/GaN 晶体管直流及脉冲 $I_{DS}-V_{DS}$ 特性曲线

通过对 Al 组分进行渐变式处理来减小电流崩塌,而采用原位高温生长 SiN_x 帽层来减小栅漏电,其具体结构如图 4.63 所示。S. Rajan 等人研究认为[16],N 极性 GaN 基 HEMT 中电流崩塌不是由表面态引起的,而是由器件中的施主型陷阱引起的。器件中的陷阱能级离价带顶较近,而费米能离价带顶也很近,由于施主型陷阱能级捕获、释放电子的速度较慢,跟不上脉冲信号变化,从而引起电流崩塌。将 AlGaN 背势垒中的 Al 组分进行渐变式生长,同时掺入 Si,可以将价带顶拉离费米能级,掺 Si 及 Al 组分渐变后的器件能带如图 4.64 所示,该能带图忽略了 SiN_x 绝缘层。经过这样处理使陷阱能级变成禁带中的深能级,从而在一定程度上消除陷阱调制并减小电流崩塌。也有研究者在 N 极性 HEMT 中的 GaN 沟道

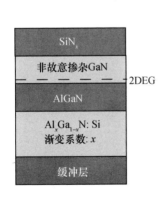

图 4.63　引入渐变 Al 组分及 SiN_x 帽层的 N 极性 GaN 基 HEMT 结构

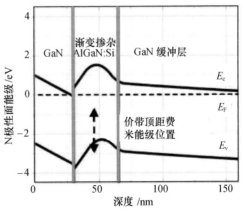

图 4.64　可以进一步减小崩塌的 N 极性 GaN/AlGaN(Al 组分渐变)/GaN HEMT 能带图

层之上外延一层 AlGaN 帽层来减小栅漏电,这样可以提高肖特基接触势垒,从而提高击穿电压并减小栅漏电;同时 AlGaN 帽层比 GaN 热稳定性更高,也能为表面提供保护,防止表面退化。这样做也存在一些问题:首先 AlGaN 帽层会影响 2DEG 密度,这是因为自发极化和压电极化效应的作用,会在 AlGaN(帽层)/GaN(沟道层)异质结的 AlGaN 帽层中形成很高密度的负束缚面电荷,从而在 GaN 沟道层中感应出正电荷,即二维空穴气(2DHG),这些正电荷会消耗 2DEG,使 2DEG 浓度降低;其次会增加欧姆接触电阻,影响器件频率特性。故通用做法是在沟道层之上原位高温生长一层 SiN_x 帽层,将材料做成 N 极性 MIS – HEMT。

4.4.3.3　$Al_xGa_{1-x}N$ 背势垒结构和 AlN 插入层结构

提高载流子浓度 n 和电子迁移率 μ 是提升器件性能的关键。提高 n 可以通过增大 $Al_xGa_{1-x}N$ 背势垒层中的 Al 组分来实现。但随着 Al 组分的增加,无序合金散射影响加大,从而使电子迁移率 μ 减小;同时随 Al 组分的增加,会导致 AlGaN/GaN 界面粗糙度散射,也会进一步限制 2DEG 的迁移率。在 N 极性 GaN 基 HEMT 的 GaN 沟道层和 $Al_xGa_{1-x}N$ 背势垒层之间插入一层 1~2nm 的 AlN 超薄层,可增大器件的迁移率、面载流子浓度和限域性,具体结构如图 4.65 所示。图 4.74 为加入及未加入 AlN 插入层时 HEMT 的能带图,其中忽略了 SiN_x 绝缘层。由 AlN 插入层所带来的迁移率及面载流子浓度的提高可以从图 4.66 中看出来,具体原因是:AlN 插入层会阻止波函数向 AlGaN 背势垒层传输,从而减小合金无序散射,使迁移率得到改善,同时 AlN 与 GaN 晶格失配较小,改善了界面粗糙度,也会进一步提高迁移率;AlN/GaN 异质结比 AlGaN/GaN 异质结具有更大的极化效应,从而促使 2DEG 面电荷密度增加;而 AlN 插入层能够提高限域性是因为 GaN/AlN 异质结比 GaN/AlGaN 的导带不连续性大,这可从图 4.66 的能带图上看出来,故很薄的 AlN 就能实现很强的 2DEG 限域能力。

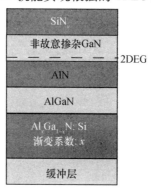

图 4.65　加入 AlN 插入层的 N 极性 GaN 基 HEMT 结构

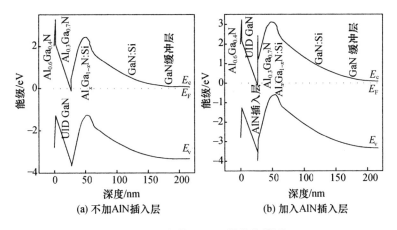

图 4.66　N 极性 HEMT 器件能带图。

4.4.3.4　MIS - HEMT 结构降低 N 极性面 GaN HEMT 器件漏电

在 N 极性 GaN 基 HEMT 中,若肖特基接触淀积在 GaN 上,则会有很大的栅漏电。原因是 GaN 与 AlGaN 相比禁带宽度较窄,所形成的肖特基结势垒低,且 GaN 材料击穿电场也比 AlGaN 小;同时在 N 极性 GaN 基 HEMT 中,AlGaN 背势垒层一般都进行 Si 掺杂,固定电荷的增多使峰值电场更高,器件更容易发生击穿;且 AlGaN 背势垒层一般也较厚,使 N 极性 GaN/AlGaN 比 Ga 极性 AlGaN/GaN 异质结更容易发生碰撞电离击穿,最终使栅漏电变大。故研究者经常采用 MIS 结构来获得更大的击穿电压与电流密度,并抑制栅漏电。D. J. Meyer 等人在 N 极性 GaN 基 HEMT 上采用 HfO_2 作为绝缘层[17],制作了 N 极性 MIS - HEMT,使反偏栅泄漏电流比肖特基参考器件减小了 1 个数量级,同时击穿电压超过了 130V,最大电流密度达到 0.87A/mm。图 4.67 中采用 MOCVD 生长的 SiN 栅下介质插入层同样有效降低了栅漏电。

4.4.3.5　优化欧姆接触

提高微波器件性能的一个关键参数是欧姆接触电阻 R_c。在 N 极性 GaN HEMT 中,欧姆接触淀积在 GaN 上,而对于 Ga 极性 GaN HEMT,欧姆接触是淀积在 AlGaN 上,整体来看,N 极性 GaN HEMT 欧姆接触电阻要优于 Ga 极性 HEMT,研究者在此基础上进一步优化工艺,实现了更小的欧姆接触。Dasguptas 等人采用源漏再生技术在 N 极性 GaN 基 HEMT 上实现了 $0.027\Omega \cdot mm$ 的超低欧姆接触。[18] 其源漏区域采用 MBE 再生一层厚 40nm、In 组分渐变的 InGaN 层,同时淀积厚 10nm 的 InN 帽层。由于 InGaN 采用组分渐变形式,整体来看,

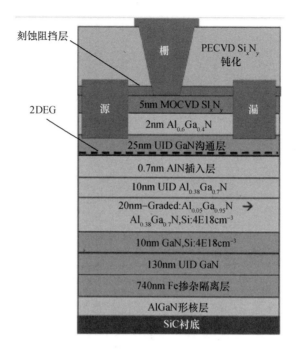

图 4.67　栅下 MOCVD 生长 SiN 插入层降低漏电结构

GaN – InGaN – InN 欧姆接触区势垒高度很低,从而使欧姆接触电阻进一步降低,这一点可以从图 4.68 给出的未进行 In 组分渐变及进行 In 组分渐变处理的各自源漏下方的能带图看出。

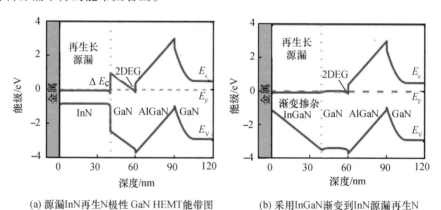

(a) 源漏InN再生N极性 GaN HEMT能带图　　　　(b) 采用InGaN渐变到InN源漏再生N
　　　　　　　　　　　　　　　　　　　　　　　　极性 GaN HEMT能带图

图 4.68　N 极性 GaN HEMT 能带图

采用自对准工艺[19],更使 N 极性 GaN 基 MIS – HEMT 接触电阻低至

0.023Ω・mm,峰值跨导为 343mS/mm,$f_T \times L_g$ 达到 15.9GHz・μm。自对准工艺源于 InGaAs MOSFET 自对准源漏再生,该工艺先制作栅电极,然后再生源漏区。工艺过程包括:先 CVD 淀积一层 SiN_x 作为绝缘层,随后溅射 W、电子束蒸发 Cr、PECVD 淀积 SiO_2,形成 $W/Cr/SiO_2/Cr$ 栅堆叠。最上层的 Cr 层作为牺牲层最终形成 $W/Cr/SiO_2$ 栅极。在边墙上通过 PECVD 淀积一层 SiN_x 隔离层来隔离栅金属和源漏区,随之采用 PAMBE 淀积 In 组分渐变的 InGaN 及 InN 帽层来再生源漏,图 4.69 为欧姆再生后自对准 N 极性晶体管原理图及 SEM 截面图。采用该技术可以进一步减小寄生电阻和寄生延时,并能减小电流崩塌。

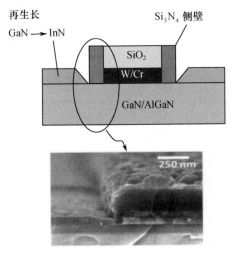

图 4.69　欧姆再生后自对准 N 极性晶体管原理图及 SEM 截面图

4.4.3.6　纳米尺度 T 型栅工艺

T 型栅设计可以减小栅极寄生电阻 R_g 及栅漏寄生电容 C_{gd},从而提高器件高频特性。D. J. Denninghoff 等人通过设计长颈 T 型栅[25],使 f_{max} 达到了 351GHz。T 型栅栅长 80nm、栅高 1.1μm、栅颈 370nm,该结构可以进一步减小 R_g 和 C_{gd}。随后报道了 N 极性 GaN/InAlN MIS – HEMT,使 f_{max} 提高到 400GHz,其外延结构及频率特性如图 4.70 所示。

在缩小栅长来提高器件频率特性的同时,短沟道效应的影响会加重,通过减小栅到沟道的距离及增加背势垒可以抑制短沟道效应。减小栅到沟道的距离是为了提高栅长与沟道的高宽比,这可以通过凹槽栅来实现;而 N 极性 GaN HEMT 存在一个天然背势垒——AlGaN,这为在不增加器件结构复杂度的前提下进一步减小短沟道效应提供了手段。有研究者在 N 极性 GaN/AlN MIS –

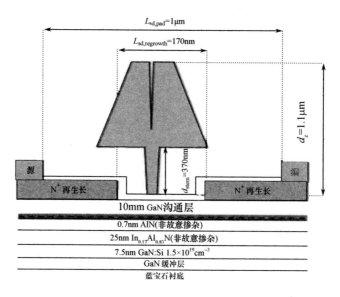

图 4.70 长颈 T 型栅提高 N 极性 GaN HEMT 器件频率特性

HEMT 中采用凹槽栅使 f_{max} 达到 130GHz，但该 HEMT 结构由于采用 AlN 作为背势垒，电流崩塌较为明显，从而严重影响了器件的功率特性，在 30V 漏压下，峰值输出功率为 2.2W/mm，功率附加效率也较低。图 4.71 为 N 极性 GaN 基 HEMT 的 f_{max} 和 f_T 与栅长 L_g 的对应关系。从图中可以看出，随着 L_g 的减小，f_{max} 和 f_T 都变大。

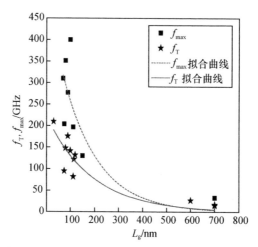

图 4.71 N 极性 GaN 基 HEMT f_{max} 和 f_T 与栅长 L_g 对应关系

▧ 4.5　GaN 功率开关器件与微功率变换

4.5.1　GaN 功率开关器件工作原理

GaN 功率开关器件主要是利用 AlGaN/GaN 异质结中的二维电子气较高的迁移率和高电子密度特性,在相同耐压下获得更低的导通电阻和更快的开关速度。本节以 GaN HEMT 为研究重点,阐述 GaN 功率开关器件的工作原理、关键技术指标和相关设计。

4.5.1.1　工作原理

GaN HEMT 功率开关器件分为常开型和常关型两类。图 4.72 为常开型 D 模 AlGaN/GaN HEMT 结构与栅下能带图。Ga - N 键带有极性,即使无外加电场和压力的作用,正、负离子中心仍然发生偏移而产生了不为 0 的极化电场,称为材料的自发极化效应。AlGaN 晶格常数小于 GaN 材料,GaN 材料上外延生长 AlGaN 材料,AlGaN 会受到张应力作用,晶格常数变大,而导致极化强度发生了变化,这种晶格受外力影响使晶格变化而产生的极化称为压电极化效应。GaN 和 AlGaN 自发极化和压电极化的共同作用,会在 AlGaN/GaN 异质结的 GaN 一侧形成高浓度的 2DEG,从而形成导电沟道。栅金属为肖特基接触,其界面处半导体的能带弯曲,形成肖特基势垒,栅压为 0 时耗尽部分 2DEG。栅上加负压,随着负压的增大,2DEG 不断被耗尽,直到 2DEG 被全部耗尽,电子通道被夹断。GaN HEMT 功率开关常关型器件为增强型 GaN HEMT,与耗尽型 GaN HEMT 不同的是:当栅压为 0 时,沟道已经夹断,需要通过栅上加正压将沟道开启。

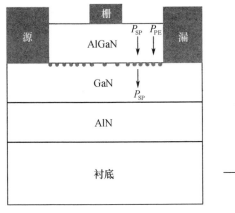

(a) 结构

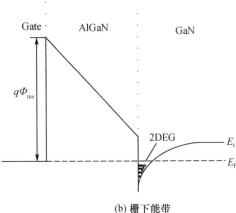

(b) 栅下能带

图 4.72　常开型 D 模 AlGaN/GaN HEMT(Ga 面)

4.5.1.2 主要技术参数

1）击穿电压

GaN HEMT 三端击穿的形式有两类：一类是达到材料临界击穿电场值的雪崩击穿；另一类是由缓冲层漏电、衬底漏电或者栅漏电引起的漏电击穿，如图 4.73 所示。

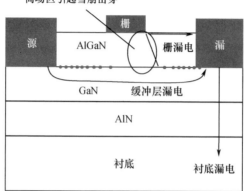

图 4.73 GaN HEMT 击穿形式

GaN HEMT 雪崩击穿是由于栅偏漏一侧存在电场峰值，当电场峰值到达临界击穿电场时，高场区的载流子被加速到拥有足够大的能量，与晶格发生碰撞产生电子—空穴对；新产生的电子、空穴又会被加速，与晶格碰撞又会产生新的电子—空穴对，器件漏电急剧增加，发生击穿。GaN 电子和空穴的碰撞电离率为

$$\alpha = \alpha^{\infty} e^{-\left(\frac{E_C}{E}\right)^{k_n}}$$
(4-1)

式中：α^{∞} 为碰撞电离率因子（对于 GaN 材料，电子和空穴的分别为 2.6×10^8 cm^{-1}、4.98×10^6 cm^{-1}）；E_C 为临界击穿电场（对于 GaN 材料，电子和空穴的分别为 3.42×10^7 V/cm、1.95×10^7 V/cm）；k_n 为修正因子。

在实际器件中，泄漏电流引起的击穿是主要的击穿机理。由于衬底和缓冲层晶格失配，使得 GaN 中存在大量的缺陷，形成漏电通道，当缓冲层漏电过大时，器件发生提前击穿。肖特基栅漏电也是重要的漏电通道之一，由于栅边缘高场的作用，肖特基栅会产生较大的泄漏电流，器件发生提前击穿。另外，透过缓冲层形成的衬底漏电也是主要的漏电通道之一。

提高 GaN HEMT 击穿电压的方法主要有以下七个方面：

（1）场板技术。引入场板终端技术可以有效地降低峰值电场，是主要的优化结构之一。场板结构包括源场板、栅场板、多层场板和空气桥场板等结构。

（2）介质栅。肖特基栅泄漏电流较大，引入介质栅可以有效地降低栅漏电。

SiN、HfO_2、SiO_2、Al_2O_3、MgO 以及高介电常数介质等多种绝缘介质均可作为栅介质。

（3）钝化技术。GaN HEMT 电力电子器件对表面非常敏感,钝化显得尤为重要,钝化可以降低电流崩塌效应,降低表面漏电流,防止器件表面击穿,从而提高器件的可靠性与稳定性。一般采用 SiO_2、SiN_x、Al_2O_3、AlN 等作为钝化介质材料,近些年发展的 ALD 工艺生长钝化层取得了较好的效果;

（4）背势垒。通过缓冲层掺杂形成背势垒结构,一方面阻断了缓冲层和衬底漏电通道。另一方面增加沟道限域性。另外,引入低 Al 组分 AlGaN 背势垒,提高器件的击穿电压。

（5）超晶格缓冲层。使用 AlN/GaN 超晶格缓冲层阻挡电子进入缓冲层,从而实现高阻态的缓冲层,降低缓冲层泄漏电流。

（6）表面电场降低技术。通过栅漏之间刻槽、F 离子注入、引入 P 型 GaN 等方法,形成变掺杂沟道,降低栅边缘电场峰值,提高击穿。

（7）新的材料器件结构。制备诸如双沟道器件、衬底图形化、源/漏肖特基接触等新的材料器件结构,降低峰值电场和泄漏电流。

2）导通电阻

由于高迁移率、高浓度 2DEG 的存在,GaN HEMT 电力电子器件的导通电阻相对其他材料的电力电子器件要小很多,其主要组成部分为沟道电阻和欧姆接触电阻。降低 GaN HEMT 电子电子器件导通电阻的常用方法如下:

（1）适当地增加 Al 组分。可适当增加 2DEG 浓度,降低沟道电阻和欧姆接触电阻。

（2）优化欧姆接触。一方面通过优化金属种类、金属厚度以及合金温度等工艺条件实现低的欧姆接触;另一方面可以采用二次外延生长 N^+ 型 GaN 的非合金欧姆接触制备工艺,获得更低的欧姆接触电阻和更好的表面形貌。

（3）合理缩短源漏间距。通过引入场板、表面钝化等技术,减小原有的电场峰值,引入新的高电场区,这样可在小的源漏间距下实现同样的高压,到达降低沟道电阻的效果。

3）开关时间

由于 GaN 材料在耐压和导通电阻方面的优越特性,GaN HEMT 可实现小型化的电力电子器件,器件尺寸的缩小以及 2DEG 的高迁移率特性大大改善了器件的开关时间。影响开关速度的因素包括以下两个方面:

（1）栅电容。通过结构优化,适当地减小栅长、减小栅电容,改善器件开关特性。

（2）表面缺陷。AlGaN 极化电场感生较多的表面陷阱,不仅产生电流崩塌效应,而且能级较深的表面陷阱会降低器件的开关速度,较少或者降低表面缺陷能级的方法有表面钝化技术、生长帽层和势垒层掺杂等。

4.5.1.3 关键技术

制约 GaN HEMT 电力电子器件发展的主要问题包括电流崩塌、动态电阻大、增强型器件制备等，围绕着解决这些问题，发展了以下两个关键技术。

1）表面钝化技术

GaN 电力电子器件对表面非常敏感，钝化显得尤为重要，钝化可以降低电流崩塌效应，降低动态电阻；降低表面漏电流，防止器件表面击穿，从而提高器件的可靠性与稳定性。目前器件的钝化工艺还不够成熟，钝化层的种类和钝化条件对电流崩塌和器件性能的影响需要进一步研究。目前一般采用 SiO_2、SiN_x、Al_2O_3、AlN 等作为钝化介质材料，需要对生长条件和退火温度进行严格控制；采用低温、低损伤（ALD）工艺生长 GaN 器件钝化层也取得了较好效果。

2）增强型 GaN 电力电子器件制备技术

在功率开关中，从安全、节能和驱动电路简单化等角度都要求开关器件为常关型器件，实现增强型 GaN HEMT 是关键技术之一。实现增强型器件的方法包括栅下挖槽、栅下 F 离子注入、栅下插入 P 型 GaN 层以及与 Si NMOS 级联等。

4.5.2 国内外 GaN 功率开关器件进展

GaN 新一代电力电子器件处于快速发展期，在高速开关和低导通电阻两方面具有潜在的优势。在常开型的 GaN HEMT 器件的发展中，科研人员不断地攻克了提高击穿电压和降低比导通电阻的关键技术。

4.5.2.1 大尺寸 Si 材料上 GaN 外延片

在材料方面，解决了较大尺寸 Si 圆片上的外延 GaN 缓冲层，高质量厚 GaN 沟道层生长，可限制沟道中二维电子气的背势垒和（In）AlN/AlN/AlGaN 新材料。2012 年新加坡 IMRE 报道了 200mm AlGaN/GaN – on – Si（111）晶圆。同年，新加坡 The Institute of Microelectronics 和荷兰 NXP 宣布合作开发了 200mm GaN – on – Si 晶圆及功率器件技术。比利时 IMEC，美国 IR、IQE、日本 Dowa、松下，德国 Azzurro 等公司也在开发 200 mm GaN – on – Si 外延技术。2013 年三星电子在口径 200mm 的 Si 基板上试制出了 GaN 功率晶体管。2012 年已报道了 3000V 击穿电压，比导通电阻为 $4.3m\Omega \cdot cm^2$ 的 InAlN/GaN/AlGaN MOS – HEMT。[21]

4.5.2.2 钝化及场板

2005 年报道了 Si 衬底上源穿孔接地（SVG）垂直结构的 GaN 功率 HEMT，器件的源区通过穿孔和导电 Si 衬底相连,不但可增加布线的效率和封装密度,而且由于背场板效应使栅极漏侧的峰值电场大幅下降。2012 年松下公司报道了利用场板和 AlN 钝化层等终端技术[22],并利用自然超结结构使得 GaN 基 HFET 器件击穿电压达到了 10.4kV/186mΩ · cm² ($L_{gd}=125\mu m$),这是 GaN 功率器件已报道的最高击穿电压。

4.5.2.3 低欧姆接触

2006 年报道了 Ti/AlSi/Mo 欧姆电极和低应力 SiN 钝化膜的新工艺改善 GaN 功率 HEMT 的高温等性能[23],其中 Ti/AlSi/Mo 欧姆电极比传统的 Ti/Al 电极具有更低的接触电阻(降低了 1/3)和更好的表面形貌(表 4.5),采用高折射率而低应力的 SiN_x 钝化的器件具有更低的栅漏电流。

表 4.5 Ti/AlSi/Mo 与 Ti/Al 欧姆接触对比

欧姆电极	接触电阻/(Ω · mm)	方块电阻/(Ω/□)
Ti/Al	1.66	426
Ti/AlSi/Mo	0.48	432

4.5.2.4 背势垒

2011 年报道了 1.71kV 掺杂 C 背势垒 GaN 功率 HEMT[24],在 AlGaN/GaN/GaN:C 背势垒结构器件中,掺杂 C 的背势垒缓冲层可较好地抑制高场下的体穿通漏电和增加对沟道中电子的限制(图 4.74)。

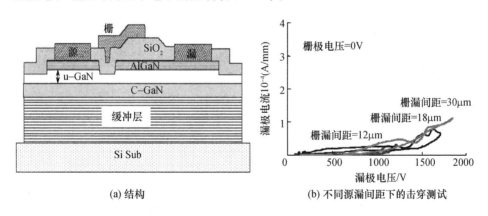

(a) 结构 (b) 不同源漏间距下的击穿测试

图 4.74 1700V 含掺杂 C 背势垒 AlGaN/GaN

4.5.2.5 高质量栅介质

由于材料缺陷问题,AlGaN/GaN HEMT 栅泄漏电流较大,尤其是在高压领域范围。为了解决这一问题,介质栅 AlGaN/GaN MIS – HEMT 器件开始引起人们的关注。AlGaN/GaN MIS – HEMT 的优化主要集中在介质材料选取、生长方式(主要包括 PVD、PECVD、ALD 等)以及复合介质层的设计。目前研究的介质材料主要包括 SiO_2、Si_3N_4、AlN、HfO_2 等。采用高介电常数/氧化物/SiN 等复合介质层作为栅极材料是当今的一个研究热点[25],其中利用 $HfO_2/SiO_2/SiN$ 已成功研制出 1.8kV 的 GaN 基 MIS – HEMT,比导通电阻为 $186m\Omega \cdot cm^2$。

4.5.2.6 常关器件

在常关型的 GaN HEMT 器件的发展中,科研人员创新发展了优选栅挖槽、p – AlGaN、氟处理、AlGaN 缓冲层和 V 形栅结构、SiN/AlGaN/GaN/AlGaN 双异质结、GaN 隧穿结 FET 和 GaN 混合 MOS – HEMT 等增强型工艺和新结构,并采用栅场板和双源场板结构、阶梯形栅极三场板结构解决电流崩塌引起的动态导通电阻较大的问题。

2013 年报道了采用再生长 N^+ 型 GaN 欧姆接触和阶梯形场板的高速增强型 GaN 功率开关器件(图 4.75),[26] 该器件采用 AlN(2nm)、$Al_{0.5}$GaN(2.5nm)/GaN(20nm)/$Al_{0.08}$GaN 双异质结外延材料形成增强型。利用分子束外延和掩模技术再生长 N^+ 型 GaN 欧姆接触以获得超低接触电阻($0.06\Omega \cdot mm$)。采用阶梯形三场板结构和栅极相连接,以控制栅极漏侧的电场,可效调制沟道电子和减少动态导通电阻的退化。该器件静态导通电阻为 $1.2\Omega \cdot mm$,击穿电压为 $176V$,$f_T = 50GHz$,$f_{max} = 120GHz$。动态导通电阻 R_{on} 测试结果表明:电压较低时($V_{ds} = 30V$),$R_{on} = 1.9\Omega \cdot mm$;在 V_{ds} 为 70V 时,R_{on} 仅增至 $2.45\Omega \cdot mm$。

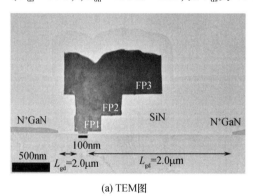

(a) TEM图   (b) 动态电阻

图 4.75　含阶梯场板增强型 AlGaN/GaN HEMT

4.5.3　国内外 GaN 功率开关器件应用

GaN HEMT 电力电子器件主要应用于开关电源的变换器中,成功研发了

1MHz/kW、1MHz/300W/350V、13.5MHz（27.1MHz）/13W/120V、200MHz/1.9W/20V 和 780MHz/10.3W 等超高频功率变换器和变换效率高达 99.3% 的逆变器[29]，如图 4.76 所示。

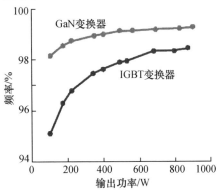

图 4.76　AlGaN/GaN HEMT 制备的逆变器

4.5.4　GaN 开关功率管应用与微功率变换

依据理论计算，GaN HEMT 在高功率开关应用时预计比 Si 基功率器件具有近 100 倍的性能优势，其高速和低损耗相结合的开关性能使 GaN HEMT 适用于具有超高带宽（MHz 范围）的新兴开关功率系统。开关器件的应用前景推动了 GaN HEMT 的应用研究伴随着器件的研究同步开展，朝高频、高压和集成化的方向发展。

4.5.4.1　采用 H 形桥式电路结构的 GaN 功率变换器

2004 年 Pytel 等人报道了采用 H 形桥式电路结构的功率变换器模块，可用于宽带捷变频的功率接口[28]，其处于模拟环境和实际的电硬件之间。Si 技术已经无法满足超高频（UHF）变换的电源接口的需要。该功率变换器模块采用四个栅宽为 1.2mm 的 GaN MOSFET 器件芯片混合集成的 H 形桥式电路结构，电路衬底是 AlN 基片。在 H 形桥式电路的四个器件中的两个器件的开关实验结果表明，单个器件的上升下降时间接近 90ns（开关电压为 40V，开关电流为 598mA）。

4.5.4.2　采用谐振电路的 GaN 高速开关器件

理论预计 GaN HEMT 具有 $\frac{1}{100}$ Si 器件的极限值的比导通电阻，因而在保持低导通电阻的同时，其芯片面积可缩小，从而使器件的电容减小。由于 GaN

HEMT 具有较小的栅电容 C_{gs}，其高频栅驱动较易实现，同时由于 GaN HEMT 也具有较小的 C_{ds} 和 C_{gd}，其高 dV/dt 的高速开关工作也较实现。

2008 年 Saito 等人设计制备了采用谐振电路的 GaN 高速开关器件[29]，并将该电路应用用于无电极日光灯中。该电路采用双场板结构抑制在 350V 高压下由于电流崩塌所引起的动态导通电阻的增加，其 GaN 主开关器件为 620V/1.2A 的 GaN HEMT。利用该器件研制了 13.56MHz 的用于无电极日光灯的谐振逆变电路，可工作在 380V，实现 4.5～7ns 的高速栅开关和可使日光灯照明的 7～10W 输入功率，同时实现无开启电路的灯的放电点火，其在 9W 输入功率时的效率达到 90%。

4.5.4.3 采用升压电路的 GaN 升压变换器

2013 年 Ueda 等人采用了 6 只栅注入晶体管（GIT）[30]，进一步提升了 GaN 升压变换器的变换效率。该逆变器采用了 6 只栅注入晶体管结构的常关 GaN 功率开关管，去除了快恢复二极管，采用 GaN 基微波驱动 IC，其可以同时传输脉冲宽度调制信号和驱动功率，并具有双极驱动功能，可有效快速开关任一功率管（图 4.77）。GaN 功率开关管采用高温 SiN 钝化膜代替等离子淀积 SiN，以减少等离子损伤引起的电流崩塌。GaN 功率开关管也可采用溅射多晶 AlN 钝化膜，由于其强 c 轴晶向所引起的附加的极化电荷，导致器件最大漏极电流增加了 30% 和导通电阻的降低。通过直接液体冷却法来大幅减少器件的结温度以提高器件可靠性；GaN 功率器件芯片安装在部分填满惰性液体的密封管壳中，惰性液体挥发后经过壳内的热管得以循环。该逆变器在 6kHz 载波频率下，输出功率 900W 时，其变换效率达到 99.3%。

图 4.77　采用 6 只栅注入晶体管的 GaN 逆变器实物

4.5.4.4   DC/DC 变换器

现代 RF 系统的发展需要具有非常快速的瞬态响应的功率变换,例如,ET、EER 和混合 ET/EER 等高效率的包络调制,同时追求小型化和降低成本,最终实现片上系统(SoC)和系统级封装(SiP)的微系统集成。在 VHF、UHF 或更高的波段,要实现具有高效率 DC/DC 变换器,需要控制好与频率相关的开关损耗机制。采用零电压开关谐振解决方案可以降低开关损耗,其在开/关转换时迫使一个低电压通过半导体开关器件的端口,同时能降低与硬开关转换相关的电磁干扰。

2012 年 Marante 等人报道了 780MHz 的采用 GaN HEMT 的 E^2 类 DC/DC 变换器[31],采用 120V 的 RF GaN HEMT 器件,其具有非常低的导通电阻和输出电容的乘积($R_{on} \cdot C_{out} = 1.5\Omega \cdot pF$)。$E^2$ 类谐振变换结合了 E 类反相器和 E 类滤波器,连接两个器件的串联 LC 电路同时要满足零电压开关的阻抗条件。780MHz E^2 类 DC/DC 变换器的电路设计特点:反相器是 E 类 RF 功率放大器,并和同步 E 类滤波器集成。在漏极需要多谐波阻抗匹配网络,以获得适当的电流和电压波形,为适应中心频率为 780MHz 的 UHF 波段要求,匹配网络需要高 Q 值的线圈和电容。DC/DC 变换器,在 28V 直流输入电压下,输出功率为 10.3W,峰值效率为 72%。在有一个 12MHz 低通输出滤波器的条件下,其小信号带宽达到 11MHz,转换速率为 630V/μs。

为适应现代 RF 系统的发展趋势,美国 DARPA 继"用于 RF 电子学的宽禁带半导体"和"GaN 电子学下一代技术"两个 GaN 科技项目之后,2012 年又报道了"微尺度功率变换"的新 GaN 科技项目,试图创建一个非常高效率的射频发射机,由 MMIC 功率放大器、动态电压供电源和控制电路集成的微系统,其集成方式可以是单片集成电路封装级的微系统模块。项目的第一阶段旨在开发高速 E 模的 GaN 功率开关器件,其开关速度大于 1GHz,工作电压为 50V,10W 的功率处理能力,关断电压大于 200V,动态导通电阻小于 1$\Omega \cdot$ mm 以及输出电压变换速率大于 500V/ns。为达到该目标,要突破栅漏极间场板结构设计和表面钝化技术以降低动态导通电阻,要突破提高沟道电荷密度(采用 InAlN/AlN/GaN 新材料结构)、降低输入电阻和接触电阻等技术以降低导通电阻,要突破较短的栅长(100~150nm)的设计与制备技术以缓解栅电容对高电荷密度的影响。项目的第二阶段将尝试开发创新的 X 波段的射频发射机,MMIC 功率放大器与电源调制和控制电路进行联合设计,并实现总平均功率附加效率达 75%,同时能提供 5W 的射频输出功率和至少 500MHz 的射频包络带宽。第一阶段研究的 GaN 功率开关器件将适应快速供电调制电路的要求。供电调制电路提供了一个快速变化的漏极电压给功率放大器,以跟踪 RF 包络信号并保持峰值的 PAE。关键是供电调制电路的输出电压 $V_{dd}(t)$ 和电流 $I_{dd}(t)$ 随时间快速变化时,供电调制电路的输出阻抗 $R_{dd}(t)$ 要和 RF 功率放大器的输入进行阻抗匹配。第二阶段所面临的关键技术挑战是:选择射频发射机的架构、MMIC 功率放大器和电源调制器的协同设计(包含相关的控制电路),如何缓解由于高开关速度的电源调制器所带来的电磁干扰,以及具有挑战性的小型化/集成工作。"微尺度功率变换"项目的技术发展必将使新 RF 系统中的发射机在效率、尺寸、质量和功率等方面得到显著改进。

参考文献

[1] Palacios T, Chakraborty A, Heikman S, et al. AlGaN/GaN high electron mobility transistors with InGaN back – barriers[J]. IEEE Electron Device Letters, 2006, 27(1): 13 – 15.

[2] Higashiwaki M, Mimura T, Matsui T. AlGaN/GaN heterostructure field – effect transistors on 4H – SiC substrates with current – gain cutoff frequency of 190GHz [J]. Applied Physics Express, 2008, 1(2): 021103(1 – 3).

[3] Chung J W, Hoke W E, Chumbes E M, et al. AlGaNGaN HEMT with 300GHz f_{max}[J]. IEEE Electron Device Letters, 2010, 31(3): 195 – 197.

[4] Shinohara K, Regan D C, Tang Y, et al. Scaling of GaN HEMTs and schottky diodes for sub-millimeter – wave MMIC applications [J]. IEEE Transactions on Electron Devices, 2013, 60 (10): 2982 – 2995.

[5] Sheppard S T, Pribble W L, et al. IEEE cornell conference on high performance devices, August, 7, 2000[C]. NEW YORK: Institute of Electrical and Electronic Engineers, 2000.

[6] Margomenos A, Kurdoghlian A, Micovic M, et al. IEEE compound semiconductor integrated circuit symposium (CSICS)[C]. NEW YORK: Institute of Electrical and Electronic Engineers, 2014

[7] Campbell C F, Dumka D C, et al., IEEE international conference on microwaves, communications, antennas and electronics systems, [C]. NEW YORK: Institute of Electrical and Electronic Engineers, 2009

[8] Komiak J J, Chu K, et al. IEEE MTT – S international microwave symposium, June, 5, 2011 [C]. NEW YORK: Institute of Electrical and Electronic Engineers, 2011.

[9] Khan M A, Chen Q, Sun C J, et al. Blasingame, enhancement and depletion mode GaN/AlGaN heterostructure field effect transistors [J]. Appl. Phys. Lett. 1996, 68:514 – 517

[10] Lu B, Omair I S, Tomás P. High – performance integrated dual – gate AlGaN/GaN enhancement – mode transistor [J]. IEEE Electron Device Lett. , 2010, 31(9):990 – 992.

[11] Fujii T, Tsuyukuchi N, Hirose Y, et al. Fabrication of enhancement mode AlxGaxN/GaN junction heterostructure field – effect transistors with p – type GaN gate contact [J]. Phys. Stat. Sol. , 2007, 4:2708 – 2711.

[12] Uemoto Y, Hikita M, Ueno H, et al. Gate injection transistor (GIT)—A normally – off Al-

GaN/GaN power transistor using conductivity modulation [J]. IEEE Trans on Electron Devices, 2007, 54(12):3393 – 3399.

[13] Cai Y, Zhou Y G, Chen K J, et al High – performance enhancement – mode AlGaN/GaN HEMTs using fluoride – based plasma treatment [J]. IEEE Electron Device Lett. , 2005, 26 (7):435 – 437

[14] Feng Z H, Zhou R, Xie S Y, et al. 18GHz、3. 65W/mm Enhancement – mode AlGaN/GaN HFET using fluorine plasma ion implantation[J]. IEEE Electron Device Lett, 2010, 31 (12):1386 – 1388

[15] 盛百城,尹甲运,房玉龙,等. 2012 全国半导体器件技术、产业发展研讨会[C]. 西宁: 半导体技术,2012.

[16] Rajan S, Chini A, Wong M H, et al. N – polar GaN/AlGaN/GaN high electron mobility transistors [J]. Journal of Applied Physics, 2007, 102:044501(1 – 6).

[17] Meyer D J, Katzer D S, Deen D A, et al. HfO$_2$ – insulated gate N – polar GaN HEMTs with high breakdown voltage [J]. Physica Status Solidi(a), 2011, 208:1630 – 1633.

[18] Dasgupta S, Brown D. F, et al. Ultralow nonalloyed ohmic contact resistance to self – aligned N – polar GaN high electron mobility transistors by In(Ga)N regrowth[J]. Applied Physics Letters, 2010, 96:143504(1 – 3).

[19] Nidhi, Dasgupta S, Brown D F, et al. , IEEE device research conference (DRC) [C]. NEW YORK:Institute of Electrical and Electronic Engineers, 2011.

[20] Denninghoff D J, Dasgupta S, Lu J, et al. Design of high – aspect – ratio T – gates on N – polar GaN/AlGaN MIS – HEMTs for high fMAX[J]. Electron Device Letters, 2012, 33(6): 785 – 787.

[21] Lee H S, Piedra D, Sun M, et al. 3000V 4. 3mΩ · cm^2 InAlN/GaN MOSHEMTs with Al-GaN back barrier [J]. IEEE Electron Device Letters, 2012, 33(7): 982 – 984.

[22] Yanagihara M, Uemoto A, Ueda T, et al. Recent advances in GaN transistors for future e-merging applications[J]. Phys Status Solidi A, 2009, 206(6): 1221 – 1227.

[23] Kambayashi H, Kamiya S, Ikeda N, et al. Improving the performance of GaN power devices for high breakdown voltage and high temperature operation[J]. Journal of Health Care for the Poor & Underserved, 2012, 23(23):651 – 656.

[24] Ikeda N, Tamura R, Kokawa T, et al. International symposium on power semiconductor devices and ICS, [C]. New York:Institute of Electrical and Electronic Engineers, 2011.

[25] Yagi S, Shimizu M, Okumura H, et al. International symposium on power semiconductor devices and ICS[C]. New York:Institute of Electrical and Electronic Engineers, 2007.

[26] Brown D F, Shinohara K, Corrion A L, et al. High – speed, enhancement – mode GaN power switch with regrown, GaN ohmic contacts and staircase field plates[J]. IEEE Electron Device Letters, 2013, 34(9):1118 – 1120.

[27] Ishida M, Ueda T, Tanaka T, et al. GaN on Si technologies for power switching devices[J]. IEEE Transactions on Electron Devices, 2013, 60(10):3053 – 3059.

[28] Pytel S G, Lentijo S, Koudymov A, et al. Power electronics specialists conference, [C]. New York: Institute of Electrical and Electronic Engineers, 2004.

[29] Saito W, Domon T, Omura I, et al. Power electronics specialists conference. [C]. New York: Institute of Electrical and Electronic Engineers, 2008.

[30] Ueda D. Reliability physics symposium[C]. New York: Institute of Electrical and Electronic Engineers, 2013.

[31] Marante R, Ruiz M N, Rizo L, et al. International microwave symposium[C]. New York: Institute of Electrical and Electronic Engineers, 2012.

第 5 章

展望

随着半导体材料质量和器件工艺的不断提高,以及通信技术的发展,对高频高功率电子器件提出了迫切需求,太赫兹新频域成为未来发展的前沿,在其带动下,新型半导体材料不断涌现,新型器件工艺技术也日新月异。本章对目前主流的太赫兹固态电子器件进行了分析,并对金刚石、二维材料等新型半导体材料和器件和新型的 GaN 基太赫兹器件进行介绍。

▨ 5.1   固态太赫兹器件

太赫兹波是指电磁频率在 300GHz～3THz 之间的电磁波,波长范围为 1mm～1μm。由于太赫兹波段介于微波毫米波与远红外光之间,太赫兹频带是微波毫米波器件频率向上的延伸,进入光波前最后频率区间,与微波毫米波相比,太赫兹波拥有高频的优势。它具有超高频性、透视性、安全性、频谱性等特点,有广泛的应用前景,如太赫兹成像雷达、太赫兹通信、太赫兹频谱探测电子系统等。

本节介绍在太赫兹雷达系统中应用的主流固态器件,包括了肖特基二极管、InP 基三极管的基本理论、材料结构、器件结构、工艺制备等方面。太赫兹固态器件是推动太赫兹雷达技术发展核心力量,肖特基二极管的工作频率已经可以覆盖整个太赫兹波段,目前需要提高器件的输出功率等性能,发展肖特基二极管的为基础的倍频及混频单片技术;三极管器件一方面需要提高器件的工作频率,另一方面需要提高器件的增益,输出功率等性能。

除了已经较成熟的二极管和三极管器件以外,氮化物太赫兹固态器件是氮化物电子器件发展的一个非常有潜力的方向。介绍了基于 GaN HEMT 中二维电子器等离子体激元太赫兹探测器和太赫兹源、GaN 基肖特基二极管、耿氏振荡二极管、共振遂穿二极管和 GaN 基超材料太赫兹高速调制器等器件。

5.1.1   太赫兹肖特基二极管

太赫兹肖特基二极管的发展十分迅速,相关技术国外已发展了很多年,早期的研发主要受到射电天文领域需求的推进,但是随着太赫兹技术的应用领域不断扩大,和太赫兹雷达、通信等领域的发展需求,近十几年器件性能得到了大幅提高,太赫兹肖特基二极管产品已成系列化发展趋势。到目前为止,国外在太赫兹肖特基二极管领域已经具有一定的市场规模,出现了一些商业公司,如美国的VDI(Virginia Diodes, Inc)、英国的卢瑟福实验室等。

肖特基二极管是太赫兹雷达系统的核心器件之一,其性能的高低将决定整个系统的性能的好坏。由于 GaAs 基平面肖特基二极管(SBD)具有极小的结电容和级联电阻,高的电子漂移速度,平面 GaAs 肖特基二极管已经在太赫兹波段上得到了广泛应用,是太赫兹技术领域中核心的固态电子器件。以 SBD 为基础的倍频器及混频器主要是利用器件非线性特性工作,拥有工作电压低、效率高、寿命长、体积小、质量小等优点,所以在目前的太赫兹雷达系统中被广泛采用。[1]

GaAs 肖特基二极管工作原理是利用载流子对肖特基结(金属半导体接触)输运机理进行的,外延结构一般采用 N^-/N^+ GaAs,外延层生长采用 MBE 分子束外延技术或 MOCVD 外延技术。其结构如图 5.1 所示。

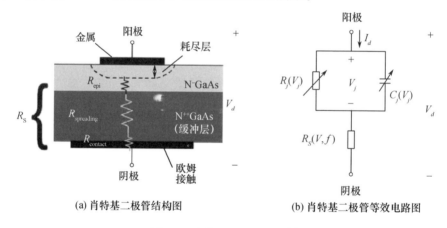

(a) 肖特基二极管结构图   (b) 肖特基二极管等效电路图

图 5.1　肖特基二极管结构[2]

对 N^- 层/N^+ 层 GaAs 的浓度、厚度进行优化设计,N 层为肖特基接触层,这一次的浓度和厚度对器件开启电压、击穿电压、噪声等参数影响较大,其浓度一般为 $5\times10^{16} \sim 1\times10^{18}\,cm^{-3}$,$N+$ 层为阴极欧姆接触层,为降低接触电阻,一般采用高掺杂,量级在 $10^{18}\,cm^{-3}$ 水平,$N+$ 层的厚度大小也影响级联电阻,一般为 $1\sim2\,\mu m$。

早期的 GaAs 肖特基二极管器件结构是基于触须结构蜂窝结构形式,如图5.2 所示。这种结构具有极小的寄生电容、寄生电阻的优点,可以工作在几太赫兹频率上。但是这种 whisker 结构的 GaAs 肖特基二极管使用时装配复杂,并存在可靠性问题。

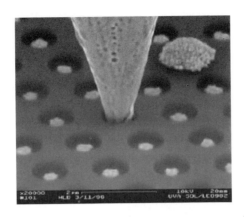

图 5.2　早期的 whisker 结构形式的肖特基二极管[1]

20 世纪 80 年代后期出现了平面 GaAs 太赫兹肖特基二极管。平面肖特基二极管把肖特基结、阴极集成于平面内,采用空气桥结构把肖特基接触引至阳极 PAD,有效地降低了器件寄生参量(图 5.3)。之后新的技术不断出现,如深槽腐蚀隔离、5μm 芯片减薄、无衬底芯片等技术,进一步地提高了器件性能,发展了 wafer bonding 转移技术解决了肖特基二极管器件尺寸微小装配难度大的问题。为了追求器件性能的进一步发展,国际上已出现 InP 基的肖特基势垒二极;为了提高耐功率水平,GaN 基的肖特基二极管器件也有一定的研究进展,但比较成熟的还是以平面 GaAs 肖特基二极管为主。

目前,平面肖特基二极管的发展主要有以下三个方向:

(1)太赫兹器件与电路混合集成与单片集成技术(图 5.4),目的是最大限度地降低寄生参数,消除装配误差以及引线焊接引起的寄生效应增加带来的不利影响。

(2)肖特基二极管材料与器件结构继续优化,随着材料生长技术和器件工艺水平的提高,可以获得更高的掺杂浓度,降低串联电阻,提高耐功率水平。

(3)精确的器件与电路模型,包含封装效应的等效电路模型和分布效应的 3D 静态与动态的仿真模型(图 5.5)。

2000 年,倍频器进入 300GHz 以上的功率源(330GHz、4mW 输出),通过减少寄生参量,特别是变容二极管的结电容和衬底串联电阻,是提高器件截止频率的关键[3]。2004 年报道了采用多个倍频电路级联形成的倍频链,优化第一级的功率承受力的设计,和优化末级频率特性的设计,形成宽带可调谐的太赫兹功率源:1.4 ~ 1.6THz,120K,15W,在 1.5THz 的峰值功率为 40μW,同年也报道了 1.7 ~ 1.9THz,120K,1.5μW,在 1.746THz 的峰值功率为 15μW。2005 年 Alain Maestrini 等人发表了关于 540 ~ 640GHz 高效率宽频带高功率的三倍频,三倍频

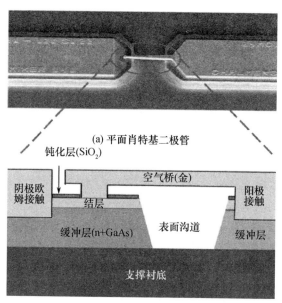

(a) 平面肖特基二极管

图 5.3　平面 GaAs 肖特基太赫兹二极管[2]

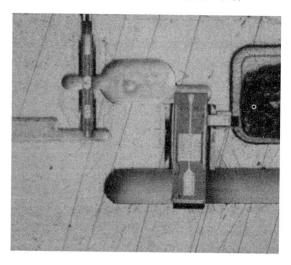

图 5.4　美国 JPL 的混频、倍频单片集成模块[3]

利用了四个 GaAs 平面肖特基变容二极管,悬空微带电路制作在厚 12μm 的框架上。在室温下,三倍频的输出功率在宽频带中为 0.9 ~ 1.8mW,效率为 4.5% ~ 9%。2008 年报道了可调谐宽带倍频链太赫兹源的新进展,室温下,在 900GHz 的连续波输出功率达 630μW,在低温 77K,在 920GHz 输出功率达 1.4mW。该倍频链的 3dB 带宽为 100GHz。模拟结果表明,用该倍频链再驱动三倍频器,可在

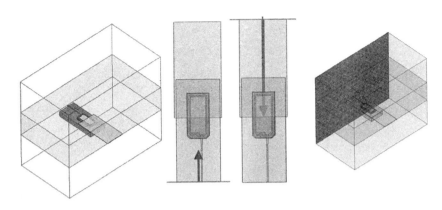

图 5.5　肖特基二极管的三维电磁场模型（见彩图）

低温 77K 获得在 2.7THz 输出 1~2μW 的功率,作为超导外差混频器的泵浦源已足够了。2009 年报道了采用键合金刚石新工艺以增加倍频链的输出功率,在倍频器件背面键合的金刚石能更有效的散热,倍频器件在 250GHz 能输出 40mW,在 300GHz 输出 27mW,预测通过功率合成在 300GHz 获得大于 100mW 的功率,可应用于亚毫米波雷达。2011 年发表了低功率太赫兹源的技术和性能的综述性文章,报道了 2.7THz 的倍频链的输出功率达到微瓦级,其采用 GaAs 平面肖特基二极管和厚 5nm GaAs 薄膜构成的平衡电路结构技术,由三个接连的三倍频器组成:第一级三倍频器,输入 100GHz,400mW,输出 300GHz,(35 ± 3)mW;第二级三倍频器,通过两路合成,在 828~918GHz 产生 1.3mW 的功率;第三级三倍频器,在 2.49~2.76THz 产生 2~14W 的功率[2]。以 GaAs 平面肖特基二极管为基础的倍频链已覆盖 0.3~2.7THz,已用于航天工程。随着 W 波段 GaN HEMT MMIC 功放(单个达 1.7μW,合成达 100μW)和 700GHz ZnP HEMT MMIC 以及功率合成技术的发展,倍频链有望突破 4THz 频率。基于 GaN 的太赫兹二极在近几年得到了发展,截止频率达到了 902GHz[4]

5.1.2　太赫兹三极管

　　太赫兹三端器件包括双极器件和场效应器件等三端口、具有放大功能的器件。要实现太赫兹波段工作的功率放大器和低噪声放大器,关键是提高三端器件的 f_{max} 和 f_T。由于 InP 材料具有生长工艺成熟、能带易于剪裁、非常高的载流子迁移率等特点,国际上太赫兹单片集成电路芯片(TMIC)多采用 InP 基 HEMT 和 HBT 器件研制,尤其是以 InP HEMT 为主。主要原因:第一,与 HEMT 相比,HBT 的开启电压较高,且存在基极电流,导致功耗较高;第二,HBT 主要缺点是热可靠性问题,在自身发热与邻近器件散热作用下器件温度升高,温度对电流的正反馈效应导致器件性能变坏甚至失效;第三,HEMT 的射频(RF)噪声性能要优于 HBT,是低噪声应用的最佳选择。基于 HBT 的放大器芯片的研究进展很慢,工作频率 330GHz 以上的 InP HBT TMIC 放大器芯片未见报道。因此,发展 InP HEMT 器件是发展 TMIC 芯片的核心。缩小 HEMT 器件的栅长,提高最高振荡频率是提高放大器工作频率的关键技术之一,也是国内外的发展趋势。

由于工作在太赫兹波段雷达、通信等系统的强烈需求,以美国 DARPA 为首的机构对基于 InGaAs/InAlAs InP 太赫兹 HEMT 器件及其太赫兹单片集成(TMIC)技术的研究进行了大量资助。其中已经完成的 DARPA 项目 SWIFT (Sub-millimeter Wave Imaging Focal-plane-array Technology),把 In$_X$GaAs/In-AlAs/InP HEMT 的最大振荡频率提高 1THz 以上,器件的工作频率达到 300GHz 以上,根据报道,在研的"DARPA 太赫兹电子计划"推动 InP HEMT 技术最终实现 20nm 栅长、器件的 $f_T > 1.2$THz 以及 $f_{max} > 2.25$THz 的目标,迄今为止相关的研究进展顺利。[5]

太赫兹 InP 基 HEMT 的研究主要集中在以下四个方面:

(1)太赫兹 InP HEMT 材料结构设计。随着器件工作频率的提高,传统的晶格匹配 InP HEMT 材料结构已不能满足需要,需要具有高 In 组分 InGaAs 沟道或者 InAs 复合沟道的材料结构以实现太赫兹工作(图 5.6)。通过模拟仿真优化沟道中 InGaAs 材料的厚度和 InAs 组分以及垒层厚度、调制掺杂等条件对提高载流子浓度和迁移率的影响,采用 InGaAs/InAs/InGaAs 的复合沟道其 2DEG 的迁移率达到 15000cm^2/(V·s)[6],优化帽层厚度、组分以及掺杂浓度等对接触电阻的影响。

图 5.6　InP HEMT 典型材料结构

(2)寄生参量对太赫兹 InP HEMT 器件直流和高频特性的影响。限制 InP HEMT 在太赫兹波段工作的因素主要有栅长和寄生参量,尤其是器件栅长进入纳米尺寸时,寄生参量的影响所占比例逐渐加大。器件的寄生参量主要来源于栅电阻、源漏电阻以及栅与源漏之间的电容(图 5.7),通过器件模拟和电流分析研究纳米 T 形栅的栅长、栅高、栅形貌、源漏间距以及凹槽结构和宽度对器件性能的影响,探索降低寄生电容和寄生电阻的方法。

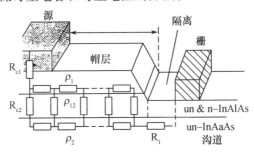

图 5.7　HEMT 中的寄生参量

（3）高 In 组分 InGaAs 沟道中高场载流子输运机理。通过测试不同漏偏压下器件的相关参数、不同温度下的电流—电压特性以及电子在沟道中的漂移速度,研究短沟道 InP HEMT 中弹道输运效应和界面声子散射对强电场下的电子迁移率影响,高场下沟道电子速度过冲与饱和效应以及沟道电子复杂散射机制研究等,并通过对材料结构、器件结构的优化设计研究在高电场下抑制载流子发生谷间转移的方法。

（4）纳米栅短沟道效应研究。在纳米尺寸下,器件的短沟道效应非常突出,为了对短沟道效应进行抑制从而提高器件的高频性能,使器件可以工作于太赫兹波段,需要从理论和实验两个方面深入分析纳米栅长 InP HEMT 器件的短沟道效应使器件直流特性和频率特性退化的原因。通过建模仿真研究纳米栅长器件沟道中的电场分布、栅凹槽结构对沟道电场分布影响、强场下栅极电子隧穿/漏电机制、漏致势垒高度降低效应、强场下表面态对栅极电子与沟道电子的俘获效应而导致的栅延迟效应。研究源漏间距、栅凹槽、沟道和垒层厚度等对器件性能的影响,得出 InP HEMT 器件的等比例缩小规律,提出抑制短沟道效应的方法。

在器件工艺方面主要有以下两个难点:

（1）纳米 T 型栅的工艺制作技术。栅工艺是 InP HEMT 器件工艺中的难点,为使器件在太赫兹波段工作,器件的栅长一般小于 70nm,为了获得更高的性能,需要进一步降低栅长。降低栅长的同时,为防止栅电阻过大,需要合理选择栅的形貌,为保持较小的栅寄生电容,要求栅根的高度不能太低,这些条件极大地增加了纳米栅的制作难度。需要合理选择栅根和栅帽的光刻胶,选用不同曝光方法、曝光剂量以及显影时间等条件,来降低电子束光刻中电子散射对栅长的影响。

（2）栅凹槽的选择腐蚀技术。在太赫兹波段工作的 HEMT 器件,其势垒层厚度很薄,挖槽工艺对腐蚀条件要求非常苛刻,因此栅凹槽的一致性与稳定性难以保证;栅凹槽表面的形貌会在很大程度上影响器件的高频性能,因此应研究合适的干法和湿法选择腐蚀技术,适当增加工艺条件的宽容度,同时保证栅凹槽的平整度。

2007 年,Northrop Grumman Space Technology 公司报道了栅长 35nm 的 InAs/InGaAs 复合沟道的 InP HEMT 器件,$f_T = 385\text{GHz}$,$f_{max} = 1.2\text{THz}$,器件能够工作在 600GHz 的频率上。2010 年,D. H. Kim 等人报道了栅长 50nm 的增强型 InP HEMT 器件,$f_T = 465\text{GHz}$,$f_{max} = 1.06\text{THz}$,$G_m = 1.75\text{mS}/\mu\text{m}$。2010 年 X. B. Mei、V. Radisic 等人报道了具有 InGaAs/InAlAs 复合欧姆接触帽层结构的 InAs/InAlAs InP HEMT 器件,$f_T > 500\text{GHz}$,$f_{max} > 1.0\text{THz}$,$G_m = 2400\text{mS/mm}$。2010 年,W. R. Deal 等人报道了 480GHz 的 TMIC 单片模块,基于小于 50nm 栅长的 InAs/InAlAs InP HEMT 器件,$f_{max} = 1.2\text{THz}$,$f_T = 580\text{GHz}$。2011 年,W. R. Deal 等人又报道了基于栅长 30nm 的 InAs/InGaAs 复合沟道的 InP HEMT 的 670GHz TMIC 单片电路,其中 InP HEMT 器件的典型值为 $f_T > 600\text{GHz}$,$f_{max} > 1200\text{GHz}$,$G_m = 2400\text{mS/mm}$。2013 年,NG 公司报道了工作频率 0.85THz 的 TMIC。2014 年,NG 公司报道了工作频率 1.03THz 的 TMIC。

5.1.3　氮化物太赫兹固态器件

由于太赫兹波段电磁波在大气中衰减非常快,现有器件的功率水平还远远不能满足实际应用的需求。与 GaAs 材料相比,GaN 材料具有较大的带隙宽度(3.4 eV)、强击穿电场(3.4 MV/cm)和高饱和电子漂移速度(2.7×10^7 cm/s)等优越的物理特性,非常适合制备高频高功率的电子器件,能够实现大输出功率,使其在太赫兹领域中具有一定的优势。GaN 基太赫兹器件包括太赫兹源、检测和调制等多种器件。总体上看以器件工作机理和新结构、器件工艺方法等相关性能研究为主。

5.1.3.1　基于 GaN HEMT 中 2DEG 等离子体波的太赫兹器件

近年来基于 GaN HEMT 中 2DEG 的等离子体激元太赫兹源、探测和调制器件得到了深入发展,该类太赫兹探测器具有高响应速度、高灵敏度、可调谐、低噪声和易于集成等优点。二维电子气等离子体激元的探测太赫兹的原理是从"Dyakonov – Shur 不稳定性"发展而来的。当场效应晶体管的沟道长度小于100nm,与电子的平均自由程接近时,电子的动量弛豫时间大于电子的渡越时间,因而电子从器件的源到漏的运动过程以弹道输运为主。当探测器的等效电路栅源短路、源漏开路时,使得源漏间本来稳定的电子运动变得不稳定,并且在源漏边界上反射增大了不稳定性,形成了等离子体振荡。沟道以及源漏边界组成了一个腔,等离子体波在其中传播并可以形成共振模式,使能量得到增强。外界的太赫兹源的辐射可以激发出沟道中二维电子气等离子激元振荡,由于源漏边界条件的不对称性引发了源漏间的压降,通过测量这个电压就可以探测入射的太赫兹信号,并且通过调节栅压来调节电子密度进而调节太赫兹探测器的响应频率范围(图5.8)。目前此类探测器的最高响应度已经达到了3000V/W。利用栅注入电流,激发2DEG中等离子波从而可以辐射太赫兹信号,但是目前辐射功率比较小。[6]利用超材料结构与GaN HEMT中2DEG等离子体激元相互作用制作了太赫兹的高速调制器件也是国际上的研究热点。

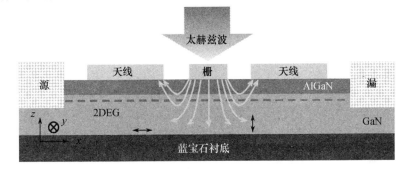

图5.8 GaN等离子激元太赫兹探测器工作原理

5.1.3.2 GaN基耿氏振荡二极管

对GaN材料的蒙特卡罗模拟结果显示,GaN材料的负阻振荡频率可达750GHz,远远大于GaAs材料的140GHz,而更为重要的是,在太赫兹工作波段,GaN基器件的输出功率比GaAs高1～2个数量级,可以达到几百毫瓦甚至几瓦,这在太赫兹领域是最令人感兴趣的器件性能指标。西安电子科技大学在GaN耿氏振荡二极管的器件物理、材料生长和器件工艺等方面做了较多的工作(图5.9)。

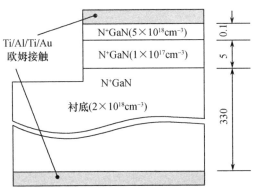

图5.9 GaN耿氏振荡二极管的材料结构

5.1.3.3 GaN 基共振遂穿二极管

共振隧穿二极管(RTD)等二端器件通过负微分阻电流振荡而产生。由于共振隧穿的高速特性,GaAs 基、InSb 基和 InP 基 RTD 可作为毫米波和太赫兹器件固态源。GaN 基宽禁带半导体材料由于具有良好的电学特性,GaN 基 RTD 拥有的材料优势:导带偏移允许调控量子阱内能级间距,从而调节隧穿的峰值电压;大的电子有效质量($(0.2 \sim 0.3)m_e$)。AlGaN/GaN MQW 的纵光学声子能量约为 90meV,有助于低激发态能级的载流子浓度减少和降低高的激发态的载流子数目的衰减效应;有助于增加高激发态的寿命和提高器件的工作温度。Al-GaN/GaN 量子阱纵光学声子有利于研制太赫兹的 QCL 及光开关、电光调制器件。AlGaN/GaN RTD 的毫米波固态振荡器还处于起步状态,在科学探索和技术开发方面具有重要意义。

5.1.4 太赫兹固态器件总结与展望

总体上看,GaAs 肖特基二极管的发展已经基本成熟,在低太赫兹波段器件性能已经基本优化到最佳值,目前主要是在解决 1THz 以上器件工艺、腔体加工、单片集成方面的问题。InP HEMT 方面相对而言仍然处于快速发展阶段,器件的性能还有待于进一步提高。GaN 基的太赫兹器件还处于起步阶段,为太赫兹固态器件开辟了新的发展方向,但是需要克服的困难还有很多。随着器件性能的不断提升,将为太赫兹雷达从桌面演示走向实用奠定良好的基础。

▩ 5.2 金刚石器件

随着电子技术朝着高频率、大功率方向发展,传统的半导体材料如 Si、GaAs 已逐渐不能满足器件需求。如图 5.10 所示,对于移动通信设备,采用 GaAs 场效应管及异质结双极晶体管可以满足 145GHz 频率要求,同时其输出功率密度仅限于 1 W/mm。而在更高频、大功率的广播站、低轨卫星通信中继站等领域,需要电子器件工作于微波波段(频率 3 ~ 30GHz)甚至是毫米波波段(30 ~ 300GHz),相应的输出功率也要求很高,此时传统半导体材料已难以胜任,因此迫切需求新一代宽禁带半导体材料的诞生。

早期由于优异的力学性能被广泛研究的金刚石,近年来随着大面积金刚石材料气相合成技术的出现,其应用范围得到了极大地拓展。

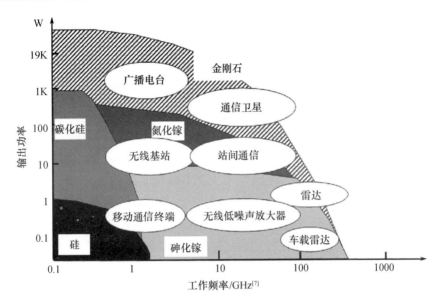

图 5.10 无线通信系统对具体器件的频率和功率要求以及对应的半导体材料

常见半导体材料的主要参数见表 5.1 所列金刚石优异的电学性能,宽带隙 (5.47eV)、高载流子迁移率(特别是空穴迁移率比单晶 Si、GaAs 高得多)、低介电常数(5.5)、高的 Johnson 指数和指标(均高于 Si 和 GaAs 10 倍以上)等,在 "电子质量级" 金刚石材料中得到了很好的保留,从而开辟了金刚石膜在电子器件上应用的可能性。随着金刚石膜微细加工技术、掺杂半导体的薄膜合成技术、欧姆接触电极的制作、绝缘膜形成以及性能测试技术的进步,金刚石膜在电子器件方面的应用研究已从最初的热沉材料、温度传感器扩展到微加速度、微生物、压力传感器、显示器用场发射阴极、离子及辐射探测器等方面,特别是用于集成电路的高频大功率场效应管(FET)的成功研制有望将超大规模和超高速集成电路带入一个崭新的时代。

表 5.1 常见半导体材料的主要参数

材料	金刚石	GaN	SiC	GaAs	Si
禁带宽度/eV	5.47	3.4	3.27	1.42	1.12
击穿电场/(MV/cm)	10	2.5	3	0.4	0.3
迁移率/(cm²/(V·s))	>4500(电子), >3800(空穴)	>2000	>1000	8500	1500
电子饱和速度/(10^7cm/s)	2.5	3.0	2.0	1.0	1.0
热导率/(W/(cm·K))	22	1.5	4.9	0.5	1.5
介电常数 ε_r	5.5	9	9.7	12.8	11.8
Johnson 指数/($\times 10^{23}$·W·Ω·s²)	73856	15670	4410	62.5	9

5.2.1 金刚石材料基本性质

碳原子有六个原子,基态电子电子结构为 $1s^2 2s^2 2p^2$,基态的原子价为二价。2s 态电子的电子云对原子核是球形对称的,2p 态电子的电子云呈哑铃状,按角动量量子化条件可以在空间取三个相互垂直的方向(x,y,z 的方向),因此 2p 态电子有三个取向不同的轨道,可分别记为 $2p_x$、$2p_y$、$2p_z$,由于两个 2p 态电子之间存在排斥作用,它们要尽可能占据在两个不同的轨道上。当碳原子对外发生作用时往往要发生一个 2s 电子激发到 2p 态的情形,这时碳原子的电子层结构可变为 $1s^2 2s^1 2p_{x1} 2p_{y1} 2p_{z1}$,从而有四个未成对的电子,都可以对外成键。根据杂化轨道理论,这些电子对外成键时,不一定按原有的轨道对外成键,而往往把它们的轨道"混合"起来,重新组合成新的"杂化"轨道,然后对外成键。

当碳原子构成金刚石时,碳原子的 $2s$、$2p_x$、$2p_y$、$2p_z$ 四个轨道将形成四个 sp^3 杂化轨道,它们的对称轴指向四面体的四个角。每个碳原子用这种杂化轨道与相邻的四个碳原子形成的四个等价的 σ 型共价键是饱和键,其中 s 成分占 1/4,p 成分占 3/4,四个键的电子轨道的形状相同、方向不同,从而构成一系列连续的三维刚性四面体键,方向性很强,分别指向以碳原子为中心的正四面体的四个顶角,任意两个键间的夹角 109°28′(图 5.11)。金刚石为面心立方结构,单位晶包尺寸 $a_0 = (0.356688 \pm 0.000009)\,nm(25℃)$,C – C 键距为立方晶胞对角线的 1/4,即键长均为 0.154nm,单位晶胞中原子数 $Z = 8$。原子位置为(0 0 0)、 $\left(\frac{1}{2}\ \frac{1}{2}\ 0\right)$、 $\left(0\ \frac{1}{2}\ \frac{1}{2}\right)$、 $\left(\frac{1}{2}\ 0\ \frac{1}{2}\right)$、 $\left(\frac{1}{4}\ \frac{1}{4}\ \frac{1}{4}\right)$、 $\left(\frac{3}{4}\ \frac{3}{4}\ \frac{1}{4}\right)$、 $\left(\frac{1}{4}\ \frac{3}{4}\ \frac{3}{4}\right)$、 $\left(\frac{3}{4}\ \frac{1}{4}\ \frac{3}{4}\right)$。

图 5.11　金刚石的晶体结构

5.2.2 金刚石材料生长方法

人们对金刚石的最初认识是从天然金刚石开始的,修饰雕琢过的精美昂贵的天然金刚石被认为是权力和永恒的象征。直到 1797 年,英国的 Smithson Tennant 研究小组,在实验中得到了金刚石是由 C 组成的结论,自此人类揭开了金刚石认识的新篇章。1955 年,美国通用公司(General Electric Company)的 Bundy 采用高温度、高压强(HTHP)方法第一次合成了金刚石晶体,并发表了碳相图。在 HTHP 法中,金刚石形成于热力学中的稳态区。HTHP 技术逐渐成熟,发展至今 HTHP 法生长的金刚石材料已经能够满足商业需求。但是 HTHP 法生长的金刚石最大的缺点是尺寸太小,因此,对于要求金刚石为大尺寸的领域,如电子器件制备等,则限制了金刚石的发展与应用。20 世纪 50 年代,苏联和美国开始了在低压下亚稳态区合成金刚石的研究,典型的代表为化学气相沉积法生长金刚石。在 1976 年,Derjaguin 实验中第一次实现了在非金刚石上淀积金刚石,但当时没有引起重视。直到 1982 年,Matsumoto 小组的研究人员,采用热丝 CVD 方法制备出晶体质量高的金刚石薄膜,才引起科学界对低压下亚稳态区生长金刚石的关注。CVD 方法的优点是:制备出的金刚石薄膜晶体质量高且尺寸大。随着低压强非稳态 CVD 法的日益成熟,出现了不同了 CVD 法。目前,低压强非稳态 CVD 法有热丝 CVD 法(HFCVD)、直流等离子体喷射 CVD 法、燃烧火焰 CVD 法、微波等离子体 CVD 法(MPCVD)。HFCVD 的特点是设备简单,容易操控,沉积速率较快;但由于灯丝的影响,金刚石容易受污染。直流等离子体喷射 CVD 法的特点是沉积速率特别快;但膜厚不均匀。燃烧火焰 CVD 法的特点是设备简易,可以大面积快速沉积;但是存在均匀性差等问题。MPCVD 的特点是沉积的金刚石薄膜具有很高质量(如均匀好且纯净杂质含量极),可应用于电子级金刚石的生长。自 1987 年以来,我国也开始了金刚石材料沉积技术的研究,并取得了很大进展。

目前,金刚石材料在半导体领域的发展遇到很多急需解决的问题,其中最为重要的是如何生长高质量、大尺寸的电子级金刚石材料。同质外延出的金刚石薄膜质量很高,但尺寸小,满足不了电子器件的制备需求。异质外延出的金刚石薄膜的尺寸很大,能够达到晶圆级,但是晶体质量要低于同质外延生长的金刚石。如何外延生长出高质量和大尺寸两者兼备的电子级金刚石,是金刚石材料研究者的主要工作,金刚石材料的研究方兴未艾。

5.2.3 金刚石器件举例

金刚石优异的材料性能如高击穿电场、高载流子迁移率、高热导率,使得金刚石尤其适用于高温、高频、高功率等领域。

目前,金刚石基大功率、高温器件大部分为无源器件(如各种结构的二极管、开关等),高频器件则为有源器件(如场效应晶体管)。

当前,研究较为广泛的金刚石基二极管采用钨等难溶金属作为肖特基接触金属与本征金刚石接触,形成肖特基结;两种不同导电类型的金刚石相互接触,构成典型的 PN 结结构,其中 N 型金刚石为掺杂氮的超纳米晶金刚石(UNCD)。Butler 等人在 2003 报道了反向击穿电压超过 6kV 的金刚石基二极管。金刚石基高功率开关器件是最有可能取代 SCR 和 IGBT 的下一代电力电子器件。Vescan 等人在 1997 年制备出了工作温度可达 1000℃(真空下)的金刚石基肖特基二极管,Zimmermann 等人于 2005 年制备出的 PN 结二极管在真空下工作温度也达到了 1050℃,实验证明在排除氧的影响下,金刚石半导体具有较强的热稳定性,可以用于制备耐高温电子器件。

目前金刚石 N 型掺杂技术还未完全突破,因此金刚石主要用于各种场效应管器件的制作,这些器件都为单极(P 型)器件。已报道的金刚石基 FET,按其导电形式主要分为两种:一种是基于 P 型硼(B)掺杂的沟道器件;另一种是基于 P 型非掺杂氢端基金刚石表面沟道器件。

在硼掺杂器件中,经常采用 delta 掺杂工艺,即在很小的区域内(1~2nm)进行很高浓度的掺杂。这是因为在金刚石中,硼受主激活能较大(0.36 meV),室温下不能完全激活,delta 掺杂可以使硼的受主激活能降至 0,产生载流子,从而形成导电沟道。但在实际的器件制备中,delta 掺杂工艺很难控制,这限制了此类器件的发展。

目前,有一种利用新型掺杂方法实现的 FET 器件,即基于 P 型氢终端的金刚石表面沟道器件。研究表明:对于电子级的金刚石材料来说,其薄膜表面通过氢处理(等离子体),便可得到表面导电沟道,即二位空穴气,利用具有 H 终端的氢端基金刚石薄膜可以制备各种 FET 器件。事实上,利用氢端基金刚石薄膜,制备器件的工艺流程非常简便。在制备过程中,不需要对金刚石材料进行掺杂、钝化等。因此,氢端基金刚石电子器件的制备成本较 P 型 B 掺杂金刚石要低很多。频率方面,此类的 MESFET 的电流截止频率和最大振荡频率分别达到了 53GHz、120GHz,是目前所有金刚石基器件最高的水平。微波功率方面,在 1GHz 下,氢端基金刚石 MESFET 的功率输出密度已经达到 2W/mm(图 5.12)。

中国电子科技集团公司第 13 研究所在十二五期间承担了预研基金重点项目和重点实验室基金项目,依托本单位器件工艺线和现有条件开展了金刚石材料及微波功率器件方面的基础研究。在工作中自主开发出金刚石自对准器件工艺,成功制备出第一只具有射频特性的金刚石 MESFET 器件(图 5.14)。栅长 100nm 金刚石 MESFET 器件电流截止频率为 22.9GHz,最大振荡频率为 46.8GHz(图 5.14)。

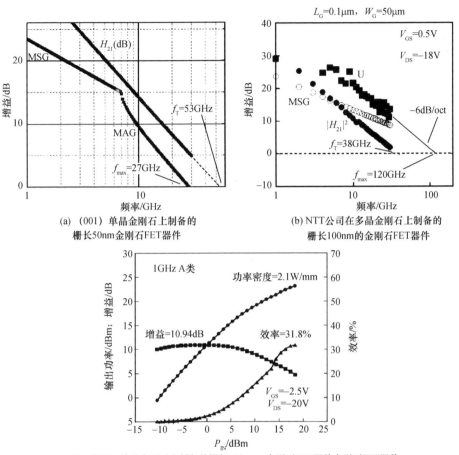

(a)（001）单晶金刚石上制备的
栅长50nm金刚石FET器件

(b) NTT公司在多晶金刚石上制备的
栅长100nm的金刚石FET器件

(c)（001）单晶金刚石上制备的栅长100nm，金刚石FET器件金刚石FET器件

图5.12　金刚石晶体管性能图

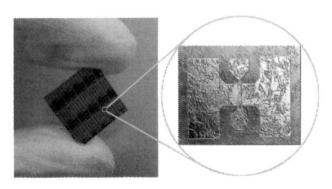

图5.13　我国第一支具有射频特性的金刚石器件场效应晶体管[11]（见彩图）

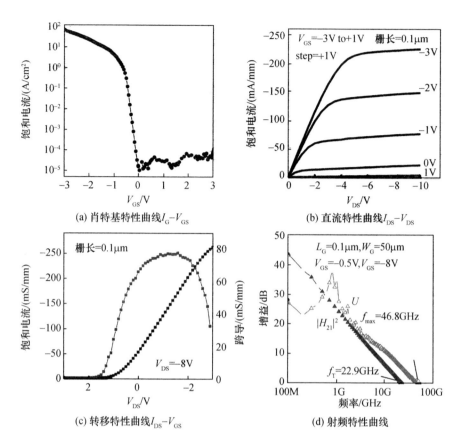

(a) 肖特基特性曲线 $I_G - V_{GS}$

(b) 直流特性曲线 $I_{DS} - V_{DS}$

(c) 转移特性曲线 $I_{DS} - V_{GS}$

(d) 射频特性曲线

图 5.14　金刚石器件特性

5.2.4　总结与展望

　　半导体技术一直以其器件体积小、质量小、稳定性好、可靠性高、功耗低等优点成为实现武器装备电子化、智能化、集成化和微型化的核心技术,广泛应用于卫星通信、高速计算机、精确制导、预警探测、情报侦察、电子对抗、智能火控等军事系统装备。半导体技术在各种军事领域中的广泛应用打破了多年来形成的武器装备唯大、唯多和大规模破坏的传统观念,使武器系统变得体积更小、质量更小、功耗更低、可靠性更高、作战效能和威力更强。它对整个军事高技术进步和武器装备系统的发展起着巨大的推动作用,其发展水平、速度和规模是衡量一个国家军事技术进步和武器装备现代化水平的重要标志。当前第一代和第二代传统半导体技术在军事系统中应用的局限性已日趋凸现,采用传统半导体技术制作的电子系统已无法满足下一代军事、航天及其他恶劣环境应用对体积、重量和可靠性的更高要求。金刚石作为宽禁带半导体材料,具有高击穿电场、高热导率、明显高于其他半导体材料的电子饱和速率和极佳的抗辐射能力,非常适合制作高温、高频和大功率电子器件、发光器件和光电探测器件,因此其符合下一代军事、航天和其他系统装备的应用要求。金刚石半导体器件对于武器装备发展具有战略战术意义,现代战争需要高频大功率宽带雷达、通信和多功能作战系统,可以在极端恶劣环境中应用的高可靠智能化武器系统,微波武器以及导弹侦察与搜索系统等。金刚石下一代军用半导体电子器件将为军用系统应对上述挑战奠定坚实的基础。

国际上对于金刚石器件的研究取得了较好结果,我国对于金刚石器件的研制处于起步阶段,"十二五"期间,中国电子科技集团第 13 研究所研制出国内第一只具有射频特性的金刚石场效应晶体管。目前,国内金刚石的研究工作面临以下几方面问题:天然金刚石本是在自然界极端环境中形成的,且储量不大,而人造金刚石要模拟其生长环境极为困难,这就对人造金刚石技术提出了较高的要求;受设备技术水平的限制,我国现在自主研发的 MPCVD 设备的技术水平远落后德国、日本等,我国无 8kW 以上大功率高精度的 MPCVD 设备,且国外对此种设备禁运,加之生长高质量的单晶金刚石对外延设备有高的技术要求,这就限制了材料生长技术的发展;人造金刚石技术的发展不是一蹴而就的,需要时间、经验和技术的积累,由于各种条件的限制,我国对此项技术的研发起步晚,投入小,也限制了它的发展;国外的技术壁垒,加之自主研发能力不足又拉大了我国与国际水平的差距。金刚石半导体器件的优异性能是毋庸置疑的,尽管目前在技术上尚有一些困难,但这些困难一旦取得突破,其前景将是无可估量的。

其他超宽带禁带半导体材料,如氧化镓(Ga_2O_3)、氮化铝(AlN)、立方氮化硼等,由于具有独特而优异的物理和化学性能,带隙更大、击穿电压更高,在未来大功率、高频、高效率微电子器件和深紫外光电探测器件等领域有着极为重要的应用前景。目前研究较多的主要集中在氧化镓(Ga_2O_3)和氮化铝(AlN)等材料。

Ga_2O_3 是金属镓的氧化物,目前共发现 α、β、δ、γ、ε 五种氧化镓的结晶形态,其中,以 β 结构的 Ga_2O_3 最为稳定。目前半导体领域围绕 Ga_2O_3 的研究都是在 β 结构展开的。Ga_2O_3 是一种宽禁带的化合物半导体,可以被应用在功率器件、紫外探测器、气敏传感器、白光照明气体探测器、透明电极等诸多军用、民用及军民两用领域。Ga_2O_3 MOSFET 具有如下优势:①化学性质稳定。由于 Ga_2O_3 的熔点为 1740℃,不溶于水不,微溶于碱,从而具有良好的化学稳定性。②高耐压、低损耗。单极 Ga_2O_3 MOSFET 的耐压有望达到 4kV,而单极 SiC 器件难以超过 1kV,双极 SiC 器件也很难超过 3kV。③低泄漏电流。由于栅下介质可以采用高质量的氧化物,同为氧化物其界面处的界面缺陷密度能够有效降低,开关比可以达到 10^{10} 以上。④耐高温、抗辐射。Ga_2O_3 的禁带宽度为 4.7~

4.9eV,击穿电场为8MV/cm。在高温、高辐射领域的应用前景广阔。⑤高可靠性。同质外延能够降低外延层缺陷密度,采用氧化物作为绝缘栅能够实现低的界面缺陷密度,从而提高器件的可靠性。Ga_2O_3功率的研发主要集中在美国和日本等国家,日本的Ga_2O_3基晶体管器件技术已经取得了较大进展,日本的田村制作所和日本信息通信研究所在政府的资助下,经过多年的研发,已经制作出性能良好的Ga_2O_3功率器件,并发布量产计划。美国也在2016年开始投入资金,对Ga_2O_3技术加以研究,以期开发可以实现高电压(超20kV)功率电子开关和脉冲功率器件的新型Ga_2O_3器件。2016年日本信息通信研究所将场板结构应用到Ga_2O_3 MOSFET器件中,器件采用栅长为2μm、栅源间距为5μm、栅漏间距为15μm。栅下氧化层介质采用原子层沉积的Al_2O_3介质薄膜。器件的三端击穿电压达到755V,为目前Ga_2O_3 MOSFET器件报道最高值。我国在Ga_2O_3半导体的研发工作主要集中在LED和气体探测器用的Ga_2O_3材料生长和制作工艺等方面,在Ga_2O_3半导体功率器件领域尚处于起步阶段。

AlN体单晶材料是超宽禁带半导体材料的最典型代表材料,拥有所有半导体材料中最大的禁带宽度、超高的击穿场强、势导率好、抗辐照能力强,具有所有半导体材料中最高的BHFM、KFM和JFM优值指数,是下一代超高压(20kV以上)超大功率AlN基电力电子器件、高温高压大功率高铝组分AlGaN微波功率器件、高灵敏度日盲型紫外探测器、紫外激光器、深紫外LED的核心材料、基础材料和支撑材料。AlN晶体有两种生长方法,分别为物理气相输运(PVT)法和氢化物气相外延生长(HVPE)法。PVT法为AlN体单晶主流生长方法,基本过程为高温区AlN源的分解升华,通过温度梯度驱动,至籽晶表面重新凝华成晶体。该方法可生长AlN块体材料(厚度20mm),生长速度快(100~250μm/h)、结晶质量高(XRD FWHM低至50″以下)。HVPE法目前可在蓝宝石衬底上生长5~75μm的单晶薄层。2000年前后,由于军方及其他多渠道支持,掀起AlN单晶研制热潮,目前有三十余家机构在开展PVT法AlN体单晶材料生长技术研发,截止到2016年,已有6家研发出10mm以上尺寸的AlN体晶,其中3家研制出2英寸的AlN单晶样品。国内AlN单晶生长研究开始于2000年以后,先后从事AlN时晶生长研究的有中国电子科技集团第46研究所、哈尔滨工业大学、山东大学、深圳大学及中国科学院半导体研究所、物理研究所等单位,由于起步晚,经费支持力度分散、薄弱,水平与国外差距很大,目前,尚未得到作演示器件用AlN单晶衬底材料。

5.3　二维材料器件

沟道尺寸不断减小是半导体器件的发展趋势。二维半导体材料随沟道尺寸减小不会出现短沟道效应,因此引起研究人员的广泛兴趣。石墨烯为二维材料器件的典型代表,它具有很多优异的物理化学特性,是目前已知的最薄最轻的材料,其厚度仅为 0.34nm,比表面积为 2630m²/g。石墨烯具有奇特的电输运特性,存在异常的整数量子霍尔效应,电子为无静质量的狄拉克费米子。石墨烯电学特性优异,具有极高的载流子迁移率,室温下为 $2 \times 10^5 \text{cm}^2/(\text{V} \cdot \text{s})$,为 Si 材料的 100 倍,理论迁移率值可达 $10^6 \text{cm}^2/(\text{V} \cdot \text{s})$,是目前已知材料中最高的;载流子饱和速度大,为 $(4 \sim 5) \times 10^7 \text{cm/s}$;电流密度大,有望达到 10^9A/cm^2,是 Cu 的 500 倍。石墨烯热导率最高,为 $3000 \sim 5000 \text{W}/(\text{m} \cdot \text{K})$,与碳纳米管相当。石墨烯透光率高,单层石墨烯透光率为 97.7%。石墨烯强度最大最坚硬,破坏强度为 42 N/m,淬性模量为 $0.5 \sim 1\text{TPa}$,与金刚石相当。因此,石墨烯或将成为实现高速晶体管、高灵敏度传感器、激光器、触摸面板、蓄电池及高效太阳能电池等多种新一代器件的核心材料。特别是由于其极高的载流子迁移率和室温弹道输运特性,石墨烯成为超越摩尔定律的后 CMOS 晶体管技术的理想候选材料之一。

本节主要对以石墨烯为代表的二维材料及器件的基本性质、发展现状及趋势进行简要介绍。

5.3.1　石墨烯材料器件

5.3.1.1　石墨烯基本性质

石墨烯是由单层碳原子组成的严格的二维蜂窝状晶体结构材料,如图 5.15 所示。石墨烯的碳原子以六方结构排列,相邻原子通过 sp^2 电子轨道杂化形成一个很强的 σ 轨道共价键,碳原子余下的垂直晶格平面的 p_z 轨道则通过和相邻原子的同种轨道结合,形成 π 轨道。石墨烯的晶格结构为三角晶格,每个单胞中包含 2 个原子。其晶格矢量可写为

$$a_1 = \frac{a}{2}(3, \sqrt{3}), a_2 = \frac{a}{2}(3, -\sqrt{3})$$

式中:a 为最近邻碳原子之间的间距,$a \approx 1.42$。

图 5.15　石墨烯晶体结构(见彩图)

石墨烯的布里渊区也是蜂窝状结构。布里渊区的六个顶角共有两种不等价的点,称为 K 和 K' 点(又称狄拉克点)。

Wallace 在 1947 年计算了石墨烯的电子能带结构。通过紧束缚近似,计算出石墨烯的能带结构,可得到能谱的解析表达式,即

$$E_{\pm}(q) \approx 3t' \pm v_{\mathrm{F}}|q| - \left(\frac{9t'a^2}{4} \pm \frac{3ta^2}{8}\sin(3\theta_q)\right)|q|^2$$

式中:θ_q 为角动量空间的方位角,$\theta_q = \arctan\dfrac{q_x}{q_y}$;"+"对应于导带,"−"对应于价带;$v_{\mathrm{F}}$ 为石墨烯的费米速度,$v_{\mathrm{F}} = 3ta/2$,近似等于 $10^6\,\mathrm{m/s}$,约为光速的 1/300。

不考虑次近邻原子之间的跃迁,能谱的解析表达式简化为一个无质量的手征的 Dirac 载流子能谱 $E_{\pm} \approx \pm v_{\mathrm{F}}|q|$。

图 5.16 为石墨烯的能带结构,上面的 π' 带形成了导带,下面的 π 带则形成了价带,导带和价带在布里渊区的 6 个狄拉克点接触,并且每一个狄拉克点附近都形成一个锥形的能谷。在狄拉克点,石墨烯的载流子有效质量为 0。石墨烯中两种原子的电子波函数需要用伯纳尔两套不同的子晶格波函数的线性组合来描述,称为赝自旋。在 K 点,电子的赝自旋始终与电子的动量方向平行;在 K' 点,它们反平行,对空穴,这个关系完全相反,也说明狄拉克点附近的态为手征性,手征性与赝自旋或波函数的伯纳尔亚格子内部自由度有关。手征性只在狄拉克点附近能很好的成立。正是由于手性和赝自旋守恒,石墨烯中表现出许多独特的量子力学现象,例如 π 相位的 Berry 相、Klein 隧穿等。

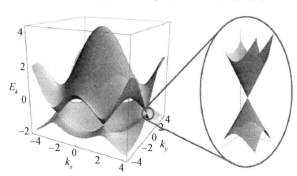

图 5.16　石墨烯能带结构(见彩图)

上面讨论的是理想的石墨烯能带。实际中,石墨烯的能带结构与实验条件有关,例如存在衬底或者多层石墨烯的情况。多层石墨烯的能带结构与石墨烯层的堆垛方式有关。伯纳尔(Bernal)堆垛的石墨烯(高定向热解石墨 HOPG 的堆垛方式)中,第二层石墨烯的六边形角位于第一层石墨烯的中心。Bernal 堆垛的石墨烯,由于层间耦合作用,能谷间简并消失。石墨烯的支撑衬底也会影响石

墨烯的能带结构。石墨烯与衬底的相互作用会使石墨烯内存在应力,会影响其能带结构。同时,衬底也会对石墨烯掺杂。孤立的石墨烯片,费米面位于狄拉克点位置,载流子浓度接近于 0,衬底的掺杂会使载流子浓度增加。

5.3.1.2 石墨烯材料制备

低成本、大面积、高质量的石墨烯的宏量制备是实现石墨烯应用的基础。石墨烯的主要制备方法。

(1)微机械剥离法。2004 年,Andre K. Geim 等首次用微机械剥离法成功从高定向热裂解石墨(HOPG)上剥离获得了单层石墨烯,并验证了其独立存在。微机械剥离法可以制备出高质量石墨烯,但产率低和成本高,不满足工业化和规模化生产要求,只能作为实验室小规模制备。

(2)化学气相沉积法。化学气相沉积法制备石墨烯分为两种情况:一种是衬底采用过渡金属(如 Ni(111)、Pt(111)、Ir(111)和 Pd(111)等),利用金属的催化活性,通过加热,使得吸附于金属表面的碳氢化合物催化脱氢,在衬底上形成石墨烯;另一种是衬底采用金属薄膜(如 Cu 等),单晶中含有的微量碳杂质成分,在超高真空环境下高温热退火,将体内的碳元素偏析出来从而在衬底表面形成石墨烯。化学气相沉积法制备石墨烯简单易行,可以获得大面积晶体结构完好的石墨烯材料,是目前石墨烯材料制备的热门方法之一。但该方法制备的石墨烯需转移至目标衬底,转移过程易造成石墨烯损伤。

(3)SiC 高温热解法。SiC 高温热解法是利用高温对 SiC 衬底进行热分解,硅原子升华,碳原子在 SiC 衬底表面重构形成石墨烯。美国加州理工大学的 Heer 教授首次运用该方法制备出石墨烯材料。该方法得到的石墨烯具有较高的质量、较高的电子迁移率,层数可控。在 SiC 衬底表面上生长的石墨烯材料有很多优势。SiC 是宽禁带半导体,具有很高的热导率,也是很好的散热材料,半绝缘 SiC 单晶可以形成很好的绝缘层,有利于制备 FET 器件。SiC 衬底上生长的石墨烯可以在整个晶片上利用传统的光刻和微纳米加工技术进行器件或电路的刻蚀,可直接利用已有的 SiC 生产工艺实现大规模生产,因而在微纳电子器件和大规模集成电路领域有着重要的应用前景。

(4)氧化—还原法。氧化—还原法是指将天然石墨与强酸和强氧化性物质反应生成氧化石墨(GO),经过超声分散制备成氧化石墨烯(单层氧化石墨),加入还原剂去除氧化石墨表面的含氧基团如羧基、环氧基和羟基,得到石墨烯。该方法具有原料广泛、成本低、产率高、易于放大等优点,是非常有前景的低成本大量制备石墨烯的有效方法。但由于氧化过程的参与,该方法制备的石墨烯含有大量含氧官能团和缺陷,导电性差。

(5)溶剂剥离法。溶剂剥离法是将少量的石墨分散于溶剂中,形成低浓度的分散液,利用超声波的作用破坏石墨层间的范德华力,溶剂插入石墨层间,进行层层剥离,制备出石墨烯。此方法不会破坏石墨烯的结构,可以制备高质量的石墨烯,整个液相剥离的过程没有在石墨烯的表面引入任何缺陷。

除上述方法外,还有电化学方法、电弧法、有机合成法、切割碳纳米管等方法。尽管制备的方法很多,但低成本、大面积、高质量的石墨烯的宏量制备技术仍是当前此领域所面临的主要困难和挑战。

5.3.1.3　石墨烯器件

由于石墨烯材料的超薄超轻、超高载流子迁移率、超高热导率、弹道输运、超高强度和良好韧性以及 97.7% 透光率等优异特性,石墨烯在取代 Si CMOS 延续摩尔定律、超高频电子和光电子器件、柔性和透明导电材料、MEMS 和各种传感器、复合物、扩散势垒、电池、超级电容器、导电墨水以及医药等领域具有广泛的应用前景。

1) 超高频射频电子器件与电路

在射频半导体电子器件领域,研究人员在寻找高迁移率的新材料以实现工作在太赫兹波段(0.3 ~3THz)的晶体管。石墨烯通过简单的控制外加栅压,可实现载流子浓度和载流子类型的连续调控。由于石墨烯的二维特性和超高载流子迁移率,石墨烯是实现高速晶体管的理想选择。理论计算表明,栅长 50nm 的石墨烯晶体管器件的频率大于 1THz 频率。

目前,研究最多的石墨烯晶体管器件为常规的 MOSFET 器件。与常规半导体不同,石墨烯为零带隙准半导体,常规半导体都有带隙,如图 5.17(a)、(b) 所示。石墨烯 FET 器件的工作原理是通过外加栅压改变沟道内的载流子面密度。当在石墨烯 MOSFET 上施加正栅压 V_{gs1} 时,石墨烯的费米面移动到导带中的 E_{F1} 位置,石墨烯沟道表现为 N 型传导,对应漏电流为 I_{d1}。减小栅压,费米面向下移动,电子浓度减少,漏电流减小。在某一栅压 V_{gs2} 时,费米面到达狄拉克点,此时载流子浓度和漏电流最小,但不为 0,这是由于石墨烯中不可地避免存在缺陷产生电子—空穴泡,使狄拉克点位置有残留电导。在狄拉克点导电类型由 N 转为 P。在负栅压 V_{gs3} 时,沟道为 P 型导电,漏电流再次增大。该现象称为双极传导。这是石墨烯 FET 器件的一个重要特性。该现象与常规半导体(如 Si)从根本上不同。常规半导体栅压为 V_{gs1},沟道为 N 型。栅压降低,费米面移动到带隙中,沟道中载流子密度不断迅速减小,晶体管处于关断状态。由于石墨烯没有带隙,石墨烯晶体管无法关断,如图 5.17(c) 所示。通常石墨烯 FET 器件的开关比为 2 ~10。

近年来石墨烯晶体管器件的研究进展很快,2007 年 Lemme 等成功制备了石墨烯 MOSFET 器件[13],2009 年 LinYuming 等人选用 SiC 衬底外延的石墨烯,使

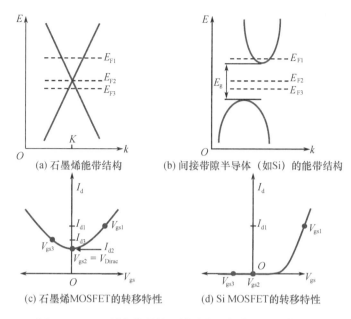

(a) 石墨烯能带结构　　　　(b) 间接带隙半导体（如Si）的能带结构

(c) 石墨烯MOSFET的转移特性　　(d) Si MOSFET的转移特性

图 5.17　石墨烯能带结构及转移特性与常规半导体对比

用常规工艺制作栅长 150nm 的石墨烯 MOSFET 器件,截止频率达 26GHz,并发现截止频率与栅长的平方成反比例关系(图 5.18)。[14]

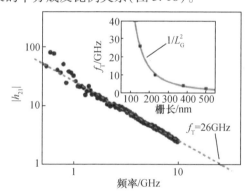

图 5.18　栅长 150nm 的石墨烯 MOSFET 器件频率特性截止频率为 26GHz[14]

2010 年,LinYuming 等人采用高介电常数栅介质 HfO$_2$ 制备石墨烯 MOSFET 器件。在 2 英寸 SiC 衬底上,使用晶圆级加工技术,在栅长为 240nm 时,截止频率达到 100GHz(图 5.19)[15]。同等栅长下,传统的 Si MOSFET 截止频率仅为 40GHz,说明石墨烯在电子器件领域具有巨大的应用潜力。

2010 年,Lei Liao 等人通过栅自对准工艺,采用 Co$_2$Si 纳米线作为栅介质,在微机械剥离法的石墨烯上,制备栅长 144nm 的 MOSFET 器件,截止频率达

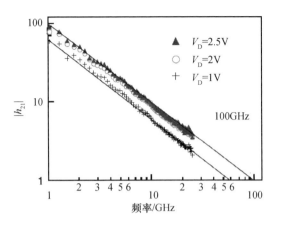

图 5.19　栅长 240nm 的石墨烯 MOSFET 器件(频率特性)

300GHz(图 5.20)。[16]

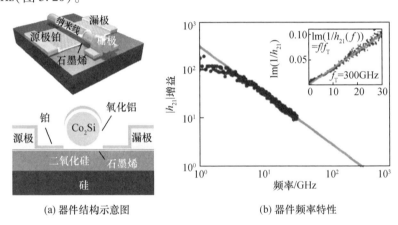

(a) 器件结构示意图　　　　　　　(b) 器件频率特性

图 5.20　栅长为 144nm 的石墨烯 MOSFET 器件(截止频率为 300GHz)

　　2012 年,Wu Yanqing 等人将 CVD 法制备的石墨烯转移至类金刚石衬底上,栅长为 40nm,MOSFET 器件截止频率达 300GHz(图 5.21(a))[17]。该研究组还对 SiC 外延石墨烯采用相同工艺,实现了截止频率为 350GHz 的 MOSFET 器件(图 5.21(b))[18]。这是 CVD 法石墨烯和 SiC 外延石墨烯报道的最高截止频率。40nm 也是目前报道的最小栅长。

　　2012 年,Cheng Rui 等人采用了栅转移技术,在 Si 衬底上预先制备了 Au 栅,转移至微机械剥离法石墨烯制备的 MOSFET 器件上,栅长为 67nm,截止频率达 427GHz(图 5.22)[19],这是石墨烯 MOSFET 器件报道的最高结果。

　　石墨烯 FET 器件的另一个重要特性是空穴和电子的迁移率几乎相同。常规半导体的空穴迁移率往往显著低于电子的迁移率,Si 材料的 $\mu_p/\mu_n \approx 0.3$,

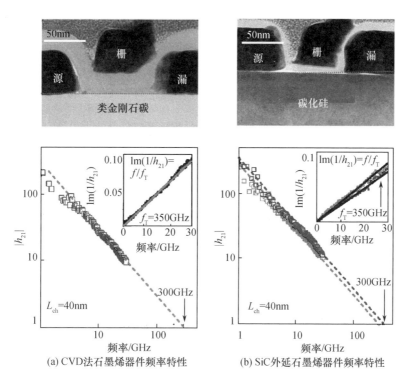

(a) CVD法石墨烯器件频率特性　　(b) SiC外延石墨烯器件频率特性

图 5.21　栅长 40 nm 的 CVD 法石墨烯和 SiC 外延石墨烯 MOSFET 器件，
（截止频率分别为 300GHz 和 350GHz）[18]

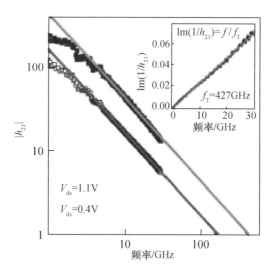

图 5.22　栅长 67nm 的石墨烯 MOSFET 器件（截止频率达到 427GHz）[19]

GaAs 材料的 $\frac{\mu_p}{\mu_n} = 0.05$,InAs 和 InSb 材料的 $\frac{\mu_p}{\mu_n} \approx 0.01$。石墨烯的空穴和电子迁移率差异很小,空穴迁移率甚至可以超过电子。

石墨烯 FET 器件无法关断,因此不能用于复杂的逻辑电路。对于射频应用,晶体管不需要必须关断,因此石墨烯晶体管更可能应用于射频领域。

图 5.23 为石墨烯 MOSFET 的频率特性与常规半导体器件的对比。从图 5.23(a)可以看到,对于栅长小于 100 nm 的 FET 器件,石墨烯的 f_T 与 InP HEMT 和 GaAs mHEMT 器件可相比拟。但是石墨烯器件的 f_{max} 值远低于常规半导体材料,如图 5.23(b)所示,栅长 35nm 栅长的 InP HEMT 的 f_{max} 超过了 1THz,文献报道的石墨烯 MOSFET 的 f_{max} 值通常为 30 ~ 45GHz,2014 年冯志红等报道 f_{max} 值达到 105GHz[21],2016 年吴云等报道 f_{max} 值达到 200GHz[22]。

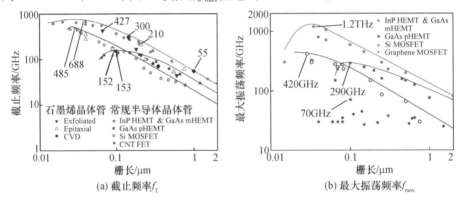

图 5.23　石墨烯 MOSFET 频率特性与常规半导体器件对比

造成石墨烯 MOSFET f_{max} 值低的主要原因是其漏跨导 g_{ds} 比较大。漏跨导为

$$g_{ds} = \frac{1}{r_{ds}} = \frac{dI_d}{dV_{ds}}\bigg|_{V_{gs}=\text{常数}}$$

由于石墨烯的电流—电压输出曲线不饱和,使得 g_{ds} 比较大。石墨烯 FET 器件的饱和机制与常规 FET 器件不同,如图 5.24(a)所示。以 n 沟石墨烯 FET 器件为例,刚开始加漏压时,从源到漏端载流子浓度减少,电场增加。漏压增大到狄拉克点位置,电场强度达到最大,导电类型从 n 型转变为 p 型。漏压继续增大,载流子浓度上升,电场下降。该现象使得石墨烯 FET 器件的输出曲线如图 5.24(b)所示。该现象是由于石墨烯没有带隙造成的。寄生电阻会使器件的不饱和进一步恶化。通过石墨烯纳米带以及双层石墨烯晶体管器件实现带隙打开的石墨烯 FET 器件的研究还在进行中。

除了石墨烯 MOSFET 器件外,其他类型的 FET 器件也正在研究中,如垂直石墨烯 FET 器件,包括双层伪自旋晶体管(BisFET)、垂直隧穿晶体管和热电子晶体管等。这些新型、新原理石墨烯器件需要进一步的研究探索。

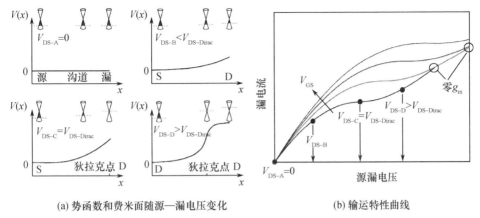

(a) 势函数和费米面随源—漏电压变化　　(b) 输运特性曲线

图 5.24　n 沟石墨烯 MOSFET 的势函数和费米面随源—漏电压变化

在石墨烯器件研究的基础上石墨烯射频电路已经成功制备。基于石墨烯的双极传导特性可制备石墨烯混频、倍频器,这些电路结构简单,比常规晶体管制备的混频、倍频器需要的组元少。图 5.25 为 2011 年 IBM 公司在 SiC 衬底上制作的石墨烯混频器电路。混频器利用石墨烯电流—电压的线性依存关系,输出功率 $P_{\text{out}} \propto I_{\text{d}}^2 \propto g_{\text{n}} \cdot g_{\text{ds}} \cdot (V_{\text{g}} - V_{\text{CNP}}) \cdot V_{\text{d}}$,与栅输入频率 f_{RF} 和本振频率 f_{LO} 相关,与跨导和漏跨导的乘积成正比。混频器电路在输入信号 $f_{\text{RF}} = 3.8\text{GHz}$,$f_{\text{LO}} = 4\text{GHz}$ 时,输出混频信号 $f_{\text{IF}} = 200\text{MHz}$,$f_{\text{RF}} + f_{\text{LO}} = 3.8 + 4 = 7.8(\text{GHz})$,转换损耗为 -27dB,并且在 $300 \sim 400\text{K}$ 的温度区间内变化很小(小于 1dB)[23]。

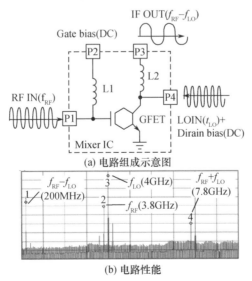

(a) 电路组成示意图

(b) 电路性能

图 5.25　IBM 公司在 SiC 衬底制作的石墨烯混频器电路[23]

图 5.26 为 2012 年 IBM 公司在 SiC 衬底制作的石墨烯电压放大器电路[18]。在栅极加高频信号作为输入,使用频谱分析仪的高阻抗探针测试漏极的电压输出。该集成电压放大器在工作频率 5 MHz 下增益为 3dB。电路的寄生和集成需要进一步优化。

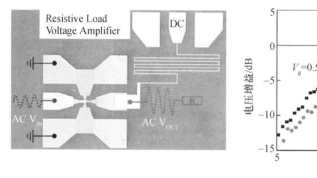
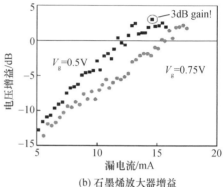

(a) 石墨烯放大器电路结构图　　　　(b) 石墨烯放大器增益

图 5.26　IBM 公司在 SiC 衬底制作的石墨烯放大器电路[18]

图 5.27 为 2013 年 IBM 公司制作的石墨烯射频接收器电路[24]。该电路为 3 级石墨烯电路,每级由 11 个组元(3 个石墨烯晶体管、4 个电感、2 个电容、2 个电阻)组成。前 2 级电路为放大器,第 3 级为混频器。射频输入信号 4.3GHz,本振输入功率 −2dBm 下,该接收器电路的转换增益为 −10dB,输出的差频信号无失真。

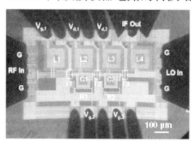
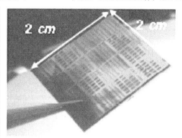

(a) 3级石墨烯射频接收器光学照片　　　(b) 石墨烯集成电路片的整体照片

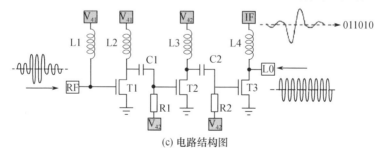

(c) 电路结构图

图 5.27　IBM 公司制作的石墨烯射频接收器电路

2）柔性电子器件

柔性电子器件具有广泛的应用,如显示屏、可穿戴电子器件、柔性太阳能电池、电子纸、生物医学用类皮肤器件。之前,柔性电子的首选材料为有机聚合物、无定形硅或氧化物基半导体,这些材料的载流子迁移率很低,仅适用于低速应用,如柔性显示器、电子标签和低成本集成电路。

高频应用如无线通信需要高迁移率的材料。有研究报道了转移到柔性衬底的硅膜和Ⅲ－Ⅴ材料薄膜,但是硅和Ⅲ－Ⅴ晶体易碎,这些器件的弯曲度有限。石墨烯由于具有高载流子迁移率、透明、柔韧性好,是制备柔性器件的理想材料。已经成功制备石墨烯柔性晶体管器件频率特征如图 5.28 所示,石墨烯柔性器件的截止频率已达到 198GHz,并且具有良好的温度稳定性和柔韧性[25]。

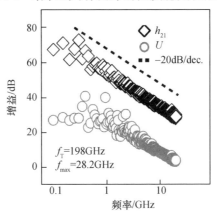

图 5.28　柔性衬底石墨烯器件频率特性

3）透明电极

显示器、触摸屏、发光二极管和太阳能电池等光电器件要求低薄膜电阻和高透明性。目前的透明导体常用的材料是氧化锡铟(ITO),它是由 90% 的 In_2O_3 和 10% 的 SnO_2 组成的 n 型半导体。商用 ITO 的透光率约80%,玻璃上的薄膜方块电阻为 10Ω。ITO 面临很多局限性,In 元素在地球上含量有限,价格较高,尤其是毒性很大,同时 ITO 制膜困难,对酸和环境敏感。此外,ITO 易碎,用于弯曲情况时,容易磨损和破裂。石墨烯由于具有高度透光性、薄膜电阻小等特性,可用于透明导电薄膜。计算表明,石墨烯可以实现高达 90% 的透光率和 20Ω 的方块电阻,如图 5.29 所示[26]。石墨烯作为透明导电薄膜材料可以广泛应用于发光二极管、光伏器件和显示屏、触摸屏等领域。

4）超级电容器

超级电容器是一个高效储存和传递能量的体系,它具有功率密度大、容量大、使用寿命长、经济环保等优点,广泛应用于各种电源供应场所。在石墨烯发

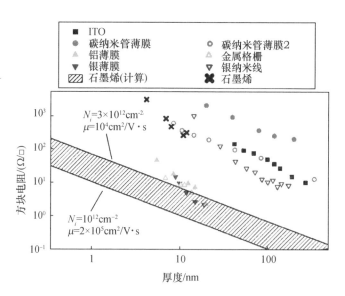

图 5.29　薄膜厚度与方块电阻关系曲线

（在相同厚度下，石墨烯的方阻计算值小于传统材料）[26]

现之前，碳材料就已经是一种重要的超级电容器材料，比表面积大、内阻小的多孔碳材料应用于双电层超级电容器中，并已经成功商业化。石墨烯拥有更加优异的比表面积和电导率，成为最有潜力的电极材料，这种超级电容器的储存能量密度大于现有的电容器。

5）能源存储

材料吸附氢气量和其比表面积成正比，石墨烯拥有质量小、高化学稳定性和高比表面积的优点，成为储氢材料的最佳候选者。石墨烯也可应用于锂离子电池，作为锂离子电池的正极材料，大幅提升锂离子电池性能。

6）传感器

石墨烯在传感器领域具有光明的应用前景。电化学生物传感器技术结合了信息技术和生物技术，涉及化学、生物学、物理学和电子学等交叉学科。石墨烯出现以后，研究者发现石墨烯为电子传输提供了二维环境和在边缘部分快速多相电子转移，这使它成为电化学生物传感器的理想材料。石墨烯可用于单分子气体侦测（图 5.30），石墨烯具有大的比表面积，对周围的环境非常敏感，即使是一个气体分子吸附或释放都可以检测到。

7）复合材料

石墨烯独特的物理、化学和力学性能为复合材料的开发提供了原动力，可望开辟诸多新颖的应用领域，如新型导电高分子材料、多功能聚合物复合材料和高强度多孔陶瓷材料等，如图 5.31 所示。

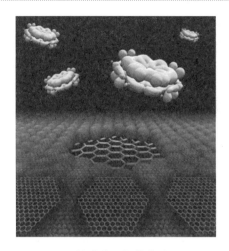

图 5.30　石墨烯单分子气体传感器(见彩图)

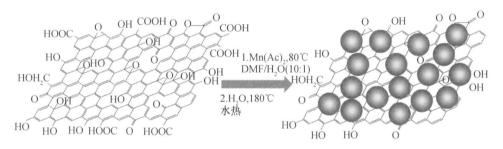

图 5.31　氧化石墨烯与 Mn_3O_4 结合形成导电高分子材料用作锂离子电池正极

5.3.2　其他二维材料器件

除石墨烯外,还有其他一系列二维材料可以用于制备晶体管器件,如 MoS_2、NbS_2、$h-BN$、硅烯、锗烯等。

MoS_2 为蜂窝状六方晶格结构,可由撕拉法制备,为直接带隙半导体材料,带隙宽度为 1.8eV。但是 MoS_2 的迁移率($100\sim500cm^2/(V\cdot s)$)远低于石墨烯,由于具有带隙,可用于制备具有良好关断特性的晶体管,如图 5.32 所示[27]。

六方氮化硼($h-BN$)与石墨烯具有非常相似的晶体结构,B 和 N 原子非常强的离子键使 BN 形成宽带隙($E_g\approx4.6$ eV)。BN 具有很多和石墨烯相似的性质,如高热导和机械强度。此外,由于 BN 表明无任何悬键,因此是其他二维材料的理想候选衬底。

基于常规半导体 Si、Ge、GaAs 等的二维材料也在研究中,由单层 Si 或 Ge 原子组成类似石墨烯的蜂窝状晶体结构材料,称为硅烯或锗烯。计算表明,硅烯的能带结构为锥形,为零带隙,与石墨烯相同,因此硅烯应具有和石墨烯相同的优

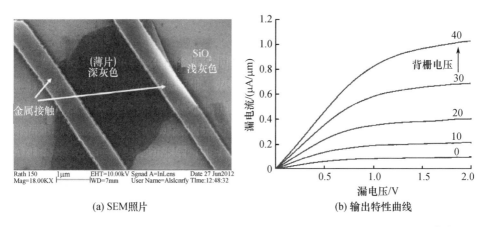

(a) SEM照片　　　　　　　　　(b) 输出特性曲线

图 5.32　背栅 MoS_2 晶体管的 SEM 照片及输出特性曲线(晶体管在 –15V 关断)[27]

异特性,如高迁移率,但也存在没有带隙导致的器件应用问题。硅烯不能通过撕拉法制备,需要通过外延生长,目前在银衬底上成功生长了硅烯。研究预测 22 种不同元素和化合物材料都应该存在稳定的蜂窝状结构的单原子层,其中石墨烯、硅烯、锗烯和单层 SiGe 为零带隙材料,其他的材料为具有带隙的半导体。

5.3.3　二维材料器件制备工艺

二维材料器件工艺与常规半导体工艺相兼容,以下对主要的工艺步骤(接触电阻、衬底、栅介质、掺杂和腐蚀)及难点进行简单的介绍。

5.3.3.1　接触电阻

石墨烯器件工艺的难点之一是其接触电阻,石墨烯器件的接触电阻 R_c 通常为 $200 \sim 2000\Omega \cdot \mu m$,相比 Si 器件高 1 个数量级。大的接触电阻使石墨烯器件的电流降低,寄生电阻增大,影响电容的充放电速度。目前对二维材料和金属接触的认识还比较少,不同的制备工艺会导致欧姆接触差异很大,残留的光刻胶会影响欧姆接触电阻,目前发现高温退火对欧姆接触改善有一定益处,如图 5.33 所示[28]。二维材料的欧姆接触还需要进一步的研究。

5.3.3.2　衬底

理想石墨烯材料具有很高的迁移率,但指的是悬浮石墨烯材料。悬浮石墨烯制备很困难,石墨烯通常是放在支撑衬底上的。较常用的 SiO_2 衬底,粗糙的表面和带电杂质的势场会使石墨烯内产生大量的电荷;衬底中残留的带电离子也会使石墨烯的载流子迁移率大幅降低。研究人员发现,采用 h – BN 衬底可以解决以上问题,h – BN 衬底表面平坦,并且完全没有化学键,h – BN 上石墨烯的

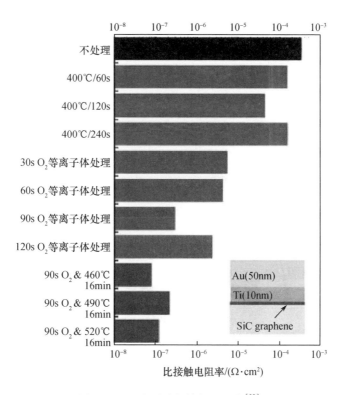

图 5.33 退火对欧姆接触的研究[28]

迁移率非常高,已接近悬浮石墨烯的迁移率($>50000cm^2/(V \cdot s)$),如图 5.34 所示。

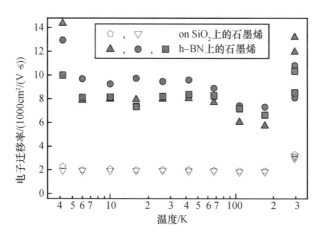

图 5.34 石墨烯转移至 SiO_2 和 h-BN 衬底上迁移率随温度变化曲线[29]

5.3.3.3 栅介质

与衬底相关的问题在栅介质中同样存在。此外,在二维材料特别是石墨烯上直接沉积高质量栅介质很困难。热生长或表面氧化在石墨烯表面形成栅介质不可行。原子层沉积(ALD)是常用的薄栅介质制备技术,但是石墨烯的表面能非常低,使得石墨烯表面为厌水性,沉积的介质不能均一覆盖石墨烯表面。因此ALD 衬底介质前需要预沉积种子层(有机物、气体、氧化物薄膜等)。电子束蒸发金属并自氧化和 PECVD 沉积 SiN 也用来制备栅介质。栅介质也会影响石墨烯的载流子输运,降低其迁移率。使用 h-BN 作为栅介质可以保持石墨烯的本征特性。

5.3.3.4 掺杂

掺杂对半导体材料至关重要。二维材料的掺杂面临很大的挑战。通常石墨烯可以通过静电掺杂,但很多应用中不能靠静电掺杂,此时主要有取代掺杂和电荷转移掺杂两种掺杂技术。取代掺杂通常是 B 或 N 原子作为取代原子(图5.35),会导致迁移率降低。电荷转移掺杂是施主或受主分子与二维材料电荷转移,电荷转移掺杂的可靠性需要进一步研究。

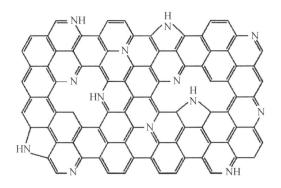

图 5.35   N 原子掺杂石墨烯晶体结构

5.3.3.5 腐蚀

二维材料的能带结构与其层数和堆垛紧密相关,因此原子层腐蚀技术非常重要。石墨烯纳米带的带隙与纳米带宽度紧密相关,要控制纳米带带隙需要对纳米带边界精确控制,如图 5.36 所示[30]。

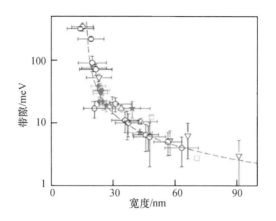

图 5.36　石墨烯纳米带宽带与带隙关系

5.3.4　总结与展望

自 2004 年,安德烈·海姆和康斯坦汀·诺沃肖洛夫首次在 Science 杂志上报道了石墨烯,关于石墨烯的研究呈现出爆炸式增长。至 2015 年初,SCI 索引石墨烯的文章已经突破了 6 万篇,由此可见,石墨烯已成为国际研究热点。石墨烯被誉为"21 世纪的材料",预期将对人类的生活产生深远的影响。诺贝尔奖得主 Frank Wilczek 曾指出:"石墨烯可能是从量子理论到潜在应用的唯一的一个实例。"

石墨烯的问世带来了材料制备技术的突破。借用微机械剥离的概念,简单地将两个具有层状结构的材料互相摩擦,获得单层结构。采用液相剥离法,可以将 BN、MoS_2、WS2、$MoSe_2$、$MoTe_2$ 等一大类层状结构材料进行剥离、分散和分离,从而实现单层薄膜材料的批量制备。

在石墨烯被成功发现之前,二维材料已经获得了一定程度的发展,如二维薄膜材料。石墨烯的出现极大地推动了二维材料的发展,对材料制备工艺、理论和应用研究起到了极大的促进作用。在过去的 10 年间,二维纳米材料的发现和研究取得了长足的发展,已经形成包括石墨烯、硅烯、六边氮化硼、二硫化钼、锗烯、二硫化钨等在内的二维材料家族,整个二维材料领域的发展也上升到了一个新的台阶。

但是二维材料要真正应用还面临很多瓶颈,例如:二维材料的制备技术仍存在局限性,传统的合成方法无法实现对其晶格结构的精确控制;石墨烯中的电子在传输时呈现出有效质量为 0 的狄拉克粒子特性,无法用传统的金属理论解释;锗烯材料在高温下出现晶格变形,器件结构遭到破坏等。总之,二维材料真正走向应用之前,还将面临诸多挑战。相信随着研究的不断深入,二维材料在可以预见的未来找到自己的用武之地。

参考文献

[1] Bishopw. L, Mckinney K, Mattauch R. J, et al. A novel whiskerless schottky diode for milli-meter and sub – millimeter wave application [J]. IEEE MTT – S Digest, 1987: 607 – 610.

[2] Chattopadhyay G, Technology, capabilities, and performance of low power terahertz sources [J]. IEEE Transactions on Terahertz Scienceand Technology, 2011, 1(1): 33 – 53.

[3] Tang A. Y. Modeling of terahertz planar schottky diodes, [D]. Chalmers University of Technology, Sweden, 2011.

[4] Liang S. X, Feng Z. H, Dong X, et al. Gan planar Schottky barrier diode with cut – off frequency of 902GHz [J]. Electronics Letter, 2016, 52(16):1408 – 1410.

[5] Radisic V, Leong K. M, Sarkozy S, et al. 220GHz solid – state power amplifier modules [J]. IEEE JournalofSolid – state circuits, 2012, 47(10): 2291 –2297.

[6] Sun J. D, Qin H, Lewis R. A, et al. The effect of symmetry onresonant and nonresonant photo-responses in a field – effect terahertz detector [J]. Applied Physics Letter. 2015, 106(3): 031119(1 –4).

[7] Kasu M, Ueda K, Yamauchi Y. Diamond – based RF power transistors fundamentals and ap-plications[J]. Diamond and Relat. Mater, 2007, 16(4 –7): 1010 – 1015.

[8] Stephen A. O. Russell, Salah S, Alex T, and David A. J. Moran. Hydrogen – terminated di-amond field – effect transistors with cutoff frequency of 53GHz[J]. IEEE Electron Device Lett. 2012, 33(10): 1471 – 1473.

[9] Ueda K, Kasu M, Yamauchi Y, Makimoto T, et al. Diamond FET using high – quality poly-crystalline diamond with fT of 45GHz and fmax of 120GHz[J]. IEEE Electron Device Lett. , 2006, 27: 570 – 572.

[10] Kasu M, Ueda K, Ye H, Y. et al. 2W/mm output power density at 1GHz for diamond FETs [J]. ELECTRONICS LETTERS. ,41(22):1 –2.

[11] Feng Z H, Wang J J, He Z Z, et al. Polycrystalline diamond MESFETs by Au – mask tech-nology for RF applications[J]. Diamond and Relat Mater, 2013,56(4): 957 –926.

[12] Wang J J, He Z Z, Yu C, et al. Rapid deposition of polycrystalline diamond film by DC arc plasma jet technique and its RF MESFETs [J]. Diamond and Relat Mater, 2014,43: 43 – 48.

[13] Lemme M C, Echtermeyer T J, Baus M, et. al. A graphene field – effect device[J]. IEEE Electron Device Letters, 2007, 28(4): 282 – 284.

[14] Lkn Y M, Jenkins K A, Valdes – Garcia A, et. al. operation of graphene transistors atgiga-hertz frequencies[J]. Nano Letters, 2009, 9(1): 422 –426.

[15] Lin Y M, Dimitrakopoulos C, Jenkins K A, et al. 100GHz Transistors from wafer – scale Ep-itaxial Graphene [J]. Science, 2010, 327: 662.

[16] Liao L, Lin Y C, Bao M Q, et al. High – speed graphene transistors with a self – aligned

nanowire gate[J]. Nature, 2010, 467(7313): 305 – 308.

[17] Wu Y Q, Lin Y M, Bol A A, et. al. High – frequency, scaled graphene transistors on dia-
mond – like carbon[J]. Nature, 2011, 472(7341): 74 – 78.

[18] Wu Y Q, Jenkins K A, Valdes – Garcia A, et al. State – of – the – Art graphene high – fre-
quency electronics[J]. Nano Letters, 2012, 12(6): 3062 – 3067.

[19] Cheng R, Bai J W, Liao L, et al. High – frequency self – aligned graphene transistors with
transferred gate stacks[J]. Proc. Nat. Acad. Sci, 2012, 109(29): 11588 – 11592.

[20] Schwierz F. Graphene transistors: status, prospects, and problems[J]. Proceedings of the
IEEE, 2013, 101(7): 1567 – 1584.

[21] Feng Z H, Yu C, Li J, et al. An ultra clean self – aligned process for high maximum oscilla-
tion frequency graphene transistors[J]. Carbon, 2014, 75: 249 – 254.

[22] Wu Y, Zou X M, Sun M L, et al. 200GHz maximum oscillation frequency in CVD graphene
radio frequency transistors [J]. ACS Applied Materials & Interfaces, 8 (39): 25645 –
25649.

[23] Lin Y M, Valdes G A, Han S J, et al. Wafer – scale graphene integrated circuit[J]. Sci-
ence, 2011, 332(6035): 1294 – 1297.

[24] Han S J, Valdes G A, Oida S. High – performance multi – stage graphene RF receiver inte-
grated circuit[J]. Nature Communications, 2014, 5: 3086.

[25] Petrone N, Meric I, Chari T, et al. Graphene field – effect transistors for radio – frequency
flexible electronics[J]. Journal of Electron Devices Society, 3(1): 44 – 48.

[26] Zhu Y, Sun Z, Yan Z, et al. Rational design of hybrid graphene films for high – performance
transparent electrods[J]. ACS Nano, 2011, 5: 6472 – 6479.

[27] Schwierz F, Pezoldt J, Device concepts using two – dimensional electronic materials: gra-
phene[J]. MoS2, etc. IEEE, 2012, 1 – 4.

[28] Robinson J A, Labella M, Zhu M, et al. Contacting graphene[J]. Applied Physics Letters,
2011, 98: 053103.

[29] Dean C R, Young A F, Meric I, et al. Boron nitride substrates for high quality graphene
electronics[J]. Nature Nanotechnology, 2010, 5: 722 – 726.

[30] Han M Y, Zyilmaz B O, Zhang Y, et. al. Energy band – gap engineering of graphene nanor-
ibbons[J]. Physical Review Letters, 2007, 98: 206805.

主要符号表

A	Richardson 常数
a	外延沟道层厚度
a	GaN 六方晶体中 a 轴晶格常数
a_0	单位晶包尺寸
$\boldsymbol{a}_1, \boldsymbol{a}_2$	晶格矢量
BG	低阻塞增益
BV	击穿电压
B_W	Bode – Fano 极限
C	电容
C_b	单位面积有效缓冲层沟道的电容
C_{GD}	栅漏电容
C_{gs}	栅 – 源电容
C_{out}	输出电容
C_T	隧穿系数
c	GaN 六方晶体中 c 轴晶格常数
D_{nB}	少子在基区的扩散系数
D_p	少子扩散系数
D_{pE}	电子在发射区中的扩散系数
d	外延层厚度
d	AlGaN 势垒层厚度
d	漂移区长度的一半
d	发生衍射的晶面间距
d_0	AlGaN 势垒层的厚度
E	电场强速
E_b	击穿电场强度
E_c	导带底
E_c	临界击穿电场
E_f	费米能级

E_{f0}	GaN 沟道本征费米和导带边缘差值
E_g	禁带宽度
E_S	肖特基势垒处电场
E_v	价带顶
e - h	电子 - 空穴对
f_0	极限工作频率
f_{LO}	本振频率
f_{max}	最高振荡频率
f_{RF}	栅输入频率
f_T	截止频率
G	功率增益
G_0	沟道电导
g_{dl}	线性区漏极电导
g_{ds}	饱和区漏极电导
g_{ds}	漏跨导
g_m	跨导
g_{max}	沟道最大跨导
H_{21}	短路电流增益
I_c	沟道电流
I_{Dmax}	最大漏电流
I_{Dmin}	最小漏电流
I_P	截止电流
I_R	复合电流
I_{rr}	反向电流达到最大值
$\boldsymbol{J}$	Jacobian 矩阵
J_0	反向饱和电流密度 P
J_{FR}	复合电流密度
J_{LPN}	反向漏电流密度
J_{LS}	肖特基结漏电流密度
J_n	电子电流密度
J_p	空穴电流密度
J_{TN}	少子扩散电流
k	介电常数
L	沟道（栅）长度
L_a	扩散长度

R_D	外沟道电阻之和
R_{Drift}	漂移区电阻
R_{ds}	器件的输出电阻
R_{DS}	沟道电阻
$R_{i,SP}$	漂移区比电阻
R_{JFET}	JFET 电阻
R_L	负载阻抗
R_{on}	开态电阻
R_S	源区电阻
R_S	源和漏端的接触电阻
R_s	方块电阻
R_{SH}	GaN 材料的方块电阻
R_{SP_ON}	比导通电阻
R_{sub}	N^+ 衬底电阻
R_T	两个电极之间的总电阻
r_{Na}	Na 所占摩尔比
t	漂移区厚度
t_a	存储时间
t_b	下降时间
t_{rr}	反向恢复时间
U	最大单向化功率增益
U_n	电子净复合概率
U_p	空穴净复合概率
V	电压
V_0	直流偏置
V_a	阳极电压
V_{bi}	肖特基内建电势
V_C	集电极电压
V_C	击穿电压
V_{DV}	内建电位
V_D	漏极偏压
V_{ds}	源漏电压
V_{DSmax}	源漏最大可用电压
V_{DSQ}	静态工作点电压
V_F	肖特基结的正向压降

V_{FS}	肖特基结压降
V_G	栅极的负偏压
V_{in}	输入电压
V_K	拐点电压
V_M	漂移区压降
V_{out}	输出信号的电压摆幅
V_p	夹断电压
V_P	截止电压
V_{P0}	本征夹断电压
V_S	信号源
V_{SGd}	沟道耗尽所需的栅电压
V_{th}	阈值电压
v	载流子速度
v_F	费米速度
v_s	电子饱和漂移速度
W	器件的沟道宽度
W_0	零偏下 JFET 区耗尽宽度
W_B	基区宽度
W_{cell}	元胞长度
W_D	耗尽区宽度
W_E	发射区宽度
W_{epi}	外延层宽度
x_{JP}	P – Well 结深
x_{PL}	栅与 P – Well 和 N$^+$ 区的重叠长度
Y_{ij}	导纳矩阵
Z	元胞宽度
Z_L	负载阻抗
Z_S	源阻抗
Θ	Bragg 角
Θ_q	角动量空间的方位角
α	电子和空穴的碰撞电离率
α_T	基区传输因子
β	共发射极电流增益
γ	发射极注入效率
$\Delta V e^{j\omega t}$	交流小信号

Δd	2DEG 有效厚度
ΔE_C	AlGaN/GaN 异质结导带差
ε_0	真空介电常数
ε_r	相对介电常数
λ	X 射线的波长
λ	电路特征尺寸
$\mu_{/\!/}$	水平方向电子迁移率
$\mu_\perp$	垂直方向电子迁移率
μ_{DJ}	JFET 区迁移率
μ_n	电子迁移率
μ_{ni}	反型层迁移率
μ_p	空穴迁移率
μ_r	电子迁移率
ρ_C	比接触电阻率
ρ_{DJ}	JFET 区电阻率
σ	AlGaN/GaN 界面处的极化电荷
τ	级延时
τ_{HL}	漂移区大注入寿命
τ_n	电子寿命
τ_{pd}	反相器的延时
τ_r	电流增加时间常数
τ_{SC}	空间电荷产生寿命
τ_{SC}	P 型和 N 型材料少子寿命之和
φ'	折射角
φ_{BN}	肖特基势垒高度
φ	照射偏角
ϕ_B	金属－半导体肖特基势垒高度
ψ	电势

缩略语

2DEG	2 – Dimensional Electron Gas	二维电子气
AFM	Atomic Force Microscope	原子力显微镜
ALD	Atomic Layer Deposition	原子层沉积
AlGaN	Aluminum Gallium Nitride	氮化铝镓
AlN	Aluminum Nitride	氮化铝
BJT	Bipolar Junction Transistor	双极结型晶体管
BPD	Basal Plane Dislocation	基矢面位错
CMOS	Complementary Metal – Oxide – Semiconductor Transistor	互补金属氧化物半导体
CMP	Chemical Mechanical Polishing	化学机械抛光
CPU	Central Processing Unit	中央处理器
CVD	Chemical Vapor Deposition	化学气相沉积
CW	Continuous Wave	连续波
DARPA	Defense Advanced Research Projects Agency	美国国防高级研究计划局
EER	Envelope Elimination and Restoration	包络消除与恢复
ELOG	Epitaxial Laterally Overgrown	侧向外延过生长技术
ET	Envelope Tracking	包络跟踪
FLR	Field Limit Ring	场限环
FP	Field Pole	场电极
FS	Field Stop	电场截止
FWHM	Full Width at Half Maximum	半高宽
GaAs	Gallium Arsenide	砷化镓
GaN	Gallium Nitride	氮化镓
GFET	Graphene Field Effect Transistor	石墨烯场效应晶体管
GTO	Gate Turn – Off Thyristor	栅极可关断晶闸管

GTR	Giant Transistor	电力双极型晶体管
HBT	Heterojunction Bipolar Transistor	异质结双极型晶体管
HEMT	High Electron Mobility Transistor	高电子迁移率晶体管
HEV	Hybrid Electric Vehicle	混合动力汽车
HMIC	Hybrid Microwave Integrated Circuit	混合微波集成电路
HVPE	Hydride Vapor Phase Epitaxy	氢化物气相外延
IGBT	Insulated Gate Bipolar Transistor	绝缘栅双极型晶体管
JBS	Junction Barrier Schottky	结型势垒肖特基二极管
JFET	Junction Field Effect Transistor	结型场效应晶体管
JTE	Junction Termination Extension	结终端延伸
L – FER	Lateral Field Effect Rectifier	横向场控功率整流器结构
LDMOS FET	Lateral Double Diffused MOS FET	横向双扩散金属氧化物半导体场效应晶体管
LEEBI	Low Energy Electron Beam Irradiation	低能电子束辐照
LNA	Low Noise Amplifier	低噪声放大器
LPE	Liquid Phase Epitaxy	液相外延生长
LTE	Long Term Evolution	长期演进
MAG	Maximum Available Gain	最大资用增益
MBE	Molecular Beam Epitaxy	分子束外延
MCM	Multi – Chip Module	多层互连基片技术
MEMS	Micro – Electro – Mechanical System	微机电系统
MESFET	Metal Semiconductor Field Effect Transistor	金属半导体场效应晶体管
MFC	Mass Flow Controller	质量流量计
MIMO	Multiple Input Multiple Output	多输入多输出
MISFET	Metal Insulator Semiconductor Field – Effect Transistor	金属－绝缘体－半导体结构的高电子迁移率晶体管
MIS – HEMT	Metal Insulator Semiconductor High Electron Mobility Transistor	金属－绝缘体－半导体结构的高电子迁移率晶体管
MMIC	Monolithic Microwave Integrated Circuit	微波单片集成电路

MOCVD	Metal Organic Chemical Vapor Deposition	金属有机物化学气相沉积
MO	Metal Organic	金属有机源
MOSFET	Metal Oxide Semiconductor Field Effect Transistor	金属氧化物半导体场效应晶体管
MSG	Maximum Stable Gain	最大稳定增益
NPT	Non – Pounch Through	非穿透
PAE	Power Added Efficiency	功率附加效率
PA	Power Amplifier	功率放大器
PDP	Plasma Display Panel	等离子显示器
PECVD	Plasma Enhanced Chemical Vapor Deposition	等离子体增强化学汽相沉积
PHEMT	Pseudomorphic High Electron Mobility Transistor	赝配晶格高电子迁移率晶体管
PIC	Power Integrated Circuit	功率集成电路
PLC	Programmable Controller	可编程控制器
PL	Photoluminence	光致发光
PLL	Phase Locking Loop	锁相环
PVD	Physical Vapor Deposition	物理气相沉积
PVT	Physical Vapor Transport	物理气相传输
PWM	Pulse Width Modulation	脉宽调变
RESURF	Reduced Surface Field	降低表面电场
RF CMOSFET	Radio Frequency Complementary Meeal Oxide Semiconductor Field Effect Tunsistor	射频互补金属氧化物半导体场效应晶体管
RF	Radio Frequency	射频
SAR	Synthetic Aperture Radar	合成孔径雷达
SBD	Schottky Barrier Diode	肖特基二极管
SCR	Silicon Controlled Rectifier	晶闸管
SEM	Scanning Electron Microscope	扫描电子显微镜
SF	Stacking Fault	堆垛层错
SIP	System In a Package	系统级封装
SITH	Static Induction Thyristor	静电感应式晶闸管

SIT	Static Induction Transistor	静电感应晶体管
SJ	Super Junction	超结
SOC	System on Chip	系统级芯片
SOI	Silicon On Insulator	绝缘体上硅
SPDT	Single Pole Double Throw	单刀双掷
T/R	Transmitter/Receiver	发射/接收器
TED	Treading Edge Dislocation	刃位错
TSD	Treading Screw Dislocation	螺旋位错
VCO	Voltage Controlled Oscillator	压控振荡器
VDMOS FET	Vertical Double Diffused MOS FET	垂直双扩散金属氧化物半导体场效应晶体管
VFET	Vertical Field Effect Transistor	纵向场效应晶体管
VHSIC	Very High Speed Integrated Circuit	甚高速集成电路
VJFET	Vertical Junction Field Effect Transistor	垂直结型场效应晶体管
XRD	X – Ray Diffraction	X 射线衍射

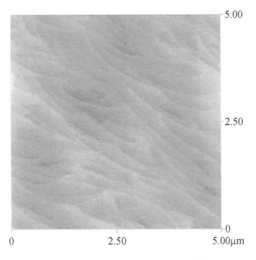

图 2.34 GaN 材料表面 AFM 图像

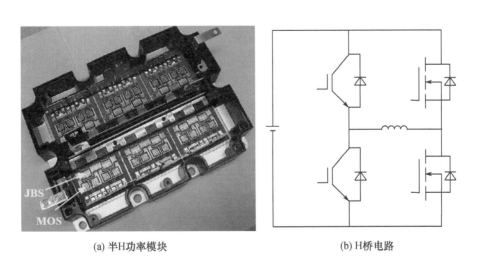

(a) 半H功率模块　　　　　　　　(b) H桥电路

图 3.41　SiC MOSFET 半 H 桥功率模块及(b)H 桥电路

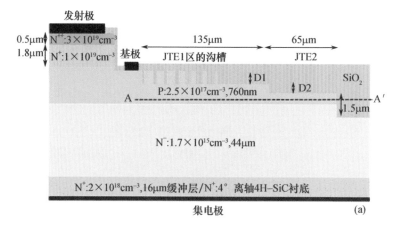

图 3.54　采用多沟槽 JTE 结构的 4H – SiC BJT 结构

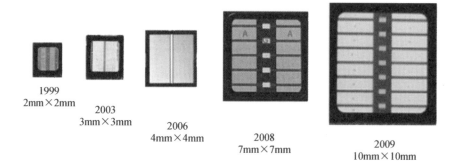

图 3.75　CREE 公司报道近几年内 SiC GTO 芯片尺寸

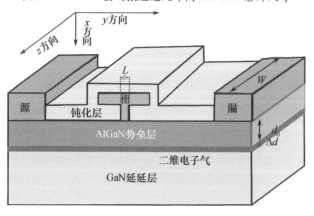

图 4.1　AlGaN/GaN HEMT 器件结构

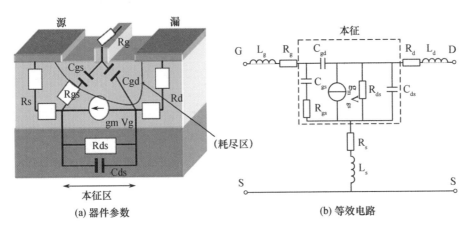

(a) 器件参数   (b) 等效电路

图 4.4   AlGaN/GaN HEMT 的等效电路模型

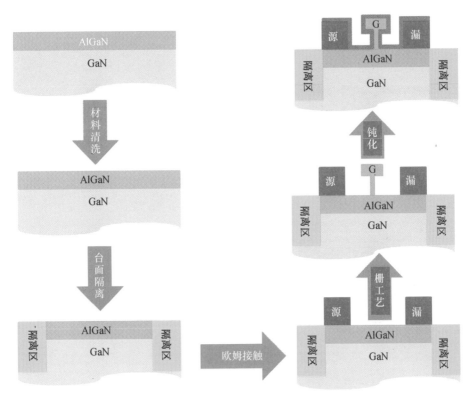

图 4.5   AlGaN/GaN HEMT 器件制备工艺流程

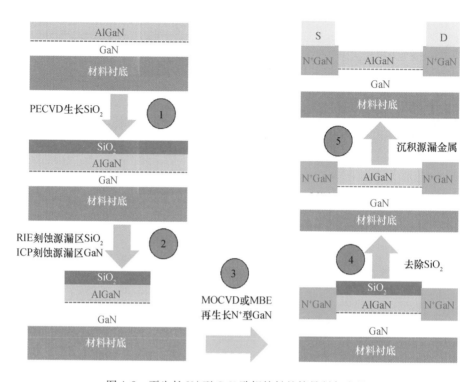

图4.9 再生长 N$^+$ 型 GaN 欧姆接触的简易制备流程

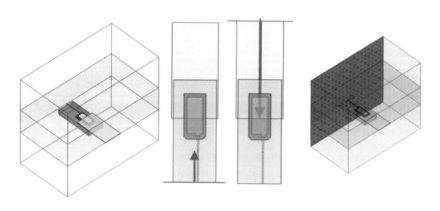

图5.5 肖特基二极管的三维电磁场模型

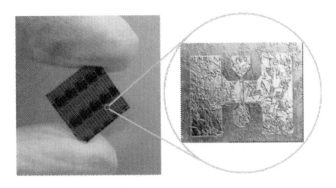

图 5.13 我国第一支具有射频特性的金刚石器件场效应晶体管[11]

图 5.15 石墨烯晶体结构

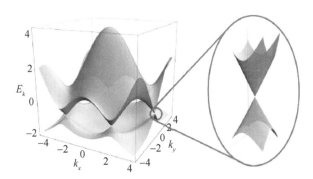

图 5.16 石墨烯能带结构

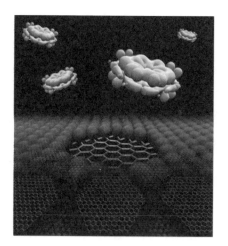

图 5.30　石墨烯单分子气体传感器